食品理化检验技术

SHIPIN LIHUA JIANYAN JISHU

主　编　金文进
副主编　高小龙　张　燎

 哈尔滨工程大学出版社

内容简介

"食品理化检验技术"是高职高专院校工业分析专业的一门专业课,为适应当前高职院校人才培养的要求,根据食品行业对食品理化检验的要求和课程标准,结合本校教学实情,通过调研,与行业专家共同探讨的基础上,编写了本书。本书介绍了食品检验前处理,食品感观检验、物理检验、化学检验、仪器检验和综合实训。

本书可作为高职高专工业分析专业、食品类相关专业的学生教材,也可作为食品企业在职人员培训教材及从事食品企业生产、食品质量监督与检验技术人员的参考用书。

图书在版编目(CIP)数据

食品理化检验技术/金文进主编. —哈尔滨:哈
尔滨工程大学出版社,2013.8(2015.9 重印)
ISBN 978 - 7 - 5661 - 0657 - 5

Ⅰ.①食… Ⅱ.①金… Ⅲ.①食品检验—高等职业教育 - 教材 Ⅳ.①TS207.3

中国版本图书馆 CIP 数据核字(2013)第 185924 号

出版发行	哈尔滨工程大学出版社
社　　址	哈尔滨市南岗区东大直街 124 号
邮政编码	150001
发行电话	0451 - 82519328
传　　真	0451 - 82519699
经　　销	新华书店
印　　刷	哈尔滨市石桥印务有限公司
开　　本	787mm×1092mm　1/16
印　　张	12.75
字　　数	315 千字
版　　次	2013 年 8 月第 1 版
印　　次	2015 年 9 月第 2 次印刷
定　　价	27.00 元

http://www.hrbeupress.com
E-mail:heupress@ hrbeu.edu.cn

前　言

"食品理化检验技术"是高职高专院校工业分析专业的一门专业课,为适应当前高职院校人才培养的要求,根据食品行业对食品理化检验的要求和课程标准,结合本校教学实情,通过调研,在与行业专家共同探讨的基础上,编写了本教材。

本教材按照工学结合人才培养模式的要求,以工作过程为导向,以典型而真实的食品检验任务为载体,以常规的理化检验技术为重点,进行工作过程系统化课程设计。教材体系与结构符合高等职业教育教学规律和学生的认知特点,既遵循"来源于岗位,服务于岗位"的循环式设计理念,又注重教材的理论完整性,以使学生具备一定的可持续发展能力。

本教材以食品的测定方法和原理为主线,按分析岗位、分析检验工作和质检人员的能力、知识和素质要求,形成书的知识框架。按照食品检验的工作岗位共设计六个模块,其中第六模块为综合实训,共十三个项目,每个项目通过工作任务来构成,每个工作任务在编排上将基础知识与任务实施相互配套,并有相应的知识拓展供参考,每个模块后有相应的习题,有些习题选用了食品检验中的实际分析数据,理论和技能相结合,适合于教、学、做一体化的教学模式。

教材内容全面跟踪中高级食品检验工职业标准所必需的知识、技能,解构了传统的学科体系课程内容,把知识点任务化。所有任务来源于企业,每个任务按实际工作的完整训练来培养学生的职业素质,目的是使学生尽快将理论知识转化为技能,将工作和学习完美融合。其中,理论以"必需、够用"为度,阐述简明扼要、深入浅出、通俗易懂,重点在于运用基本理论解决岗位中的实际问题,突出各种分析方法在食品检验中的具体应用。编写中体现科学性、先进性、实用性、实践性,理论知识与实训环节紧密结合,有利于教学实施和保证教学效果。编写以最新的国家标准或被认可的方法为依据,主要介绍食品的国家标准分析方法,使学生掌握食品企业检验岗位的实际工作技能,实现与用人单位的零距离对接。

本教材由甘肃工业职业技术学院金文进主编并统稿,由高小龙和张燎任副主编,天水质检局殷守彪工程师参与了教材内容的选取并审阅了全书稿,企业专家姜守君和张全喜在编写中提出了非常宝贵的意见,赵静老师也参加了本教材的编写工作。编写过程中还借鉴了兄弟院校出版的教材以及互联网上的相关信息,也得到了化工学院工业分析教学团队及教务处的大力支持和帮助,在此一并致以诚挚的谢意。

本教材可作为高职高专工业分析专业、食品类相关专业的学生教材,也可作为食品企业在职人员培训教材及从事食品企业生产、食品质量监督与检验技术人员的参考用书。

由于水平有限,疏漏之处在所难免,敬请专家、同行和读者批评、指正。

编　者

2013 年 5 月

目　　录

模块一　检验前的准备

项目　食品样品的采集、保存和处理

**项目分析**

食品理化检验工作必须按一定的程序进行。不管什么样品,食品理化检验的一般程序如下:

(1)进行食品样品的采集、制备和预处理,使其符合检测方法的要求;

(2)选择适当的检验方法进行检测;

(3)处理检测结果;

(4)按检验目的,报告检测结果。

可见任何样品,不管选取任何检测方法,都必须先进行样品的采集和保存,它是食品理化检验成败的关键步骤。如果所采集的食品样品不具有代表性或保存不当,造成待测成分损失或污染,必然会使检验结果不可靠,甚至还可能导致错误的结论。

**学习目标**

【知识目标】掌握食品样品的采集、保存和处理的方法。

【能力目标】能对常见食品样品进行采集、保存和处理,能按规定格式出具完整的检验报告。

任务1.1　样品准备

**知识平台**

食品样品具有如下特点:

(1)食品样品大多具有不均匀性,同种食品由于成熟程度、加工及保存条件、外界环境的影响不同,食品中营养成分和含量以及被污染的程度都会有较大的差异;同一分析对象,不同部位的组成和含量亦会有差别。

(2)食品样品具有较大的易变性,多数食品来自动植物组织,本身就是具有生物活性的细胞,食品又是微生物的天然培养基。在采样、保存、运输、销售过程中,食品的营养成分和污染状况都有可能发生变化。因此,在食品样品的采集、保存和预处理过程中都应考虑到食品样品的特点。

一、食品样品的采集

在食品样品采集前,应该根据食品卫生标准规定的检验项目和检验目的,进行周密的卫生学调查,审查该批食品的有关证件,如标签、说明书、卫生检疫证书、生产日期、生产批号等;了解待检食品的原料、生产、加工、运输、储存等环节和采样现场样品的存放条件以及包装情况等;并对食品样品进行感官检验,对感官性状不同的食品应分别采样、分别检验。在采样的同时应该详细记录现场情况、采样地点、时间、所采集的食品名称(商标)、样品编号、采样单位及采样人等事项。根据检验项目,选用硬质玻璃瓶或聚乙烯制品作为采样容器。

(一)食品样品的采集原则

对于食品理化检验,通常是从一批食品中抽取其中的一部分来进行检验,将检验结果作为这一批食品的检验结论。被检验的"一批食品"称为总体,从总体中抽取的一部分,作为总体的代表,称为样品。样品来自于总体,代表总体进行检验。正确的采样必须遵循两个原则:

(1)所采集的样品对总体应该有充分的代表性,即所采集的食品样品应该反映总体的组成、质量和卫生状况。采样时必须注意食品的生产日期、批号和均匀性,尽量使处于不同方位、不同层次的食品样品采集的机会均等,采样时不应带有选择性。对于掺伪食品和致食物中毒的样品,则应该采集具有典型性的样品。

(2)采样过程中应设法保持食品原有的理化性质,防止待测成分的损失和污染。另外,在保存和运输过程中保证样品中微生物的状态不发生变化,采样标签应完整、清楚。

(二)食品样品的采集方法

食品样品的采集方法有随机采样和代表性采样两种。随机采样是按照随机原则从大批食品中抽取部分样品,抽样时应使所有食品的各个部分都有均等的采集机会。代表性取样是根据食品样品的空间位置和时间变化的规律进行采样,使采集的样品能代表其相应部分的组成和质量。如分层取样、在生产过程的各个环节中采样、定期抽取货架上不同陈列时间的食品等。采样时,一般采用随机采样和代表性抽样相结合的方式,具体的采样方法则随分析对象的性质而异。

1.固态食品

(1)大包装固态食品 按采样件数的计算公式:采样件数 $=\sqrt{\dfrac{总件数}{2}}$,确定应该采集的大包装食品件数。在食品堆放的不同部位分别采样,取出选定的大包装,用采样工具在每一个包装的上、中、下三层和五点(周围四点和中心)取出样品。将采集的样品充分混匀,使采样数量缩减到所需的采样量。

对于采集的固体样品,可以用"四分法"进行缩分。即将采集的样品放在清洁的玻璃板或塑料布上,充分混合,铺平,使厚度约为 3 cm,画十字线把样品分成四等份,去除其中对角的两份,取剩余的两份再混合,重复操作至所剩样品量为所需的采样量。

(2)小包装食品(如罐头、袋或听装奶粉、瓶装饮料等) 一般按班次或批号随机取样,同一批号取样件数为包装 250 g 以上的不得少于 6 个,250 g 以下的包装不得少于 10 个。如果除小包装外还有大包装(纸箱等),可在堆放的不同部位抽取一定数量的大包装,打开包装,从每个大包装中按"三层、五点"抽取小包装,再将采样数量缩减到所需的采样量。

（3）散装固态食品　对散装固态食品,如粮食,应自每批食品的上、中、下三层中的不同部位分别采集部分样品,混合后用"四分法"对角取样,经几次混合和缩分,最后取出有代表性的样品。

2.液态及半固体食品(植物油、鲜乳、酒类、液态调味品和饮料等)

对储存在大容器(如桶、缸、罐等)内的食品,应先混合再采样。采用虹吸法分上、中、下三层采出部分样品,充分混合后装在干净的容器中,作为检验、复检和备查样品;对于散(池)装的液体食品,可采用虹吸法在储存池的死角以及中心五点分层取样,每层取 500 mL 左右,混合后再缩减到所需的采样量。样品量多时可采用旋转搅拌法混匀,样品量少时可采用反复倾倒法。

3.组成不均匀的食品(如鱼、肉、水果、蔬菜等)

对于组成不均匀的鱼、肉、水果、蔬菜等食品,由于本身组成或部位极不均匀,个体大小及成熟程度差异很大,取样时更应注意代表性,可按下述方法取样:

（1）肉类、水产品等　应按分析项目的要求,分别采取不同部位的样品,如检测六六六、滴滴涕农药残留,可以在肉类食品中脂肪较多的部位取样或从不同部位取样,混合以后作为样品。对小鱼、小虾等可随机取多个样品,切碎、混匀后,缩分至所需采样量。

（2）果蔬　个体较小的果蔬类食品(如青菜、蒜、葡萄、樱桃等),随机取若干个整体,切碎、混匀,缩分到所需采样量;个体较大的果蔬类食品(如西瓜、苹果、萝卜、大白菜等),可按成熟度及个体大小的组成比例,选取若干个体,按生长轴纵剖分成 4 或 8 份,取对角 2 份,切碎、混匀,缩分至所需的采样量。

采样完毕后,根据检验项目的要求,将所采集的食品样品装在适当的玻璃或聚乙烯塑料容器中,密封,贴好标签,带回实验室分析。对于某些不稳定的待测成分,在不影响检测的条件下,可以在采样后立即加入适当的试剂再密封。

4.含毒食物和掺伪食品

应该采集具有典型性的食品,尽可能采取含毒物或掺伪最多的部位,不能简单混匀后取样。

通常食品样品的所需采集量应该根据检验项目、分析方法、待测食品样品的均匀程度等确定。一般食品样品采集 1.5 kg,将采集的样品分为 3 份,分别供检验、复查和备查或仲裁用。标准检验方法中对样品数量有规定的,则应按要求采集。

二、食品样品的保存

由于食品中含有丰富的营养物质,有的食品本身就是动植物,在合适的温度、湿度条件下,微生物能迅速生长繁殖,使其组成和性质发生变化。为了保证食品检验结果的正确性,食品样品采集后,在运输、储存过程中应该避免待测组分损失和污染,保持样品原有的性质和性状,尽快分析。样品保存的原则和方法如下:

1.稳定待测成分

首先应该使食品样品中的待测成分在运输和保存过程中稳定不变。如果食品中含有易挥发、易氧化或易分解的物质,应结合所用的分析方法,在采样后立即加入某些试剂或采取适当的措施,以稳定这些待测成分,避免损失,影响测定结果。例如,β-胡萝卜素、黄曲霉毒素 B_1、维生素等见光容易分解,因此含这些成分的待检样品,必须在避光条件下保存。对于含氰化物的食品样品,采样后应加入氢氧化钠,避免在酸性条件下,氰化物生成氢氰酸而挥发损失。

2.防止污染

采集样品的容器以及取用样品的工具应该清洁,无污染。接触样品时应该用一次性手套,避免样品受到污染。

3.防止腐败变质

所采集的食品样品应放在密封洁净的容器内,并根据食品种类选择适宜的温度保存,尽量使其理化性质不发生变化。特别是对肉类和水产品等样品,应该低温冷藏,这样可以抑制微生物的生长速度,减缓食品样品中可能发生的化学反应,防止食品样品的腐败变质。

4.稳定水分

食品的水分含量是食品成分的重要指标之一。水分的含量影响到食品中营养成分和有害物质的浓度和比例,直接影响测定结果。对许多食品而言,稳定水分可以保持食品应有的感官性状。对于含水量较高的食品样品,如不能尽快分析,可以先测定水分,将样品烘干后保存,对后续检测项目的结果可以通过水分含量折算原样品中待测物的含量。

综上所述,食品样品的保存应做到净、密、冷、快。所谓"净"是指采集和保存样品的容器和工具必须清洁干净,不得含有待测成分和其他可能污染样品的成分。"密"是指所采集的食品样品包装应该是密闭的,使水分稳定,防止挥发性成分损失,避免样品在运输、保存过程中受到污染。"冷"是指将样品在低温下运输、保存,以抑制酶活性和微生物的生长。"快"是指采样后尽快分析,避免样品变质。

对于检验后的样品,一般应保存一个月,以备需要时复查,保存时应加封并尽量保持原样,易变质的样品不易保存。

 任 务 实 施

食品样品的采集和保存

参照 GB/T 5009.2—2003 的方法测定。

一、采集方法

根据所选择食品的大小、类型确定采集的样品件数或体积数,再按照五点法在所采样的上、中、下用采样工具采样,最后混合后用四分法对角取样浓缩,取出具有代表性的样品,装入包装容器并密封,按照保存样品的原则选择适当的条件保存样品。

二、仪器

玻璃或聚乙烯塑料容器,取样工具,标签纸,一次性手套。

三、步骤

1.对包装容器及取样工具进行清洁。

2.获得样检。

3.形成原始样品。

根据样品类型确定采样件数,在食品堆放的不同部位,戴上手套分别采样,取出选定的大包装。

4.获平均样品

用采样工具在每一包装的上、中、下三层和五点取出样品,并按"四分法"进行缩分以得到所需的取样量。

5.平均样品分成 3 份

将所采集的样品平均分成 3 分,分别供检验、复查和备查或仲裁用。

四、样品的保存

分别将样品装在密封洁净的容器内,确保其待测成分和水分不变,并无污染和腐败变质。

任务1.2　样品的前处理

由于食品的成分复杂,待测成分的含量相差也很大,许多食品各部位组成成分差异很大,样品的采集量通常较分析所需的多,所以样品在检验之前,必须经过样品的制备、样品的前处理,从而去除干扰成分、浓缩待测成分,使检验样品具有均匀性和代表性,以满足分析方法的检出限和灵敏度的要求,保证分析的顺利进行,并得到可靠的分析结果,具体要求如下。

一、食品样品的制备

食品样品的制备是指对采集的样品进行分取、粉碎、混匀等处理工作。对于不同的食品样品,制备方法也不尽相同。食品样品制备的一般步骤如下:

1.去除非食用部分

食品理化检验中用于分析的样品一般是食用部分。对其中的非食用部分,应按照食用习惯预先去除。对于植物性食品,根据品种不同去除根、皮、茎、柄、叶、壳、核等非食用部分;对于动物性食品需去除羽毛、鳞爪、骨、胃肠内容物、胆囊、甲状腺、皮脂腺、淋巴结等;对于罐头食品,应注意清除其中的果核、葱和辣椒等调味品。

2.除去机械杂质

所检验的食品样品应该去除生产和加工过程中可能混入的机械杂质,如植物种子、茎、叶、泥沙、金属碎屑、昆虫等异物。

3.均匀化处理

食品样品在采集时已经切碎或混匀,但还不能达到分析的要求。通常在实验室检验前,必须进一步均匀化,使检验样品的组成尽可能均匀一致,取出其中任何一部分都能获得无显著性差异的检验结果。

样品的制备方法一般有搅拌、切细、粉碎、研磨或捣碎,使检验样品充分混匀。常用研钵、磨粉机、万能微型粉碎机、球磨机、高速组织捣碎机、绞肉机等进行均匀化处理。制备样品时应选用惰性材料(如不锈钢),应防止易挥发性成分的逸散及避免样品组成和理化性质的变化。

对于比较干燥的固体样品(如粮食等),为了使样品颗粒度均匀,样品粉碎后应通过标准分样筛,一般应通过 20 目~40 目分样筛,或根据分析方法的要求过筛。过筛时要求样品全部通过规定的筛孔,未通过的部分样品应再粉碎后过筛,不得随意丢弃。

对于液态或半液态样品(如牛奶、饮料、液体调味品等),可用搅拌器充分搅拌均匀。对于含水量较高的水果和蔬菜类,一般先用水洗净泥沙,揩干表面附着的水分,取不同部位的样品,放入高速组织捣碎机中匀浆(可加入等量的蒸馏水或按分析方法的要求加入一定量的溶剂)。对制备好的食品样品应尽可能及时处理或分析。

二、食品样品的前处理

食品样品的前处理是指食品样品在测定前消除干扰成分,浓缩待测组分,使样品能满足分析方法要求的操作过程。由于食品的成分复杂,待测成分的含量差异很大,有时含量甚微,当用某种分析方法对其中某种成分的含量进行测定时,其他共存的成分常常会干扰测定。为了保证检测的顺利进行,得到可靠的分析结果,必须在分析前去除干扰成分。对于食品中含量极低的待测组分,还必须在测定前对其进行富集浓缩,以满足分析方法的检出限和灵敏度的要求。通常可以采用水浴加热、吹氮气或空气、真空减压浓缩等方法将样品处理液进行浓缩。

样品的前处理是食品理化检验中十分重要的环节,其效果的好坏直接关系着分析工作的成败。常用的样品前处理方法很多,应根据食品的种类、分析对象、待测组分的理化性质及所选用的分析方法来确定样品的前处理方法。

(一)无机化处理

无机化处理通常是指采用高温或高温下加强氧化条件,使食品样品中的有机物分解并呈气态逸出,而待测成分则被保留下来用于分析的一种样品前处理方法,主要用于食品中无机元素的测定。根据具体操作条件的不同,可分为湿消化法和干灰化法两大类。

1. 湿消化法

在适量的样品中,加入氧化性强酸,加热破坏有机物,使待测的无机成分释放出来,形成不挥发的无机化合物,以便进行分析测定。湿消化法是常用的食品样品无机化处理方法之一。

(1)特点

优点:分解有机物速度快、时间短,加热温度较干灰化法低,可以减少待测成分的挥发损失。

缺点:在消化的过程中,会产生大量的有害气体,操作必须在通风橱中进行;试剂用量大,有时空白值较高;消化液反应剧烈产生大量泡沫,可能溢出消化瓶;消化过程中也可能出现炭化,这些都易造成待测成分的损失,所以需要细心操作。

(2)常用的氧化性强酸

常用的有硝酸、高氯酸、硫酸等,有时还可以加入氧化剂,如高锰酸钾、过氧化氢等;或加入催化剂,如硫酸铜、硫酸汞、五氧化二钒等,以加速食品样品的氧化分解。

①硝酸 浓硝酸(65%~68%,14 mol/L)具有较强的氧化能力,能将样品中有机物氧化生成 CO_2 和 H_2O,而本身分解成 O_2 和 NO_2,过量的硝酸容易通过加热除去。硝酸可以以任

何比例与水混合,恒沸点溶液的浓度为 69.2%,沸点为 121.8 ℃。由于硝酸沸点较低,易挥发,因而氧化能力不持久。在消化液中常常会残存较多的氮氧化物,如对待测成分的测定有干扰时,可以加入一定量的纯水加热,驱赶氮氧化物。在很多情况下,单独使用硝酸不能完全分解有机物,因此常常与其他酸配合使用。几乎所有的硝酸盐都易溶于水,但硝酸与锡和锑易形成难溶的偏锡酸(H_2SnO_3)和偏锑酸(H_2SbO_3)或其盐。

②高氯酸　高氯酸(65% ~70%,11 mol/L)能与水形成恒沸溶液,其沸点为 203 ℃。冷的高氯酸没有氧化能力。热的高氯酸是一种强氧化剂,其氧化能力较硝酸和硫酸强,几乎所有的有机物都能被它分解,高氯酸在加热条件下能产生氧气和氯气:

$$4HClO_4 \longrightarrow 7O_2 + Cl_2 + 2H_2O$$

除 K^+ 和 NH_4^+ 的高氯酸盐外,一般的高氯酸盐都易溶于水;高氯酸的沸点适中,氧化能力较为持久,用于消化样品的速度快,过量的高氯酸也容易加热除去。

在使用高氯酸时,需要特别注意安全。在高温下高氯酸直接接触某些还原性较强的物质,如酒精、甘油、脂肪、糖类等,因反应剧烈而有发生爆炸的危险。所以使用高氯酸消化时,应在通风橱中进行操作,便于生成的气体和酸雾及时排除。一般不单独使用高氯酸处理食品样品,而是用硝酸和高氯酸的混合酸分解有机物质。在消化过程中注意随时补加硝酸,直到样品消化液无炭化现象,颜色变浅为止。

③硫酸　稀硫酸没有氧化性,而热的浓硫酸(98%,18 mol/L)具有较强的氧化性,对有机物有强烈的脱水作用,并使其炭化,进一步氧化生成二氧化碳。浓硫酸可使食品中的蛋白质氧化脱氨,但不能进一步氧化成氮氧化物。硫酸的沸点高(338 ℃),不易挥发损失,在与其他酸混合使用,加热蒸发至出现三氧化硫白烟时,可以除去其他低沸点的硝酸、高氯酸、水及氮氧化物。硫酸的氧化能力不如高氯酸和硝酸强;硫酸与碱金属(如钙、镁、钡、铅)所形成的盐类在水中的溶解度较小,难于挥发。硫酸受热分解,反应式为

$$2H_2SO_4 \longrightarrow O_2 + 2SO_2 + 2H_2O$$

(3)常用的消化方法

在实际工作中,除单独使用浓硫酸消化法外,经常采取两种不同的氧化性酸配合使用,以达到加快消化速度、完全破坏有机物的目的。几种常用的消化方法如下:

①硫酸消化法:仅使用浓硫酸加热消化样品,由于硫酸的脱水炭化作用,可以破坏食品样品中的有机物。硫酸氧化能力较弱,消化液炭化后耗时较长。通常可加入硫酸钾或硫酸铜以提高硫酸的沸点,加适量硫酸铜或硫酸汞作为催化剂以缩短消化时间。在分析有些含有机物较少的样品(如饮料)时,也可单独使用硫酸,或加入高锰酸钾和过氧化氢等氧化剂以加速消化进程。

②硝酸 - 高氯酸消化法:此法可采取以下两种方式进行:一是在食品样品中先加入硝酸进行消化,待大量有机物分解后,再加入高氯酸;二是将食品样品用一定比例混合的硝酸 - 高氯酸混合液浸泡过夜,次日再加热消化,直至消化完全为止。该法氧化能力强,消化速度快,炭化过程不明显,消化温度较低,挥发损失少。应该注意:这两种酸的沸点不高,当温度过高、消化时间过长时,硝酸可能被耗尽,参与的高氯酸与未消化的有机物剧烈反应,有可能引起燃烧或爆炸,因此也可加入少量硫酸,以防烧干,同时也可以提高消化温度,充分发挥硝酸和高氯酸的氧化作用。某些含有还原性组分(如酒精、甘油、油脂等)较多的食品样品,不宜采用此法。

③硝酸 - 硫酸消化法:在食品样品中加入硝酸和硫酸的混合液,或先加入硫酸,加热使

有机物分解、炭化，在消化过程中不断补充硝酸直至消化完全。由于此消化法含有硫酸，不宜作食品中碱土金属的分析。此法反应速度适中，对较难消化的食品，如含较大量的脂肪和蛋白质时，可在消化后期加入少量高氯酸或过氧化氢，加快消化的速度。

上述几种湿消化法各有优缺点，根据国家卫生标准方法的要求、检验项目的不同和待检食品样品的不同进行选择，并应同时做试剂空白试验，以消除试剂及操作条件不同所带来的误差。

（4）消化操作的注意事项：

①消化所用的试剂（酸及氧化剂）应采用分析纯或优级纯试剂，并同时做消化试剂的空白试验，以扣除消化试剂对测定的影响。如果空白值较高，应检查试剂的纯度，并选择优质的玻璃器皿并经过稀硝酸浸泡后使用。

②为了防止爆沸，可在消化瓶内加入玻璃珠或瓷片。采用凯氏烧瓶进行消化时，瓶口应倾斜，不能对着自己或别人。加热应集中于烧瓶的底部，使瓶颈部位保持较低的温度，酸雾能冷凝回流，同时也能减少待测成分的挥发损失。如果试样在消化时产生大量泡沫，可以适当降低消化温度，也可以加入少量不影响测定的消泡剂，如辛醇、硅油等。最好将样品和消化试剂在室温下浸泡过夜，次日再进行加热消化，可以达到事半功倍的效果。

③在消化过程中需要补加酸或加入氧化剂时，首先要停止加热，待消化液冷却后，再沿消化瓶壁缓缓加入，切记不能在高温下补加酸液，以免因反应剧烈致使消化液溅出，造成对操作者的危害和样品的损失。

2. 干灰化法

将食品放在瓷坩埚中，先在电炉上使样品脱水、炭化，再置于 $500 \sim 600 \, ^{\circ}\mathrm{C}$ 的高温电炉中灼烧灰化，使样品中的有机物氧化分解成二氧化碳、水和其他气体而挥发，留下的无机物供测定用。干灰化法也是破坏食品样品中有机物质的常规方法之一。

（1）特点

优点：操作简便，试剂用量少，有机物破坏彻底；由于基本上不加或加入很少的试剂，因而空白值较低；能同时处理多个样品，适合批量样品的前处理；可加大称样量，在检验方法灵敏度相同的情况下能够提高检出率；灰化过程中不需要一直看守，省时省事；适用范围广，可用于多种痕量元素的分析。

缺点：灰化时间长，温度高，故易造成待测成分的挥发损失；高温灼烧时，可能使坩埚材料的结构改变形成微小空穴，对待测组分有吸留作用而难于溶出，致使回收率低。

（2）提高干灰化法回收率的措施

①采用适宜的温度　在尽可能低的温度下进行灰化，但温度过低会延长灰化时间，通常选用 $550 \pm 25 \, ^{\circ}\mathrm{C}$ 灰化 4 h，一般不超过 $600 \, ^{\circ}\mathrm{C}$。

②加入助灰化剂　为了加速有机物的氧化，防止某些组分的挥发损失和坩埚吸留，在干灰化时可以加入适量的助灰化剂。例如，测定食品中碘含量时，加氢氧化钾使碘元素转变成难挥发的碘化钾，减少挥发损失；在测定食品中总砷时，加入氧化镁，能使砷转变成不挥发的焦砷酸镁（$Mg_2As_2O_7$），减少砷的挥发损失，同时氧化镁还能起到衬垫坩埚的作用，减少坩埚吸留。

③其他措施　在规定的灰化温度和时间内，如样品仍不能完全灰化，可以待坩埚冷却后，加入适量酸或水，改变盐的组成或帮助灰分溶解，解除对碳粒的包裹。例如加入硫酸可使易挥发的氯化铅、氯化镉转变成难挥发的硫酸盐；加硝酸可提高灰分的溶解度。但酸不

能加得太多,否则产生的酸雾会造成对高温炉的损害。

(二)干扰成分的去除

测定食品中的各种有机成分时,可采用多种前处理办法,将待测的有机成分与样品基体和其他干扰成分分离后进行检测。常用的前处理方法有下列几种:

1. 溶剂提取法

依据相似相溶的原则,用适当的溶剂将某种待测成分从固体样品或样品浸提液中提取出来,而与其他基体成分分离,是食品理化检验中最常用的提取分离方法之一。溶剂提取法一般可分为浸提法和液 – 液萃取法。

2. 挥发法和蒸馏法

利用待测成分的挥发性或通过化学反应将其转变成为具有挥发性的气体,而与样品基体分离,经吸收液或吸附剂收集后用于测定,也可直接导入检测仪测定。这种分离富集方法可以排出大量非挥发性基体成分对测定的干扰。

3. 色谱分离法

利用物质在流动相与固定相两相间的分配系数差异,当两相作相对运动时,在两相间进行多次分配,分配系数大的组分迁移速度慢,反之则迁移速度快,从而实现各组分的分离。这种分离方法的最大特点是分离效率高,能使多种性质相似的组分彼此分离,是食品理化检验中一类重要的分离方法。根据操作方式不同,可以分为柱色谱法、纸色谱法和薄层色谱法等。

4. 固相萃取法

该法是一类基于液相色谱分离原理的样品制备技术,实际上就是柱色谱分离方法。在小柱中填充适当的固定相制成固相萃取柱,当样品液通过 SPE 小柱时,待测成分被吸留,用适当的溶剂洗涤除去样品基体或杂质,然后用一种选择性的溶剂将待测组分洗脱,从而达到分离、净化和浓缩的目的。该方法简便快速,使用有机溶剂少,在痕量分离中应用广泛。

5. 固相微萃取法

该法是根据有机物与溶剂之间"相似者相溶"的原理,利用石英纤维表面的色谱固定液对待测组分的吸附作用,使试样中的待测组分被萃取和浓缩,然后利用气相色谱仪进样器的高温、高效液相色谱或毛细管电泳的流动相将萃取的组分从固相涂层上解吸下来进行分析的一种样品前处理方法。与传统分离富集方法相比,固相微萃取法具有几乎不使用溶剂、操作简单、成本低、效率高、选择性好等优点,是一种比较理想的新型样品预处理技术。可与 GC,HPLC 或 CE 等仪器联用,使样品萃取、富集和进样合二为一,从而大大提高样品前处理、分析速度和方法的灵敏度。

6. 超临界流体萃取法

该法是近年来发展的一种样品前处理技术,超临界流体萃取与普通液 – 液萃取或液 – 固萃取相似,也是在两相之间进行的一种萃取方法,不同之处在于所用的萃取剂为超临界流体。超临界流体的密度较大,与液体相近,故可用作溶剂溶解其他物质;另一方面,超临界流体的黏度较小,与气态相近,传质速度很快,而且表面张力小,很容易渗透进入固体样品内。由于超临界流体特殊的物理性质,使超临界流体萃取具有高效、快速等特点。

7. 透析法

该方法是利用高分子物质不能透过半透膜,而小分子或离子能通过半透膜的性质,实现大分子与小分子物质的分离。

8. 沉淀分离法

该方法是利用沉淀反应进行分离的方法。在试样中加入适当的沉淀剂,使被测成分或干扰成分沉淀下来,经过滤或离心达到分离的目的。

表 1 – 1   食品样品前处理的主要方法

无机化处理	湿消化;干灰化	
干扰成分的分离去除	溶剂提取法(浸提法、液 – 液萃取法);挥发法和蒸馏法;色谱分离法;固相萃取法;固相微萃取法;超临界流体萃取法;透析法;沉淀分离法等	

湿消化法处理样品

一、原理

在适量的样品中,加入硝酸 – 高氯酸 – 硫酸氧化性强酸,加热破坏有机物,使待测的无机物释放出来,形成不挥发的无机化合物,以便进行分析测定。

二、试剂

浓硝酸;热的高氯酸;少量硫酸

三、处理步骤

1. 取适量(5.00 g ~ 10.00 g)制备好的湿润样品,置于 250 ~ 500 mL 凯氏烧瓶中;

2. 先加水少许使样品湿润,加数粒玻璃珠、10 ~ 15 mL 硝酸 – 高氯酸混合液,放置片刻,小火缓缓加热,待作用缓和,放冷;

3. 沿器壁加入 5 mL 或 10 mL 硫酸,在加热至瓶中液体开始变成棕色时,不断沿器壁滴加硝酸 – 高氯酸混合液至有机物分解完全,加大火力,至产生白烟,溶液应呈无色或微带黄色,放冷。在操作过程中应注意防止爆炸。

4. 加 20 mL 水煮沸,除去残余的硝酸至产生白烟为止,驱酸处理两次,放冷。移入 50 mL 或 100 mL 容量瓶中,用水洗涤凯氏烧瓶,洗液并入容量瓶中,放冷,加水至刻度,混匀。取与消化食品相同量的硝酸 – 高氯酸混合液和硫酸,做试剂空白试验。

说明:(1)某些含有还原性组分如酒精、甘油、油脂等较多的食品样品,不宜采用此法。(2)由于两种酸的沸点不高,当温度过高、消化时间过长时,硝酸可能被耗尽,残余的高氯酸与未消化的有机物剧烈反应,有可能引起燃烧或爆炸,因此,也可加入少量硫酸以防烧干,同时也可提高消化温度,充分发挥硝酸和高氯酸的氧化作用。

想—想练—练

1. 食品样品具有哪些特点？应如何进行食品样品的制备？

2. 如何进行食品样品的采集,通常采样量是多少？

3. 食品样品保存的原则和所采取的方法主要有哪些？

4. 湿消化法和干灰化法各应注意哪些问题？

5. 简述样品前处理的主要方法及各自特点。

模块二　食品的感官检验

项目　食品的感官检验

项目分析

感官检查不合格，或者已经发生明显的腐败变质时，则不必再进行营养成分的检测，直接判断为不合格食品，因此，感官检查必须首先进行。感官检查简便易行、直观实用，具有理化检验和微生物检验方法所不可替代的功能。它也是食品消费、食品生产和质量控制过程中不可缺少的一种简便的检验方法。

学习目标

【知识目标】了解感官检验的内容；掌握感官检验的方法。

【能力目标】能够利用感官从色、香、味、形、质等方面对食品进行综合性评价。

任务2.1　食品的感官检验

依据人们对各类食品的固有观念，借助人的感觉器官（如视觉、嗅觉、味觉和触觉等）对食品的色泽、气味、质地、口感、形状、组织结构和液态食品的澄清度、透明度以及固态和半固态食品的软硬、弹性、韧性、干燥程度等性质进行的检验，叫食品的感官检验。其方法简单，但带有一定程度的人为主观性。一般食品感官检查的主要内容和方法如下：

一、视觉检查

首先用眼睛观察食品样品的包装是否完整无损；标签和说明书是否与食品的内容物相符，有无异物或沾污；食品的新鲜程度和成熟程度；食品有无人工着色等，某些情况下可利用放大镜、可见光，甚至用紫外光检查荧光斑点。

二、嗅觉检查

检查时距离食品样品要由远而近，防止强烈气味的突然刺激。对于味淡的食品或液体食品可以加盖温热至 60 ℃ 或振摇后闻其气味。要辨别气味的性质和强度，记录香、臭、腥、臊味及其刺激性的强弱，仔细辨别有无异常气味，特别是腐烂、霉变、酸败以及发酵等气味。一般嗅觉的敏感度远高于味觉。

三、味觉检查

味觉检查通常是在视觉和嗅觉检查基本正常的情况下进行的。检查时取少量食品样品放入口中,慢慢咀嚼,反复品味,最后咽下。评价食品入口到下咽全过程中的味道种类和强度,记录食品在口中的感觉。食品样品应在温热状态下进行品尝,如遇食品味道强烈,应用温水漱口,如遇食品腐败变质的臭味,则应立即停止味觉检查。

人的味觉从接收刺激到感受到滋味的速度,仅需 1.5～4.5 ms,比视觉、听觉和触觉的反应快得多。因此,味觉有助于使机体快速判断食物的优劣,在食品感官鉴定中占有重要的地位。味道有多种分类,我国通常分为酸、甜、苦、咸、辣、鲜、涩七类。

四、听觉检查

听觉与食品感官评价有一定联系,如在检查罐头食品时可用特制的敲检棍进行敲检,听其声音的虚、实、清、浊,从而判断罐头内食品的质量,必要时才打开罐头检查。食品的质感特别是在咀嚼时发出的声音,对判断某些食品的质量有重要的作用。例如,焙烤食品中的酥脆薄饼、爆玉米花和某些膨化制品,在咀嚼时应发出特有的脆声,否则可认为其质量已经发生了变化。

五、触觉检查

用手接触食品,通过触、摸、捏、揉、按等动作,检查食品的轻重、软硬、弹性、黏稠、滑腻等性质。对于鱼、肉制品、海产品等应检查食品的组织状态、新鲜程度、保存效果等现象。

各类食品感官检查的指标在我国的《食品卫生标准》中都有明确的规定,可以按照有关的规定进行检查。

任 务 实 施

罐头食品的感官检验

一、原理

根据人类的感觉特性,用眼(视觉)、鼻(嗅觉)、舌(味觉)和口腔(综合感觉)按产品标准要求对食品进行感官测定。

二、仪器和工具

开罐刀、不锈钢圆筛(丝的直径 1 mm,筛孔 2.8 mm×2.8 mm)、白瓷盘、刀叉餐具等。

三、检验步骤

1. 外观和外包装检验

检查容器的密封完整性,有无泄漏及胖听现象,容器外表有无锈蚀,开罐后的空罐内壁涂料有无脱落及腐蚀等。

2. 组织、形态与色泽检验

(1)肉、禽、水产类罐头　先经加热至汤汁溶化(有些罐头如午餐肉、凤尾鱼等,不经加热),然后将内容物倒入白瓷盘中,观察其组织、形态和色泽是否符合标准。将汤汁注入量

筒中,静置 3 min 后,观察色泽和澄清程度。

(2)糖水水果类及蔬菜类罐头　在室温下将罐头打开,先滤去汤汁,然后将内容物倒入白瓷盘中观察组织、形态和色泽是否符合标准。将汁液倒在烧杯中,观察是否清亮透明,有无夹杂物及引起浑浊之果肉碎屑。

(3)果酱类罐头　在室温(15~20℃)下开罐后,用匙取果酱(20 g)置于干燥的白瓷盘上,在 1 min 内观察酱体有无流散和汁液分泌现象,并察看色泽是否符合标准。

(4)果汁类罐头　在玻璃容器中静置 30 min 后,观察其沉淀过程,有无分层和油圈现象,浓淡是否适中。

(5)糖浆类罐头　开罐后,将内容物平倾于不锈钢圆筛中,静置 3 min,观察组织、形态及色泽是否符合标准。另将一罐全部倒入白瓷盘中观察是否浑浊,有无胶冻、大量果屑及夹杂物存在。

3.气味和滋味检验

(1)肉、禽及水产类罐头　检验其是否具有该产品应有的气味与滋味,有无哈喇味及异味。

(2)果蔬类罐头　检验其是否具有与原果蔬相近似之香味,浓缩果汁稀释至规定浓度后再嗅其香味,然后评定酸甜是否适口。

四、结果评定

对照产品的感官指标,对检验样品进行感官评定并记录。几种典型产品的感官指标评价标准参见表 2-1,表 2-2,表 2-3。

表 2-1　苹果酱罐头的感官要求

项目	优级品	一级品	合格品
色泽	酱体呈红褐色或琥珀色,有光泽	酱体呈红褐色或琥珀色	酱体呈红褐色或黄褐色
滋味与气味	具有苹果酱罐头应有的滋味与气味,无异味	具有苹果酱罐头应有的滋味与气味,无异味	具有苹果酱罐头应有的滋味与气味,允许有轻微焦糊味
块状酱组织形态	酱体呈软胶凝状,徐徐流散,酱体保持部分果块,无汁液析出,无糖的结晶	酱体呈软胶凝状,徐徐流散,酱体保持部分果块,无汁液析出,无糖的结晶	酱体呈软胶凝状,酱体保持部分果块,允许有少量汁液析出,无糖的结晶
泥状酱组织形态	酱体细腻均匀,胶黏适度,徐徐流散,无汁液析出,无糖的结晶	酱体较细腻均匀,胶黏较适度,徐徐流散,无汁液析出,无糖的结晶	酱体尚细腻均匀,允许有少量汁液析出,无糖的结晶

表 2-2　午餐肉罐头的感官要求

项目	优级品	一级品	合格品
色泽	表面色泽正常,切面呈粉红色	表面色泽正常,无明显变色;切面呈淡粉红色,稍有光泽	表面色泽正常,允许带浅黄色;切面呈浅粉红色
滋味与气味	具有午餐肉罐头浓郁的滋味与气味	具有午餐肉罐头较好的滋味与气味	具有午餐肉罐头应有的滋味与气味

表 2-2(续)

项目	优级品	一级品	合格品
组织	组织紧密、细嫩,切面光洁,夹花均匀,无明显的大块肥肉、夹花和大蹄筋,富有弹性,允许存在极少量小气孔	组织较紧密、细嫩,切面较光洁,夹花均匀,稍有大块肥肉、夹花或大蹄筋,有弹性,允许存在少量小气孔	组织尚紧密,切片完整,夹花尚均匀,略有弹性,允许存在小气孔
形态	表面平整,无收腰,缺角不超过周长的10%,接缝处略有粘罐	表面较平整,稍有收腰,缺角不超过周长的30%,粘罐面积不超过内壁总面积的10%	表面尚平整,略有收腰,缺角不超过周长的60%,粘罐面积不超过罐内壁总面积的20%
析出物	脂肪和胶冻析出量不超过净含量0.5%,净含量为198 g的析出量不超过1.0%,无析水现象	脂肪和胶冻析出量不超过净含量的1.0%,净含量为198 g的析出量不超过1.5%,无析水现象	脂肪和胶冻析出量不超过净含量的2.5%,无析水现象

表 2-3 橘子囊胞罐头的感官要求

项目	优级品	一级品	合格品
色泽	囊胞呈金黄色至橙黄色;汤汁清	囊胞呈橙黄色至黄色,汤汁较清	囊胞呈黄色,汤尚清,允许有白色沉淀
滋味与气味	具有橘子囊胞罐头应有的良好风味,无异味	具有橘子囊胞罐头应有的良好风味,无异味	具有橘子囊胞罐头应有的良好风味,无异味
组织形态	囊胞饱满,颗粒分明,橘核质量不超过固形物的1%,破囊胞和瘪子质量不超过固形物的10%	囊胞较饱满,颗粒较分明,橘核质量不超过固形物的2%,破囊胞和瘪子质量不超过固形物的20%	囊胞尚饱满,颗粒尚分明,橘核质量不超过固形物的3%,破囊胞和瘪子质量不超过固形物的30%

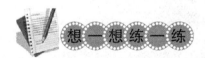

想一想 练一练

一、选择题

1. 最容易产生感觉疲劳的是(   )。

A. 视觉   B. 味觉   C. 嗅觉   D. 触觉

2. 食品的外观性状,如颜色、大小和形状、表面质地、透明度、充气情况等,靠(   )来评价。

A. 视觉   B. 味觉   C. 嗅觉   D. 触觉

3. "入芝兰之室,久而不闻其香"由感觉的(   )产生的。

A. 对比现象   B. 疲劳现象   C. 掩蔽现象   D. 拮抗现象

4. 味觉感受器就是(   )。

A. 舌尖   B. 味蕾   C. 舌面   D. 舌根

5. 靠嗅觉评价的物质必须具有(   )

A. 一定的温度   B. 挥发性及可溶性

C. 旋光性和异构性   D. 脆性和弹性

二、实训问答题

1. 食品的感官检验有哪几种方法？

2. 进行食品感官检验时，对周围的环境有什么要求？

模块三　食品的物理检验法

项目　食品的物理检验法

 项目分析

根据食品的相对密度、折射率、旋光度等物理常数与食品的组分含量之间的关系进行检测的方法称为食品的物理检验方法。

食品的物理检验方法有两种类型:第一种类型是某些食品的一些物理常数,如密度、相对密度、折射率、旋光度等,与食品的组成成分及含量之间存在着一定的数学关系,因此可以通过物理常数的测定来间接地检测食品的组成成分及其含量;第二种类型是某些食品的一些物理量是该食品的质量指标的重要组成部分,如罐头的真空度,固体饮料的颗粒度、比体积,面包的比体积,冰淇淋的膨胀率,液体的透明度、浊度、黏度等,这一类的物理量可直接测定。

物理检验法是食品分析及食品工业生产中常用的检测方法之一。通过测定食品的物理特性,可以指导生产过程,保证产品质量以及鉴别食品组成、确定食品密度、判断食品的纯净程度及品质,是生产管理和市场管理不可缺少的方便而快捷的监测手段。由于食品的相对密度、折射率和比旋光度这些物理特性的测定比较便捷,故它们是食品生产中常用的工艺控制指标,也是防止假冒伪劣食品进入市场的监控手段。

学习目标

【知识目标】掌握密度与相对密度、折射率、旋光度的概念;了解密度计、折射仪、旋光计等仪器的原理、结构和使用方法。

【能力目标】能熟练、准确地测定液体试样的相对密度,能正确使用密度瓶、密度计、折射仪、旋光仪,并能对仪器进行校正和维护;能正确处理测量数据。

任务3.1　食品密度的测定

 知识平台

一、密度与相对密度

密度是指物质在一定温度下单位体积的质量,以符号 ρ 表示,其单位为 g/mL。相对密度是指同温度下物质的质量与同体积某一温度下水的质量之比,以符号 d 表示。通常应在

d 的右下角标明水的温度,右上角标明待测物的温度,如:d_4^{20} 表示某液体在 20 ℃时对 4 ℃ 水的相对密度。我国规定密度测定时的标准温度为 20 ℃,所以相对密度通常是指 20 ℃时, 某物质的质量与同体积 20 ℃纯水质量的比值,以 d 表示,如 d_{20}^{20}。

二、测定相对密度的意义

相对密度是物质重要的物理常数之一,在正常情况下,各种液态食品都有一定的相对 密度范围,当其组成成分及浓度发生改变时,其相对密度也发生改变,故测定液态食品的相 对密度可以检验食品的纯度和品质。例如,全脂牛奶的相对密度为 1.028 ~ 1.032,脱脂牛 奶的相对密度为 1.033 ~ 1.037;植物油的相对密度为 0.909 0 ~ 0.929 5(压榨法)。当因掺 杂、变质等原因引起这些液态食品的组成成分发生变化时,均可出现相对密度的改变。因 此,测定相对密度可初步判断食品是否正常及其洁净程度,即通过测定液态食品的相对密 度可以检验食品的纯度和品质。如乳品厂在原料和产品验收时需要测定牛奶的相对密度, 通过相对密度的测定,可检测出牛奶是否脱脂、是否掺水等,脱脂乳相对密度升高,掺水乳 相对密度下降,从而可以了解产品及原料的质量。对油脂相对密度的测定,可了解油脂是 否酸败,因为油脂酸败后相对密度升高。

蔗糖、酒精等溶液的相对密度随着溶液浓度的增加而增高,通过实验已制订出溶液浓 度与相对密度的对照表,只要测得相对密度就可以由专用的表格上查出其对应的浓度。

对于某些液态食品(如果汁、番茄制品等),测定相对密度并通过换算或查专用经验表 格可以确定可溶性固形物或总固形物的含量。

需要注意的是,当食品的相对密度异常时,可以肯定食品的质量有问题;当相对密度正 常时,并不能肯定食品质量无问题,必须配合其他理化分析才能确定食品的质量。总之,相 对密度是食品生产过程中常用的工艺控制指标和质量控制指标。

三、测定相对密度的仪器

测定液态食品相对密度的方法有密度瓶法、密度计法和密度天平法等,其中前两种方 法较常用。密度瓶法测定结果准确,但耗时;密度计法则简易、迅速,但测定结果准确度较 差。

1. 密度瓶

密度瓶是测定液体相对密度的专用精密仪器,是容积固定的玻璃称量瓶,其种类和规 格有很多种,常用的有带温度计的精密密度瓶和带毛细管的普通密度瓶,如图 3 - 1 所示。 密度瓶有 20 mL,25 mL,50 mL,100 mL 四种规格,常用的是 25 mL 和 50 mL 两种。

2. 密度计

密度计是根据阿基米德定律制成的。浸在液体里的物体受到向上的浮力,浮力的大小 等于物体排开液体的质量。密度计的质量是一定的,液体的种类不同,浓度不同,密度计上 浮或下沉的程度不同。各种密度计的刻度是利用各种不同密度的液体标度的,所以从密度 计上的刻度就可以直接读取相对密度的数值或某种溶质的百分含量。

密度计种类很多,但结构和形式基本相同,都是由玻璃外壳制成,并由三部分组成。其 头部呈球形或圆锥形,里面灌有铅珠、水银或其他重金属,使其能立于溶液中,中部是胖肚 空腔,内有空气,故能浮起,尾部是一细长管,内附有刻度标记,刻度是利用各种不同密度的 液体标度的,从而制成了各种不同标度的密度计。食品工业中常用的密度计按其标度方法不同,可分为普通密度计、糖锤度计、乳稠计、波美计、酒精计等,部分如图 3-2 所示。

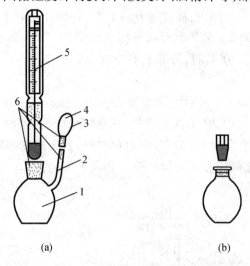

图 3-1 密度瓶

(a)带温度计的精密密度瓶;(b)带毛细管的普通密度瓶

1—密度瓶;2—支管;3—侧孔;4—支管上小帽;5—温度计;6—玻璃磨口

（1）普通密度计

普通密度计以 20 ℃时的相对密度值为刻度,以 20 ℃为标准温度,通常由几支刻度范围不同的密度计组成一套。刻度值小于 1 的（0.700 ~ 1.000）称为轻表,用于测定比水轻的液体;刻度值大于 1 的（1.000 ~ 2.000）称为重表,用于测定比水重的液体。

（2）糖锤度计

糖锤度计是专用于测定糖液浓度的密度计,是以蔗糖溶液中蔗糖的质量分数为刻度的,以°Bx 表示。其标度方法是以 20 ℃为标准温度,在蒸馏水中为 0 °Bx,在 1% 纯蔗糖溶液中为 1 °Bx,在 2% 纯蔗糖溶液中为 2 °Bx,以此类推。糖锤度计的刻度范围有多种,常用的有:0 ~ 6 °Bx,5 ~ 11 °Bx,10 ~ 16 °Bx,15 ~ 21 °Bx 等。

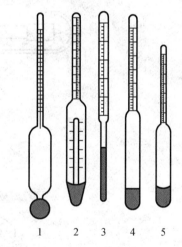

图 3-2 食品工业常用密度计

1—糖锤度计;2—附有温度计的糖锤度计;
3,4—波美计;5—酒精计

若实测温度不是标准温度 20 ℃,则应进行温度校正。当测定温度高于 20 ℃时,因糖液体积膨胀导致相对密度减少,即锤度降低,故应加上相应的温度校正值（见附录一）,反之则应减去相应的温度校正值。

（3）乳稠计

乳稠计是专用于测定牛乳相对密度的密度计,测量相对密度的范围为 1.015 ~ 1.045。刻度是将相对密度值减去 1.000 后再乘以 1 000,以度来表示,符号为（°）,刻度范围即为 15° ~ 45°。乳稠计按其标度方法不同分为两种:一种是按 20°/4°标定的,另一种是按 15°/15°标定的。两者的关系是,后者读数是前者读数加 2,即 $d_{15}^{15} = d_4^{20} + 0.002$。

使用乳稠计时,若测定温度不是标准温度,应将读数校正为标准温度下的读数。对于 20°/4°乳稠计,在 10 ~ 25 ℃范围内,温度每升高 1 ℃,乳稠计读数平均下降 0.2°,即相当于相对密度值平均减少 0.000 2。故当乳温高于标准温度 20 ℃时,每高 1 ℃应在得出的乳稠计读数上加 0.2°;乳温低于 20 ℃时,每低 1 ℃应减去 0.2°。

(4)波美计

波美计是以波美度(°Bé)来表示液体浓度大小的。按标度方法的不同分为多种类型,常用的波美计的刻度方法是以 20 ℃为标准的,在蒸馏水中为 0 °Bé,在 15% NaCl 溶液中为 15 °Bé,在纯 H_2SO_4(相对密度为 1.842 7)中为 66 °Bé,其余刻度等距离划分。波美计亦有轻表和重表之分,分别用于测定相对密度小于 1 和大于 1 的液体。波美度与相对密度之间存在着下列关系:

轻表:$°Bé = \dfrac{145}{d_{20}^{20}} - 145$,或 $d_{20}^{20} = \dfrac{145}{145 + °Bé}$

重表:$°Bé = 145 - \dfrac{145}{d_{20}^{20}}$,或 $d_{20}^{20} = \dfrac{145}{145 - °Bé}$

3. 韦氏相对密度天平

韦氏相对密度天平如图 3 - 3 所示。

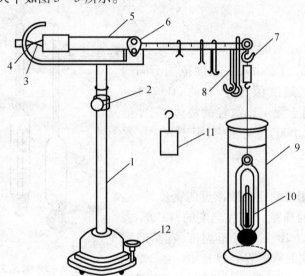

图 3 - 3　韦氏相对密度天平

1—支架;2—升降调节旋钮;3,4—指针;5—横梁;6—刀口;
7—挂钩;8—游码;9—玻璃圆筒;10—玻锤;11—砝码;12—调零旋钮

韦氏相对密度天平由支架 1、横梁 5、玻锤 10、玻璃圆筒 9、砝码 11 及游码 8 等主要部件组成。横梁的右端等分为 10 个刻度,玻锤在空气中质量精确为 15.00 g,内附温度计,温度计上有一道红线或一道较粗的黑线,用来表示在此温度玻锤能准确排开 5 g 水质量。玻璃圆筒用来盛试样。砝码的质量与玻锤相同,用来在空气中调节相对密度天平的零点。游码本身质量分别为 5 g,0.5 g,0.05 g,0.005 g,放置在相对密度天平横梁上时,表示质量的比例为 0.1,0.01,0.001,0.0001。如 0.1 的放在相对密度天平横梁 8 处即表示 0.8,0.01 的放在 9 处表示 0.09,其余类推。

食品相对密度的测定

参照 GB/T 5009.2—2003 的方法测定。

一、原理

在 20 ℃时分别测定充满同一密度瓶的水及试样的质量即可计算出相对密度,由水的质量可确定密度瓶的容积即试样的容积,根据试样的质量及体积即可计算密度。

二、仪器和试剂

附温度计的密度瓶;水浴锅;滤纸条;分析天平;蒸馏水;乙醇;乙醚。

三、分析步骤

1. 把密度瓶用自来水洗净,再依次用乙醇、乙醚洗涤,烘干并冷却后,精密称重 m_0。

2. 将密度瓶装满试样后,置 20 ℃水浴中浸 0.5 h,使内容物的温度达到 20 ℃,盖上瓶盖,并用滤纸条吸去毛细管溢出的试样,盖好小帽后取出。用滤纸小心把瓶外擦干,置天平室内 0.5 h 后称量 m_2。

3. 将试样倾出,洗净密度瓶,装入煮沸 30 min 并冷却到 20 ℃以下的蒸馏水,按上法操作。测出同体积 20 ℃蒸馏水的质量 m_1。

密度瓶内不能有气泡,天平室内温度不能超过 20 ℃,否则不能使用此法。

四、结果计算

试样在 20 ℃时的相对密度计算:

$$D_{20}^{20} = \frac{m_2 - m_0}{m_1 - m_0} \tag{3-1}$$

$$d_4^{20} = d_{20}^{20} \times 0.998\ 23 \tag{3-2}$$

式中　d^{20}——液体试样在 20 ℃时的相对密度;

　　　m_0——空密度瓶的质量,g;

　　　m_1——密度瓶和蒸馏水的质量,g;

　　　m_2——密度瓶和样液的质量,g;

　　　0.998 23——20 ℃时蒸馏水的密度,g/mL。

计算结果表示到称量天平的精度的有效数位。

说明:(1)本法适用于测定各种液体食品的相对密度,特别适合于试样量较少的场合,对挥发性试样也适用,结果准确,但操作较烦琐;(2)测定较黏稠样液时,宜使用具有毛细管的密度瓶;(3)水及试样必须装满密度瓶,瓶内不得有气泡;(4)拿取已达恒温的密度瓶时,不得用手直接接触密度瓶球部,以免液体受热流出,应戴隔热手套取拿瓶颈或用工具夹取;(5)水浴中的水必须清洁无油污,防止瓶外壁被污染。

任务 3.2　折射率的测定

一、折射率

光线从一种介质(如空气)射到另一种介质(如水)时,除了一部分光线反射回第一种介质外,另一部分光线则进入第二种介质中并改变它的传播方向,这种现象叫光的折射。对某种介质来说,入射角正弦与折射角正弦之比恒为定值,此值称为该介质的折射率。

折射率是物质的特征常数之一,每一种均匀液体物质都有其固定的折射率。折射率的大小取决于入射光的波长、介质的温度和溶液的浓度。对于同一种物质,其浓度不同时,折射率也不相同。因此,根据折射率可以确定物质的浓度。

二、测定折射率的意义

折射率是食品生产中常用的工艺控制指标,通过测定液态食品的折射率,可以确定食品的浓度,鉴别食品的组成,判断食品的纯净程度及品质。

蔗糖溶液的折射率随浓度的增大而升高,通过测定折射率可以确定糖液的浓度及含糖饮料、糖水罐头等食品的糖度,还可以测定以糖为主要成分的果汁、蜂蜜等食品的可溶性固形物含量。每种脂肪酸均有其特定的折射率。含碳原子数目相同时,不饱和脂肪酸的折射率比饱和脂肪酸的折射率大得多;不饱和脂肪酸相对分子质量越大,折射率越大;油脂酸度越高,折射率越小。因此测定折射率可以用来鉴别油脂的组成和品质。

正常情况下,某些液态食品的折射率有一定的范围,如芝麻油的折射率为 1.469 2 ~ 1.479 1(20 ℃),蜂蜡的折射率为 1.441 0 ~ 1.443 0(75 ℃)。当这些液态食品由于掺杂或品种改变等原因引起食品的品质发生改变时,折射率常常会发生变化,故测定折射率可以初步对食品进行定性,以判断食品是否变质。

必须指出的是,折射法测得的只是可溶性固形物含量,因为固体粒子不能在折射仪上反映出它的折射率。含有不溶性固形物的试样不能用折射法直接测出总固形物,但对于番茄酱、果酱等个别食品,可通过折射法测定其可溶性固形物含量后,再查特制的经验表得到总固形物含量。

三、常用的折射仪

测定物质折射率的仪器称为折射仪,其种类很多,食品工业中最常用的是阿贝折射仪和手提式折射仪。

1. 阿贝折射仪

(1) 阿贝折射仪的结构及原理

阿贝折射仪的结构如图 3 - 4 所示,其光学系统由观测系统和读数系统两部分组成,如图 3 - 5 所示。

观测系统:光线由反光镜反射,经进光棱镜、折射棱镜及其间的样液薄层折射后射出,再经色散补偿器消除由折射棱镜及被测试样所产生的色散,然后由物镜将明暗分界线成像于分划板上,经目镜放大后成像于观测者眼中。

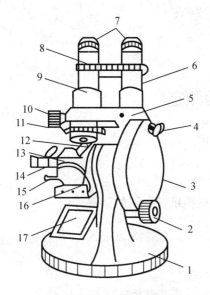

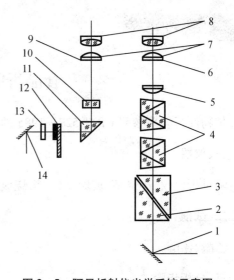

图3-4 阿贝折射仪的结构

1—底座;2—棱镜调节旋钮;3—圆盘组(内有刻度盘);
4—小反光镜;5—支架;6—读数筒;7—目镜;
8—观测镜筒;9—分界线调节旋钮;10—消色调节旋钮;
11—色散刻度尺;12—棱镜锁紧扳手;13—棱镜组;
14—温度计插座;15—恒温计接头;16—主轴;17—反光镜

图3-5 阿贝折射仪光学系统示意图

1—反光镜;2—进光棱镜;3—折射棱镜;
4—色散补偿器;5—物镜;6—分划板;
7,8—目镜;9—分划板;10—物镜;
11—转向棱镜;12—刻度盘;
13—毛玻璃;14—小反光镜

读数系统:光线由小反光镜反射,经毛玻璃射到刻度盘上,经转向棱镜及物镜将刻度成像于分划板上,通过目镜放大后成像于观测者眼中。当旋动旋钮时,使棱镜摆动,视野内明暗分界线通过十字交叉点,表示光线从棱镜入射角达到临界角。当测定样液浓度不同时,折射率也不相同,故临界角的数值亦有不同。在读数筒镜中即可读取折射率 n ,或糖液浓度,或固形物的含量。

(2)阿贝折射仪的使用方法

使用阿贝折射仪要经过仪器准备阶段、仪器校正阶段和试样测量阶段。

2.手提式折射仪

手提式折射仪是一种常用于测量蔗糖浓度的专用折射计,所测得的蔗糖浓度也称为折射锤度。

手提式折射仪由一个棱镜、一个盖板及一个观测镜筒组成,如图3-6所示。手提式折射仪的光路采用反射光测定,其光学原理与阿贝折射仪相同,测定范围通常为0%~90%,其刻度标准温度为20 ℃,若测量是在非标准温度下,则需进行温度校正。该仪器操作简单,便于携带,常用于生产现场检验。

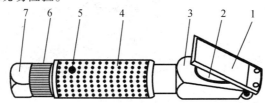

图3-6 手提式折射仪

1—盖板;2—检测棱镜;3—棱镜座;4—望远镜筒和外套;5—调节螺丝;6—视度调节圈;7—目镜

任务实施

食品折射率的测定

植物油折射率参照 GB/T 527—1985 的方法测定。

一、仪器

阿贝折射仪,小烧杯,玻璃棒(一头烧成圆形),拭镜纸、镊子、脱脂棉等。

二、试剂

乙醚、乙醇。

三、分析步骤

1. 校正仪器

放平仪器,用脱脂棉蘸乙醚揩净上下棱镜,在温度计座处插入温度计。用已知折射率的物质校正仪器(常用纯水或 α^- 溴代萘或标准玻片进行校正),如不符合校准物质的折射率时,用小钥匙拧动目镜下方的小螺丝,把明暗分界线调整至正切于十字交叉线的交叉点上。

2. 测定

用圆头玻璃棒取混匀、过滤的试样两滴,滴在棱镜上(玻璃棒不要触及镜面),转动上棱镜,关紧两块棱镜,待试样温度稳定后(约经 3 min),拧动阿米西棱镜手轮和棱镜转动手轮,使视野分成清晰可见的两个明暗部分,其分界线恰好正切于十字交叉的交点上,记下标尺读数和温度。

四、结果计算

标尺读数即为测定温度条件下的折射率。如测定温度不在 20 ℃ 时,必须按公式换算为 20 ℃ 时的折射率(n_{20})。

$$n_{20} = n_t + 0.000\,38 \times (t - 20) \tag{3-3}$$

式中　n_t——油温在 t ℃ 时测得的折射率;

　　　t——测定折射率时的油温;

　　　0.000 38——油温在 10～30 ℃ 范围内每差 1 ℃ 时折射率的校正系数。

旋光法在食品理化检验中的应用

一、旋光现象、旋光度和比旋光度

应用旋光仪测量旋光性物质的旋光度来确定其浓度、含量及纯度的分析方法称为旋光法。在食品分析中,旋光法主要用于糖分和淀粉的测定。

旋光度随旋光性物质的种类、溶液的浓度、液层的厚度及光源的波长、测定时的温度等因素而改变。对于特定的光学活性物质,在光源波长和温度一定的情况下,当旋光性物质的浓度为 1 g/mL,液层厚度为 1 dm 时所测得的旋光度称为该物质的比旋光度,以 $[\alpha]_\lambda^t$ 表示。它与旋光度的关系如下:

$$[\alpha]_\lambda^t = \frac{\alpha}{Lc} \tag{3-4}$$

式中 $[\alpha]_\lambda^t$ ——比旋光度,(°);

T——温度,℃;

λ——光源波长,nm;

α——旋光度,(°);

L——液层厚度或旋光管长度,dm;

c——溶液浓度,g/mL。

比旋光度与光的波长及测定温度有关。通常规定用钠光 D 线(波长为 589.3 nm)在 20 ℃时测定,在此条件下,比旋光度用 $[\alpha]_D^{20}$ 表示。主要糖类的比旋光度见表 3-1。

表 3-1 糖类的比旋光度

糖类	$[\alpha]_D^{20}/(°)$	糖类	$[\alpha]_D^{20}/(°)$
葡萄糖	+52.3	乳糖	+53.3
果糖	-92.5	麦芽糖	+138.5
转化糖	-20.0	糊精	+194.8
蔗糖	+66.5	淀粉	+196.4

因在一定条件下比旋光度 $[\alpha]_\lambda^t$ 是已知的,L 为一定,故测得了旋光度就可计算出旋光物质溶液中的浓度 C。

二、测定旋光度的仪器

测定旋光度的仪器有普通旋光计、检糖计、自动旋光计等,普通旋光计和检糖计具有结构简单、价格低廉等优点,但也存在以肉眼判断终点的人为误差、灵敏度低及需在暗室工作等缺点。自动旋光计采用光电检测器及晶体管自动示数装置,具有体积小、灵敏度高、没有人为误差、读数方便、测定迅速等优点,目前在食品分析中应用广泛,典型的自动旋光计如图 3-7 所示。

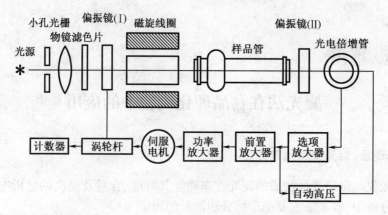

图 3-7 WZZ 型自动旋光计的结构及工作原理

三、味精中谷氨酸钠含量的测定

参照 GB/T 8967—2007 的方法测定。

1. 原理

谷氨酸钠分子结构中含有一个不对称碳原子,具有光学活性,能使偏振光面旋转一定角度,因此可用旋光仪测定其旋光度,根据旋光度换算谷氨酸钠的含量。

2. 仪器

旋光仪(精度 ±0.01°),钠光灯(钠光谱 D 线 589.3 nm)。

3. 试剂

盐酸。

4. 分析步骤

称取试样 10 g(精确至 0.000 1 g),加少量水溶解并转移至 100 mL 容量瓶中,加盐酸 20 mL,混匀并冷却至 20 ℃,定容并摇匀。

于 20 ℃用标准旋光角校正仪器,将上述试样液置于旋光管中(不得有气泡),观测其旋光度,同时记录旋光管中试样液的温度。

5. 结果计算

$$X = \frac{\dfrac{\alpha}{Lc}}{25.16 + 0.047 \times (20 - t)} \times 100\% \qquad (3-5)$$

式中　X——试样中谷氨酸钠含量,%;

　　　α——实测试样液的旋光度,(°)

　　　L——旋光管长度(液层厚度),dm;

　　　c——1 mL 试样液中谷氨酸钠的质量,g/mL;

　　　25.16——谷氨酸钠的比旋光度,(°)

　　　0.047——温度校正系数。

　　　t——测定时试液的温度,℃。

计算结果保留至小数点后第一位。

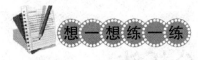 想一想 练一练

一、填空题

1. 密度是指_____,相对密度(比重)是指_____。

2. 已知测定蔗糖溶液的糖锤度为 32.8 °Bx,则该糖液的质量分数为_____。

3. 已知蔗糖的比旋光度 $[\alpha]_D^{20} = 66.5°$,在 20 ℃用旋光仪测定蔗糖液时,若使用的旋光管 $L = 200$ mm,测得蔗糖液的浓度为_____ g/mL。

4. 已知 17 ℃时测得牛乳的乳稠计读数为 32.6°,则 20 ℃时牛乳的密度为_____。

5. 折射法是通过_____的分析方法。它适用于_____类食品的测定,测得的成分是_____含量,常用的仪器有_____。

6. 旋光度是利用_____测量旋光性物质的旋光度而确定被测成分含量的分析方法。

二、选择题

1. 物质在某温度下的密度与物质在同一温度下对 4 ℃水的相对密度的关系是(　　)

 A. 相等　　　　　B. 数值上相同　　　　C. 可换算　　　　D. 无法确定

2. (　　)可测定糖液的浓度、酒中酒精含量以及检验牛乳是否掺水及脱脂等。

 A. 折色率法　　　B. 旋光法　　　　　　C. 密度法　　　　D. 黏度法

3. 测量折光率的仪器是(　　)。

 A. 自动电导仪　　B. 阿贝折光仪　　　　C. 气相色谱仪　　D. 分光光度计

4. 折光率是指光线在空气(真空)中传播的速度与在其他介质中传播速度的(　　)

 A. 比值　　　　　B. 差值　　　　　　　C. 正弦值　　　　D. 平均值

5. 常用(　　)法测定糖液的浓度。

 A. 色谱　　　　　B. 酶　　　　　　　　C. 化学　　　　　D. 旋光

三、判断题

1. 对于同一种物质,使用不同的光源,测得的折光率相同。　　　　　　　　　(　　)

2. 测定液态食品的相对密度可以检验其纯度和浓度。　　　　　　　　　　　(　　)

3. 液态食品的相对密度正常时,就可以肯定食品的质量无问题。　　　　　　(　　)

4. 含有不溶性固形物的样品,可以直接用折光法测出固形物含量。　　　　　(　　)

5. 折光法测得的是可溶性固形物含量。　　　　　　　　　　　　　　　　　(　　)

6. 阿贝折光仪采用单色光源。　　　　　　　　　　　　　　　　　　　　　(　　)

7. 液体的密度受温度的影响不大。　　　　　　　　　　　　　　　　　　　(　　)

8. 测定液体的折射率可以检测出液体的纯度。　　　　　　　　　　　　　　(　　)

9. 旋光仪在使用前一定要校正。　　　　　　　　　　　　　　　　　　　　(　　)

四、实训问答题

写出普通密度计测定酱油密度的原理、操作步骤、计算过程及注意问题。

模块四　食品的化学分析法

化学分析法适用于常量分析，是食品理化检验的基础，许多样品的预处理和检测都采用化学方法，而且仪器分析的原理大多数也是建立在化学分析的基础上。因此，化学分析法仍然是食品理化检验中最基本、最重要的分析方法。它主要包括质量分析法和容量分析法。食品中的水分、灰分、脂肪、纤维素等成分的测定采用质量分析法；容量分析法包括酸碱滴定法、氧化还原滴定法、络合滴定法和沉淀滴定法，其中前两种方法最常用。食品中蛋白质、糖、酸价、过氧化值等的测定采用滴定分析法。

项目一　食品的质量分析

 项目分析

质量分析是通过物理或化学反应将试样中待测组分与其他组分分离，然后用称量的方法测定该组分的含量。在质量分析中，一般先采用适当的方法，使被测组分以单质或化合物的形式从试样中与其他组分分离，包括分离和称量两个过程。根据分离的方法不同，又可分为沉淀法、挥发法和萃取法等。

 学习目标

【知识目标】了解食品水分、灰分、脂肪等的形态、性质及测定意义；熟悉并掌握食品中水分、灰分、脂类等成分的原理和测定方法。

【能力目标】能测定给定食品中水分、灰分、脂类等成分；能正确配制测定所需试剂；能正确使用测定中用到的分析仪器和玻璃器皿。

任务 4.1.1　水分的测定

 知识平台

水分是食品的天然组分，也是动植物体内不可缺少的重要成分，具有极其重要的生理作用。水是体内营养素及其代谢产物的良好溶剂，是体内各种化学反应的介质，能帮助营养素的吸收和代谢产物的运输、排泄，在调节体温、润滑关节和肌肉、减少摩擦等方面都发挥着重要的作用。

一、食品中水分的存在形式

不同食品的水分含量差别很大,见表4－1。根据水在食品中所处的状态不同,可把食品中的水划分为以下两类:

1. 自由水

自由水又称游离水,主要存在于植物细胞间隙,具有水的一切特性,也就是说100 ℃时水要沸腾,0 ℃以下要结冰,并且易汽化。自由水是食品的主要分散剂,可以溶解糖、酸、无机盐等,可用简单的热力方法除掉。

表4－1 部分食品的水分含量

食品名称	水分含量/%	食品名称	水分含量/%	食品名称	水分含量/%	食品名称	水分含量/%
蔬菜	80～97	牛肉	47～71	果汁	86～88	脱水蔬菜	6～9
水果	87～89	猪肉	38～73	果冻	18	全脂乳粉	≤2.5～3.0
鱼贝类	70～85	羊肉	39～67	蜂蜜	16	牛乳	87
鲜蛋	67～74	鸡肉	71.8	面包	32～36	奶油	≤16.0
小麦粉	14	火腿、香肠	56～65	饼干	4～5	脱脂奶粉	4

2. 结合水

结合水又分为两类:束缚水和结晶水。束缚水是与食品中脂肪、蛋白质、糖类等形成结合状态的水,它以氢键的形式与有机物的活性基团结合在一起,故称束缚水,其特点为不易结冰(冰点为 －40 ℃),不能作为溶质的溶剂。束缚水不具有水的特性,所以要除掉这部分水是很困难的。结晶水与非水分子之间以配价键的形式结合,它们之间结合得很牢固,难以用普通方法除去。

在烘干食品时,自由水容易汽化,而结合水难以汽化。冷冻食品时,自由水冻结,而结合水在 －30℃仍然不冻。结合水和食品的构成成分结合,稳定食品的活性基,自由水促使腐蚀食品的微生物繁殖和酶起作用,并加速非酶褐变或脂肪氧化等化学劣变。

二、测定水分含量的意义

对于食品分析来说,水分含量的测定是最基本、最重要的项目之一。它对于计算生产中的物料平衡、实行工艺监督以及保证产品质量等方面都具有很重要的意义。

1. 水分含量是一项重要的质量指标

水分含量是产品的一个质量因素,控制食品的水分含量能使食品具有良好的感官性状,维持食品中其他组分的平衡关系,使食品保持较高的稳定性,以利于食品保存。如新鲜面包水分含量若低于28%～30%,其外观形态干瘪,失去光泽;硬糖水分含量控制在3.0%以下,可抑制微生物生长繁殖,延长保质期。

2. 水分含量是一项重要的技术指标

有些产品的水分含量(或固形物含量)通常有专门的规定,如国家标准中软质干酪的水分含量 >67%(GB 5420—2003);固体饮料的水分含量≤5.0%(GB 7101—2003)。所以,为了能使产品达到相应的标准,有必要通过水分检测来更好地控制水分的含量。

3. 水分含量是一项重要的经济指标

水分含量的控制关系着物料平衡,如酿酒、酱油的原料经蒸煮后水分含量应控制在多少为佳,制曲(大曲、小曲)风干后的水分含量为多少易于保存,而这些都涉及耗能问题。及时测定食品中的水分含量有利于成本核算,提高工厂的经济效益。

三、水分测定的方法

水分测定的方法有多种,可分为直接测定法和间接测定法。直接测定法是利用水分本身的物理和化学性质去掉试样中的水分,再对其进行定量的方法,如干燥法、蒸馏法等;而间接测定法则是利用食品的密度、折射率、电导率、介电常数等物理性质进行测定,不需要除去试样中的水分。

相比较而言,直接测定法精确度高、重复性好,但花费时间较多,且主要靠人工操作,广泛应用于实验室内。间接测定法所得结果的准确度一般比直接法低,而且往往需要进行校正,但间接法测定速度快,能够自动连续测量,可用于食品工业生产过程中水分含量的自动控制。

食品中水分的测定

一、直接干燥法

参照 GB/T 5009.3—2003 的方法测定。

1. 原理

在常压下于 95~105 ℃ 干燥食品样品,使其中的水分蒸发逸出,至食品样品的质量达到恒重。根据样品所减少的质量,计算样品水分的含量。烘烤时间一般为 2~4 h。

2. 仪器

(1)扁形铝制或玻璃称量瓶:内径 60~70 mm,高 35 mm 以下。

(2)电热恒温干燥箱、分析天平、台秤。

3. 试剂

(1)盐酸(6 mol/L):量取 100 mL 盐酸,加水稀释至 200 mL。

(2)氢氧化钠溶液(6 mol/L):称取 24 g 氢氧化钠,加水溶解并稀释至 100 mL。

(3)海沙:取用水洗去泥土的海沙或河沙,先用 6 mol/L 盐酸煮沸 0.5 h,用水洗至中性,再用 6 mol/L 氢氧化钠溶液煮沸 0.5 h,用水洗至中性,经 105 ℃ 干燥备用。

4. 分析步骤

(1)固体试样

取洁净铝制或玻璃扁形称量瓶,置于 95~105 ℃ 干燥箱中,瓶盖斜支于瓶边,加热 0.5~1 h,取出盖好,置干燥器内冷却 0.5 h,称量,并重复干燥至恒重。称取 2.00~10.00 g 切碎或磨细的试样,放入称量瓶内,试样厚度约为 5 mm;加盖,精密称其质量后,置于 95~105 ℃ 干燥箱内,瓶盖斜支于瓶边,干燥 2~4 h 后盖好取出,放入干燥器内冷却 0.5 h 后称量;然后再放入 95～105 ℃ 干燥箱内干燥 1 h 左右,取出放入干燥器内 0.5 h 后再称量。如此反复操作,至前后两次质量差不超过 2 mg,即为恒重。

(2)半固体或液体式样

取洁净的蒸发皿,加 10.0 g 海沙及一根小玻璃棒,置于 95～105 ℃ 干燥箱中,干燥 0.5～1 h 后取出,放入干燥器内冷却 0.5 h,称量,并重复干燥至恒重。然后精密称取 5～10 g 试样,置于蒸发皿中,用小玻璃棒搅匀,在沸水浴上蒸干,并随时搅拌,擦去皿底的水滴,置 95～105 ℃ 干燥箱中干燥 4 h 后盖好取出,放入干燥器内冷却 0.5 h 后称量;然后再放入 95～105 ℃ 干燥箱内干燥 1 h 左右,取出放入干燥器内 0.5 h 后再称量。如此反复操作,至前后两次质量差不超过 2 mg,即为恒重。

5. 结果计算

试样中的水分的含量计算:

$$X = \frac{m_1 - m_2}{m_1 - m_3} \times 100\% \tag{4-1}$$

式中　X——试样中水分的含量,%;

　　　m_1——称量瓶(或蒸发皿加海沙、玻璃棒)和试样的质量,g;

　　　m_2——称量瓶(或蒸发皿加海沙、玻璃棒)和试样干燥后的质量,g;

　　　m_3——称量瓶(或蒸发皿加海沙、玻璃棒)的质量,g。

计算结果保留三位有效数字。

说明:①在测定过程中,称量瓶从烘箱中取出后,应迅速放入干燥器中进行冷却,否则不易达到恒重。②干燥器内一般用硅胶作为干燥剂,硅胶吸湿后效能会减低,故当硅胶蓝色减退或变红时,须及时换出,可置 135 ℃ 左右烘 2～3 h,使其再生后再用。硅胶吸附油脂等后,去湿能力也会大大降低。③在水分测定中,恒重的标准一般定为 1～3 mg,依食品种类和测定要求而定。

6. 操作条件的选择

(1)本法适宜于干燥温度下不易分解、不易被氧化的食品样品和含较少挥发性物质的样品中水分的测定,如谷物及其制品、豆制品、卤制品、肉制品等。

(2)温度一般控制为 95～105 ℃,对热稳定的谷物等,可提高到 120～130 ℃ 进行干燥;对含还原糖较多的食品应先用低温(50～60 ℃)干燥 0.5 h,然后再 100～105 ℃ 温度干燥。

(3)干燥时间的确定有两种方法,一种是干燥到恒重,另一种是规定一定的干燥时间。前者基本能保证水分蒸发完全;后者的准确度不如前者,那些对水分测定结果准确度要求不高的试样,如各种饲料中水分含量的测定,可采用第二种方法进行。

(4)操作中应避免样品损失和落入其他物质。在切碎和磨细样品时,操作速度要快,以防止水分损失和吸潮,并要防止处理工具黏附吸水。对含水量较多的样品,应控制水分蒸发的速度,先低温烘烤至除去大部分水分,然后在较高温度下烘烤,可避免溅出和爆裂,使样品损失,还应防止烘烤过程中异物(如铁锈、灰尘等)落入。

二、蒸馏法

1. 原理

食品中的水分与甲苯或二甲苯共同蒸出,收集馏出液于接收管内,根据分层的馏出液中水的体积计算含量。

2. 仪器

水分测定器:如图 4 - 1 所示(带可调式电炉)。

水分接收管容量为 5 mL,最小刻度值为 0.1 mL,容量误差小于 0.1 mL。

3. 试剂

甲苯或二甲苯:取甲苯或二甲苯,先以水饱和后,分去水层,进行蒸馏,收集馏出液备用。

4. 分析步骤

(1)准确称取适量试样(估计含水量 2 ~ 5 mL),放入 250 mL 锥形瓶中,加入新蒸馏的甲苯(或二甲苯) 75 mL,连接冷凝管与水分接收管。

(2)加热慢慢蒸馏,使每秒钟得馏出液 2 滴,待大部分水分蒸出后,加速蒸馏约每秒钟 4 滴,当水分全部蒸出后,接收管内的水分体积不再增加时,从冷凝管顶端注入少许甲苯冲洗。如冷凝管壁附有水滴,可用附有小橡皮头的铜丝擦下,再蒸馏片刻至接收管上部及冷凝管壁无水滴附着,接收管水平面保持 10 min 不变为蒸馏终点,读取接收管水层的容积。

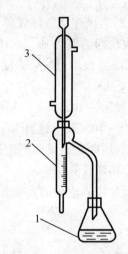

图 4 - 1 水分测定器
1—250mL 锥形瓶;
2—水分接收管(有刻度);
3—冷凝管

5. 计算结果

试样中水分的含量计算:

$$X = \frac{V}{m} \times 100 \qquad (4 - 2)$$

式中 X——试样中水分的含量,mL/100 g(或按水 20 ℃的密度为 0.998 20 g/mL 计算质量);

V——接收管内水的体积,mL;

m——试样的质量,g。

计算结果保留三位有效数字。

说明:①试样用量:一般谷类、豆类约 20 g,鱼、肉、蛋、乳制品 5 ~ 10 g,蔬菜、水果约 5 g。②对不同的食品,可以使用不同的有机溶剂进行蒸馏。一般大多数香辛料使用甲苯做蒸馏剂,其沸点为 110.7 ℃。对于高温易分解的试样,则用苯做蒸馏溶剂(纯苯沸点为 80.2 ℃,水苯沸点则为 69.25 ℃),但蒸馏的时间需延长。测定奶酪的含水量时用正戊醇 - 二甲苯(129 ~ 134 ℃)1:1 混合溶剂。己烷则用于测定辣椒类、葱类、大蒜和其他含有大量糖的香辛料的水分含量。③加热温度不宜太高,温度太高时冷凝管上端水汽难以全部回收。蒸馏时间一般为 2 ~ 3 h,试样不同蒸馏时间各异。④为了尽量避免接收管和冷凝管壁附着水滴,仪器必须洗涤干净。

食品中水分活度的测定

一、概述

食品中水分的各种测定方法只能定量地测定出食品中水分的总含量,而不能反映水分的存在状态。水分活度则可以反映出食品中水分存在的状态,同时,还能反映出水分与食品的结合程度或游离程度。结合程度越高,水分活度值越低;结合程度越低,水分活度值越高。

水分活度是指食品中水分产生的蒸汽压与相同温度下纯水的饱和蒸汽压的比值。
即

$$A_{w} = \frac{p}{p_{0}} = \frac{R_{H}}{100} \qquad (4-3)$$

式中　A_{w}——水分活度;

　　　p——食品中水蒸气分压;

　　　p_{0}——相同温度下纯水的蒸汽压;

　　　R_{H}——平均相对湿度。

水分活度值对于食品的色、香、味、组织结构以及食品的稳定性都有着重要影响,各种微生物的生命活动及各种化学、生物化学变化都要求一定的 A_{w} 值,故 A_{w} 值对食品保藏具有重要的意义。因此,可以利用水分活度原理来控制水分活度,从而提高产品质量,延长食品保质期。食品中水分活度值的测定已逐渐成为食品检验中的一个重要项目。

二、测定实例

（一）康卫氏皿扩散法

参照 GB/T 23490—2009 的方法测定。

1. 原理

在密封和恒温的康卫氏皿中,试样中的自由水与水分活度(A_{w})在较高和较低的标准饱和溶液中相互扩散,达到平衡后,根据试样质量的变化量,求得试样的水分活度。

2. 仪器和设备

（1）康卫氏皿（带磨砂玻璃盖）。

（2）称量皿:直径 35 mm,高为 10 mm。

（3）天平:感量 0.000 1 g 和 0.1 g。

（4）恒温培养箱:0～4 ℃,精度 ±1 ℃。

（5）电热恒温鼓风干燥箱。

3. 试剂

所有试剂均使用分析纯试剂,分析用水应符合 GB/T 6682 规定的三级水规格。

按表 4-2 配制各种无机盐的饱和溶液。

表 4 - 2　饱和盐溶液的配制

序号	饱和盐溶液的种类	试剂名称	称取试剂的质量 X [（加入热水[A]200 mL）[B]/G] ≥	水分活度 （A$_w$）（25 ℃）
1	溴化锂饱和溶液	溴化锂（LiBr·2H$_2$O）	500	0.064
2	氯化锂饱和溶液	氯化锂（LiCl·H$_2$O）	220	0.113
3	氯化镁饱和溶液	氯化镁（MgCl$_2$·6H$_2$O）	150	0.328
4	碳酸钾饱和溶液	碳酸钾（K$_2$CO$_3$）	300	0.432
5	硝酸镁饱和溶液	硝酸镁［Mg（NO$_3$）$_2$·6H$_2$O］	200	0.529
6	溴化钠饱和溶液	溴化钠（NaBr·2H$_2$O）	260	0.576
7	氯化钴饱和溶液	氯化钴（CoCl$_2$·6H$_2$O）	160	0.649
8	氯化锶饱和溶液	氯化锶（SrCl$_2$·6H$_2$O）	200	0.709
9	硝酸钠饱和溶液	硝酸钠（NaNO$_3$）	260	0.743
10	氯化钠饱和溶液	氯化钠（NaCl）	100	0.753
11	溴化钾饱和溶液	溴化钾（KBr）	200	0.809
12	硫酸铵饱和溶液	硫酸铵［（NH$_4$）$_2$SO$_4$］	210	0.810
13	氯化钾饱和溶液	氯化钾（KCl）	100	0.843
14	硝酸锶饱和溶液	硝酸锶［Sr（NO$_3$）$_2$］	240	0.851
15	氯化钡饱和溶液	氯化钡（BaCl$_2$·2H$_2$O）	100	0.902
16	硝酸钾饱和溶液	硝酸钾（KNO$_3$）	120	0.936
17	硫酸钾饱和溶液	硫酸钾（K$_2$SO$_4$）	35	0.973

注：A. 易于溶解的温度为宜。

　　B. 冷却至形成固液两相的饱和溶液,储于棕色试剂瓶中,常温下放置一周后使用。

4. 分析步骤

（1）试样的制备

①粉末状固体、颗粒状固体及糊状固体

取有代表性的试样至少 200 g,混匀,置于密闭的玻璃容器内。

②块状试样

取可食部分的代表性试样至少 200 g,混匀。在室温为 18 ~ 25 ℃,湿度为 50% ~ 80% 的条件下,迅速切成约为 3 mm × 3 mm × 3 mm 的小块,不得使用组织捣碎机,混匀后置于密闭的玻璃容器内。

（2）预处理

将盛有试样的密闭容器、康卫氏皿及称量皿置于恒温培养箱内,于 25 ± 1 ℃条件下,恒温 30 min,取出后立即使用及测定。

（3）预测定

分别取 12.0 mL 溴化锂饱和溶液、氯化镁饱和溶液、氯化钴饱和溶液、硫酸钾饱和溶液于 4 只康卫氏皿的外室,用经恒温的称量皿迅速称取与标准饱和盐溶液相等份数的同一试样约 1.5 g 于已知质量的称量皿中（精确至 0.000 1 g）,放入盛有标准饱和盐溶液的康卫氏皿的内室。沿康卫氏皿上口平行移动盖好涂有凡士林的磨砂玻璃片,放入 25 ± 1 ℃的恒温培养箱内。恒温 24 h,取出盛有试样的称量皿,加盖,立即称量（精确至 0.000 1 g）。

（4）预测定结果计算

①试样质量的增减量计算

$$X = \frac{m_1 - m}{m - m_0}$$

（4 - 4）

式中　X——试样质量的增减量,g/g;

　　　m_1——25 ℃扩散平衡后,试样和称量皿的质量,g;

　　　m——25 ℃扩散平衡前,试样和称量皿的质量,g;

　　　m_0——称量皿的质量,g。

②绘制二维直线图

以所选饱和盐溶液(25 ℃)的水分活度(A_w)数值为横坐标,对应标准饱和盐溶液的试样的质量增减数值为纵坐标,绘制二维直线图。取横坐标截距值,即为该试样的水分活度预测值,参见图4－2。

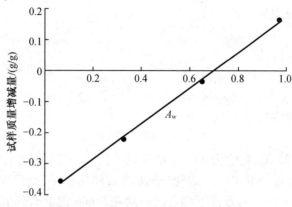

图4－2　蛋糕水分活度预测结果二维直线图

(5)试样的测定

依据预测定结果,分别选用水分活度数值大于和小于试样预测结果数值的饱和盐溶液各3种,各取12.0 mL,注入康卫氏皿的外室。按(3)中"迅速称取与标准饱和盐溶液相等份数的同一试样((2)预处理)约1.5 g……加盖,立即称量(精确至0.000 1 g)"及以下内容操作。

5.结果计算

同预测结果计算。

取横坐标截距值,即为该试样的水分活度值,参见图4－3。当符合允许差所规定的要求时,取三次平行测定的算术平均值作为结果。计算结果保留三位有效数字。

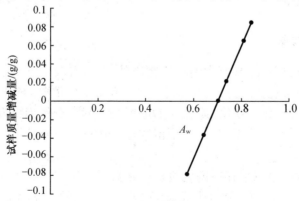

图4－3　蛋糕水分活度二维直线图

（二）水分活度仪扩散法

1. 原理

在密封、恒温的水分活度仪测量舱内，试样中的水分扩散平衡。此时水分活度仪测量舱内的传感器或数字化探头显示出的响应值（相对湿度对应的数值）即为试样的水分活度（A_w）。

2. 仪器

（1）水分活度测定仪：精度为 $\pm 0.02 A_w$。

（2）天平：感量 0.01 g。

（3）样品皿，同"康卫氏皿扩散法"。

3. 试剂

同"康卫氏皿扩散法"。

4. 分析步骤

（1）试样的制备

同"康卫氏皿扩散法"。

（2）试样测定

①在室温为 18~25 ℃，湿度为 50%~80% 的条件下，用饱和盐溶液校正水分活度仪。

②称取约 1 g（精确至 0.01 g）试样，迅速放入样品皿中，封闭测量仓，在温度 20~25 ℃、相对湿度 50%~80% 的条件下测定。每间隔 5 min 记录水分活度仪的响应值，当相邻两次响应值之差小于 0.005 A_w 时，即为测定值。仪器充分平衡后，同一试样重复测定三次。

5. 结果计算

当符合允许差所规定的要求时，取三次平行测定的算术平均值作为结果。

计算结果保留三位有效数字。

任务4.1.2　灰分的测定

一、食品灰分的概述

食品的组成十分复杂，除含有大量有机物质外，还含有较丰富的无机成分。这些无机成分在维持人体正常生理功能、构成人体组织方面有着十分重要的作用。食品经高温灼烧时，将发生一系列物理和化学变化，其中的有机成分经燃烧、分解而挥发逸散，无机成分（主要是无机盐和氧化物）则残留下来，这些残留物称为灰分。灰分是标示食品中无机成分总量的一项指标。

食品的灰分与食品中原来存在的无机成分在数量和组成上并不完全相同。因为食品在灰化时，C，H，N 等元素与 O_2 结合生成二氧化碳、水和氮的氧化物而散失，某些易挥发元素如氯、碘、铅等会挥发，有机硫、磷等生成磷酸盐和硫酸盐，使无机成分减少；另一方面，某些金属氧化物也会吸收有机物分解产生的 CO_2 而形成碳酸盐，又使无机成分增多，而且不能完全排除食品中混入的泥沙、尘埃及未燃尽的炭粒等。因此,灰分并不能准确地表示食品中原来的无机成分的总量。严格说来,食品经高温灼烧后的残留物称为总灰分(粗灰分)。

二、灰分的测定项目

食品的灰分除总灰分外,按其溶解性还可分为水溶性灰分、水不溶性灰分和酸不溶性灰分。其中水溶性灰分反映的是可溶性的钾、钠、钙、镁等氧化物及可溶性盐含量;水不溶性灰分反映的是污染的泥沙和铁、铝等氧化物及碱土金属的碱性磷酸盐的含量;酸不溶性灰分反映的是污染的泥沙和食品中原来存在的微量氧化硅的含量。因此灰分测定包括总灰分、水溶性灰分、水不溶性灰分和酸不溶性灰分等。

三、测定灰分的意义

灰分是某些食品重要的质量控制指标,也是食品常规检验的项目之一。测定灰分具有十分重要的意义。

1. 判断食品的污染程度

食品的灰分常在某一固定范围内,如谷物及豆类为1%~4%,蔬菜为0.5%~2%,水果为0.5%~1%,鲜鱼、贝为1%~5%,而糖精只有0.01%,若灰分含量超标,说明食品生产中使用了不合卫生标准要求的原料或食品添加剂,或食品在加工储运中受到污染。

2. 可评价食品的加工精度和食品品质

如面粉加工常以总灰分含量评定面粉等级,富强粉总灰分含量为0.3%~0.5%,标准粉总灰分含量为0.6%~0.9%,加工精度越细,总灰分含量越少。生产果胶、明胶之类的胶质品质时,总灰分是这些胶的胶冻性能的标志。水溶性灰分可以反映果酱、果冻等制品中的果汁含量,而酸不溶性灰分的增加则预示着污染和掺杂。

 任务实施

食品中总灰分的测定

一、原理

将一定量的样品经炭化后放入高温炉内灼烧,使有机物被氧化分解,以二氧化碳、氮的氧化物及水等形式逸出,而无机物质以硫酸盐、磷酸盐、硼酸盐、氯化物等无机盐和金属氧化物的形式残留出来,称量残留物的重量即可计算出样品中总灰分的含量。

二、仪器

1. 马弗炉:温度≥600 ℃。

2. 石英坩埚或瓷坩埚。

3. 坩埚钳。

4. 电热板。

5. 干燥器:内附有效干燥剂。

6. 天平:感量为 0.1 mg。

7. 水浴锅。

三、试剂

1. 乙酸镁溶液(80 g/L):称取 8.0 g 乙酸镁(分析纯)加水溶解并定容至 100 mL,混匀。

2. 乙酸镁溶液(240 g/L):称取 24.0 g 乙酸镁(分析纯)加水溶解并定容至 100 mL,混匀。

四、分析步骤

1. 坩埚的灼烧

取大小适宜的石英坩埚或瓷坩埚置马弗炉中,在 550 ± 25 ℃下灼烧 0.5 h,冷却至 200 ℃左右,取出,放入干燥器中冷却 30 min,准确称量。重复灼烧至前后两次称量相差不超过 0.5 mg 为恒重。

2. 称样

灰分大于 10g/100 g 的试样称取 2~3 g(精确至 0.000 1 g);灰分小于 10g/100 g 的试样称取 3~10 g(精确至 0.000 1 g)。

3. 测定

(1)一般食品

液体和半固体试样应先在沸水浴上蒸干。固体或蒸干后的试样,先在电热板上以小火加热使样品充分炭化至无烟,然后置于马弗炉中,在 550 ± 25 ℃下灼烧至灰白色(一般为 2~4 h,如灰化不完全,可沿壁滴加几滴浓硝酸或过氧化氢,以湿润样品即可,再灼烧)。冷至 200 ℃左右,取出,放入干燥器中冷至室温(约 30 min),称量前如发现灼烧残渣有炭粒,应向试样中滴入少许水湿润,使结块松散,蒸干水分再次灼烧至无炭粒即表示灰化完全,方可称量。重复灼烧至前后两次称量相差不超过 0.5 mg 为恒重,按式(4-5)计算。

(2)含磷量较高的豆类及其制品、肉禽制品、蛋制品、水产品、乳及乳制品

①称取试样后,加入 1.00 mL 乙酸镁溶液(240 g/L)或 3.00 mL 乙酸镁溶液(80 g/L),使试样完全湿润。放置 10 min 后,在水浴上将水分蒸干,以下步骤按上述测定一般食品的方法中"现在电热板上以小火加热……"起操作,按式(4-6)计算。

②吸取 3 份与①相同浓度和体积的乙酸镁溶液,做 3 次试剂空白试验。当 3 次试验结果的标准偏差小于 0.003 g,取算术平均值作为空白值。若标准偏差超过 0.003 g,应重新做空白值试验。

五、结果计算:

试样中灰分的计算:

$$X_1 = \frac{m_1 - m_2}{m_3 - m_2} \times 100 \qquad (4-5)$$

$$X_2 = \frac{m_1 - m_2 - m_0}{m_3 - m_2} \times 100 \qquad (4-6)$$

式中 X_1(测定时未加乙酸镁溶液)——试样中灰分的含量,g/100 g;

X_2(测定时加入乙酸镁溶液)——试样中灰分的含量,g/100 g;

m_0——氧化镁(乙酸镁灼烧后生成物)的质量,g;

m_1——坩埚和灰分的质量,g;

m_2——坩埚的质量,g;

m_3——坩埚和试样的质量,g。

试样中灰分含量$\geqslant 10$ g/100 g时,保留三位有效数字;试样中灰分含量< 10 g/100 g时,保留两位有效数字。在重复性条件下获得的两次独立测定结果的绝对差值不得超过算术平均值的5%。

六、测定条件的选择

1. 灰化容器

测定灰分通常以坩埚作为灰化的容器。坩埚分为素烧瓷坩埚、铂坩埚、石英坩埚等多种,其中最常用的是素烧瓷坩埚,具有耐高温、耐酸、价格低廉等优点,但耐碱性较差。灰化容器的大小要根据试样性状来决定。

2. 取样量

测定灰分时,取样量的多少应根据试样种类和性状来决定。一般以灼烧后得到的灰分量为10~100 mg来确定取样量。

通常奶粉、麦乳精、大豆粉、调味料、鱼类及海产品等取1~2 g;谷类及其制品、肉及其制品、糕点、牛乳等取3~5 g;蔬菜及其制品、砂糖及其制品、淀粉及其制品、蜂蜜、奶油等取5~10 g;水果及其制品取20 g;油脂取50 g。

3. 灰化温度

灰化温度的高低对灰分测定结果影响很大。由于各种食品中的无机成分组成性质及含量各不相同,灰化温度也应有所不同,一般为500~550 ℃。如:鱼类及海产品、谷类及其制品、乳制品低于550 ℃;果蔬及其制品、糖及其制品、肉及其制品低于525 ℃;个别试样(如谷类饲料)可以达到600 ℃。

4. 灰化时间

一般以灼烧至灰分呈白色或浅灰色,无炭粒存在并达到恒重为止。灰化至达到恒重的时间因试样不同而异,一般需2~5 h。对有些食品,即使灰化完全,残灰也不一定呈白色或浅灰色,如含铁、锰、铜等含量高的食品。有时即使灰的表面呈白色,内部仍残留有炭粒,所以应根据试样的组成、性状,注意观察残灰的颜色,正确判断灰化程度,以正确确定灰化时间。

任务4.1.3 脂肪的测定

一、食品中脂类的种类及形态

食品中的脂类主要包括脂肪(甘油三酯)和类脂(脂肪酸、磷脂、糖脂、甾醇等)。大多数动物性食品及某些植物性食品都含有天然脂肪或类脂化合物。各种食品含脂量各不相同(见表4-3),其中植物性或动物性油脂中脂肪含量较高,而水果蔬菜中脂肪含量很低。

表 4 - 3　不同食品的脂肪含量

食品名称	脂肪含量/%	食品名称	脂肪含量/%	食品名称	脂肪含量/%
稻米	0.4 ~ 3.2	脱脂乳粉	1.0 ~ 1.5	冰鸡蛋	≥10.0
小麦粉	0.5 ~ 1.5	奶油	80.0 ~ 82.0	鸡全蛋粉	34.5 ~ 43.0
蛋糕	2.0 ~ 3.0	黄豆	12.1 ~ 20.2	鸡蛋黄粉	≥60.0
鲜牛乳	3.5 ~ 4.2	花生仁	30.5 ~ 39.2	黄油	95.0 ~ 99.5
酸牛乳	≥3.0	芝麻	50.0 ~ 57.0		
全脂乳粉	26.0 ~ 32.0	果蔬	<1.1		

食品中脂肪的存在形式有游离态的,如动物性脂肪及植物性脂肪;也有结合态的,如天然存在的磷脂、糖脂及某些加工食品(如焙烤食品及麦乳精等)中的脂肪,与蛋白质或碳水化合物等成分形成结合态。大多数食品中所含的脂肪为游离态脂肪,结合态脂肪含量较少。

二、测定脂肪的意义

脂肪不仅是食品中重要的营养成分之一,而且在食品生产加工过程中,原料、半成品、成品的脂类含量还会直接影响产品的外观、风味、口感、组织结构、品质等。如蔬菜本身的脂肪含量较低,在生产蔬菜罐头时,添加适量的脂肪可以改善产品的风味。对于面包之类的焙烤食品来说,脂肪含量特别是卵磷脂等组分的含量,对面包心的柔软度、面包的体积及其结构都有直接影响。因此,测定食品中的脂肪含量,不仅可以用来评价食品的品质,衡量食品的营养价值,而且对实现生产过程的质量管理、实行工艺监督等方面有着重要的意义。

三、脂类的测定方法

脂类不溶于水,易溶于有机溶剂。测定脂类大多采用低沸点的有机溶剂萃取的方法。常用测定脂肪的方法有:索氏抽提法、酸水解法、罗斯 - 哥特里法、巴布科克氏法和盖勃氏法、氯仿 - 甲醇提取法等,过去普遍采用的是索氏抽提法,一般食品用有机溶剂浸提,挥干有机溶剂后称得的质量主要是游离脂肪,此外,还含有磷脂、色素、树脂、蜡状物、挥发油、糖脂等物质,所以用索氏提取法测得的脂肪也称粗脂肪。此法至今仍被认为是测定多种食品脂类含量的有代表性的方法,但对于某些试样,测定结果往往偏低。酸水解法能对包括结合态脂类在内的全部脂类进行定量分析。而罗斯 - 哥特里法主要用于乳及乳制品中脂类的测定。

（一）提取剂的选择

不同来源的食品,结构有所差异,不可能采用同一种通用的提取剂。但脂肪也有共性,即易溶于有机溶剂,不溶于水等极性溶剂。常用的提取剂有乙醚、石油醚、氯仿 - 甲醇混合剂等。

1. 乙醚

乙醚溶脂肪能力强,应用最多,国家标准中关于脂肪含量的测定都采用它作提取剂,但沸点低(34.6 ℃),易燃,饱和2%水分的乙醚会同时提取出糖分等非脂成分,使结果不准,而且可使抽提的效率降低,这是因为水分会阻止乙醚渗入食品的组织内部。故使用时,须用无水乙醚作提取剂,且须将试样烘干,避免乙醚吸收试样中的水分。同时,所用乙醚不应含有过氧化物,因为过氧化物会导致脂肪氧化,在烘烤时也有爆炸的危险。

2. 石油醚

使用石油醚为提取剂时宜选用沸程为 30 ~ 60 ℃的石油醚。其溶解脂肪的能力弱于乙醚,但完全不溶于水,因此可允许试样含微量水分。石油醚有较高沸点,没有乙醚易燃,安全性较乙醚高。石油醚的抽提物较接近于真实的脂类。

注:乙醚和石油醚都不能提取结合脂,对于结合态脂类,必须先用酸或碱破坏脂类和非脂成分的结合后才能提取。因二者各有特点,常混合使用。

3. 氯仿 - 甲醇

氯仿 - 甲醇对脂蛋白和磷脂的提取率较高,特别适用于水产品、家禽、蛋制品等食品脂肪的提取。

（二）试样的预处理

用溶剂提取食品中的脂类,要根据食品种类、性状及所选取的分析方法在测定前对试样预处理。有时需将试样粉碎、切碎、碾磨等,有时需将试样烘干;有的试样易结块,可加入4~6倍量的海沙;有的试样含水量较高,可加入适量无水硫酸钠,使试样成粒状。以上处理的目的都是为了增加试样的表面积,减少试样含水量,使有机溶剂更有效地提取出脂类。

食品中脂肪的测定

参照 GB/T 5009.6—2003 的方法测定。

一、原理

试样用无水乙醚或石油醚等溶剂抽提后,蒸去溶剂所得的物质,称为粗脂肪。因为其除脂肪外,还含色素及挥发油、蜡、树脂等物。抽提法所测得的脂肪为游离脂肪。

二、仪器

索氏提取器如图 4-4 所示。

三、试剂

1. 无水乙醚或石油醚。

2. 海沙:取用水洗去泥土的海沙或河沙,先用盐酸(1∶1)煮沸 0.5 h,用水洗至中性,再用氢氧化钠溶液(240 g/L)煮沸 0.5 h,用水洗至中性,经 100 ±5 ℃干燥备用。

四、分析步骤

1. 试样处理

（1）固体试样

谷物或干燥制品用粉碎机粉碎,过 40 目筛;肉用绞肉机绞两次;一般用组织捣碎机捣碎后,称取 2.00 ~5.00 g(可取测定水分后的试样),必要时拌以海沙,全部移入滤纸筒内。

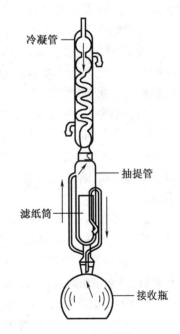

图 4-4 索氏提取

（图中标注：冷凝管、抽提管、滤纸筒、接收瓶）

（2）液体或半固体试样

称取 5.00 ~ 10.00 g，置于蒸发皿中，加入约 20 g 海沙于沸水浴上蒸干后，在 100 ± 5 ℃干燥，研细，全部移入滤纸筒内。蒸发皿及附有试样的玻璃棒均用蘸过乙醚的脱脂棉擦掉，并将棉花放入滤纸筒内。

2. 抽提

将滤纸筒放入脂肪抽提器的抽提筒内，连接已干燥至恒量的接收瓶，由抽提器冷凝管上端加入无水乙醚或石油醚至瓶内容积的三分之二处，于水浴上加热，使乙醚或石油醚不断回流提取（6 ~ 8 次/h），一般抽提 6 ~ 12 h。

3. 称量

取下接收瓶，回收乙醚或石油醚，待接收瓶内乙醚剩 1 ~ 2 mL 时在水浴上蒸干，再于 100 ± 5 ℃干燥 2 h，放干燥器内冷却 0.5 h 后称量。重复以上操作直至恒量。

五、结果计算

$$X = \frac{m_1 - m_0}{m_2} \times 100 \qquad (4-7)$$

式中　X——试样中粗脂肪的含量，g/100 g；

　　　m_2——试样的含量，g；

　　　m_1——接收瓶和粗脂肪的质量，g；

　　　m_0——接收瓶的质量，g。

计算结果表示到小数点后一位。

说明：此法适用于脂类含量较高，结合态的脂类含量较少，能烘干磨细，不易吸湿结块的样品的测定。此法是经典方法，对大多数样品结果比较可靠，但费时，溶剂用量大，且需专门的索氏抽提器。测定时应注意：

（1）试样应干燥后研细，若试样颗粒太大或含水过多，有机溶剂不易穿透，试样脂肪往往提取不完全。同时，试样中含水分，加热烘烤会由于水分蒸发而减少质量。

（2）乙醚中不得有过氧化物、水分或醇类。含水分或醇可以提取出试样中的糖和无机盐等水溶性物质，含有过氧化物可氧化脂肪，使质量增加，而且在烘烤接收瓶时，易发生爆炸事故。

（3）滤纸包必须包裹严密，松紧适度，其高度不得超过虹吸管高度的三分之二，否则因上部脂肪不能提净而影响测定结果。

（4）在挥发乙醚或石油醚时，切忌用直接火加热。烘前应去除全部残余的乙醚，因乙醚稍有残留，放入烘箱时会有发生爆炸的危险。

（5）若乙醚放置时间过长，会产生过氧化物，故使用前应严格检查，并除去过氧化物。检查方法：取 6 mL 乙醚于试管中，加 2 mL 10% 的碘化钾溶液，用力振摇，放置 1 min 后，静置分层。若有过氧化物则放出游离碘，水层出现黄色（或加几滴淀粉指示剂显蓝色），应另选乙醚或处理后再用。去除过氧化物的方法：将乙醚倒入蒸馏瓶中，加一段无绣铁丝或铝丝，收集重蒸馏乙醚。

项目二 食品的容量分析法

项目分析

容量分析法是以滴定为基础的一种分析方法,是通过观察体积的变化而得到分析结果,通常用于测定高含量或中含量组分(即含量在1%以上)。此法操作简便、快速、比较准确,使用仪器普通易得,一般情况下相对误差值小于0.2%。其特点是将已知浓度的滴定液由滴定管加到待测物的溶液中,直到所加滴定液与被测物按化学计量反应完全为止,然后根据滴定液的浓度和消耗的体积可以计算出被测物的含量。在进行容量分析时,如何准确地确定等当点就成了容量分析的关键问题。必须借助指示剂的颜色变化来确定滴定终点。需要选择合适的指示剂,使滴定终点尽可能地接近等当点。

学习目标

【知识目标】了解食品中糖类、蛋白质等的形态、性质及测定意义;熟悉它们的分析原理;掌握食品中糖类、蛋白质等成分的测定方法。

【能力目标】能测定给定食品中糖类、蛋白质等成分;能正确配制测定所需试剂;能正确使用测定中用到的分析仪器和玻璃器皿。

任务4.2.1 糖的测定

知识平台

一、碳水化合物的种类及分布

糖类是碳水化合物的统称,是由C,H,O三种元素组成的一大类化合物。碳水化合物是食品工业的主要原辅材料,是大多数食品的重要组成成分,也是能量的主要来源,它影响着食品的物理性质和人类的生理代谢。

碳水化合物按化学式结构可分为单糖、低聚糖和多糖。单糖是糖的最基本组成单位,低聚糖和多糖是由单糖组成的。食品中主要的单糖有葡萄糖、果糖和半乳糖等。低聚糖是由2~10个分子的单糖通过糖苷键连接形成的直链或支链糖,食品中主要的低聚糖有蔗糖、乳糖和麦芽糖等。多糖是由许多单糖缩合而成的高分子化合物,如淀粉、纤维素、果胶等。在这些糖类物质中,人体能消化利用的是单糖,低聚糖和多糖中的淀粉,称为有效碳水化合物;多糖中的纤维素、半纤维素、果胶等由于不能被人体消化利用,称为无效碳水化合物,但这些无效碳水化合物能促进肠道蠕动,改善消化系统机能,对维持人体健康有重要作用,是人们膳食中不可缺少的成分。

二、食品中糖类物质测定的意义

食品中糖类物质的测定,在食品工业中具有十分重要的意义。在食品加工工艺中,糖类对改变食品的形态、组织结构、理化性质以及色、香、味等感官指标都有很大的影响。如食品加工中常需要控制一定量的糖酸比;糖果中糖的组成及比例直接关系到其风味和质量;糖的焦糖化作用及羰氨反应既可使食品获得诱人的色泽和风味,又能引起食品的褐变,必须根据工艺需要加以控制。食品中糖类含量还是食品营养价值高低的重要标志之一,是某些食品的主要质量指标。因此糖类物质的测定对食品工业的工艺管理、质量管理具有一定意义,也是食品的主要分析项目之一。

三、糖类物质的测定方法

糖类物质的测定方法很多,单糖和低聚糖的测定方法有物理法、化学法、色谱法和酶分析法等。物理法包括相对密度法、折光法和旋光法等,这些方法比较简单,一般生产过程中进行监控,采用物理法较为方便。化学法是一种广泛采用的常规分析方法,它包括直接滴定法、高锰酸钾法、铁氰化钾法、碘量法、缩合反应法等。化学法测得的多为糖的总量,不能确定糖的种类及每种糖的含量。利用色谱法可以对试样中的各种糖分进行分离和定量测定,在食品分析中已得到广泛使用。用酶分析法测定糖类也有一定的应用,如用酶－电极法和酶－比色法测定葡萄糖、半乳糖、乳糖和蔗糖含量,用酶水解法测定淀粉含量等。本项目只介绍常见的化学分析法中的容量分析法。

任务实施

食品中还原糖的测定

还原糖是指具有还原性的糖类,分子中含有游离醛基或酮基的单糖和含有游离醛基的二糖都是还原糖。其他双糖(如蔗糖)、三糖乃至多糖(如糊精、淀粉等)本身不具有还原性,但可以通过水解而生成具有还原性的单糖,通过测定水解液的还原糖量就可以求得试样中相应糖类的含量,因此还原糖的测定是糖类定量测定的基础。

参照 GB/T 5009.7—2008 的方法测定。

一、直接滴定法

(一)原理

试样被除去蛋白质后,在加热条件下,以亚甲基蓝作指示剂,滴定标定过的碱性酒石酸铜溶液(用还原糖标准溶液标定),根据试样液消耗体积计算还原糖含量。

(二)仪器

(1)酸式滴定管:25 mL。

(2)可调电炉:带石棉板。

(3)250 mL 容量瓶。

(三)试剂

除非另有规定,本方法中所用试剂均为分析纯。

(1)盐酸(HCl)。

(2)碱性酒石酸铜甲液:称取 15 g 硫酸铜($CuSO_4 \cdot 5H_2O$)及 0.05 g 亚甲基蓝,溶于水中并稀释至 1 000 mL。

（3）碱性酒石酸铜乙液：称取 50 g 酒石酸钾钠（$C_4H_4O_6KNa·4H_2O$）、75 g 氢氧化钠，溶于水中，再加入 4g 亚铁氰化钾，完全溶解后，用水稀释至 1 000 mL，储存于橡胶塞玻璃瓶内。

（4）乙酸锌溶液（219 g/L）：称取 21.9 g 乙酸锌[$Zn(CH_3COO)_2·2H_2O$]，加 3 mL 冰乙酸，加水溶解并稀释至 100 mL。

（5）亚铁氰化钾溶液（106 g/L）：称取 10.6 g 亚铁氰化钾[$K_4Fe(CN)_6·3H_2O$]，加水溶解并稀释至 100 mL。

（6）氢氧化钠溶液（40g/L）：称取 4g 氢氧化钠，加水溶解并稀释至 100 mL。

（7）盐酸溶液（1:1）：量取 50 mL 盐酸，加水稀释至 100 mL。

（8）葡萄糖标准溶液：称取 1 g（精确至 0.000 1 g）经过 98～100 ℃干燥 2 h 的葡萄糖，加水溶解后加入 5 mL 盐酸，并以水稀释至 1 000 mL。每毫升此溶液相当于 1.0 mg 葡萄糖。

（9）果糖标准溶液：称取 1 g（精确至 0.000 1 g）经过 98～100 ℃干燥 2 h 的果糖，加水溶解后加入 5 mL 盐酸，并以水稀释至 1 000 mL。每毫升此溶液相当于 1.0 mg 的果糖。

（10）乳糖标准溶液：称取 1 g（精确至 0.000 1 g）经过 98～100 ℃干燥 2 h 的乳糖，加水溶解后加入 5 mL 盐酸，并以水稀释至 1 000 mL。每毫升此溶液相当于 1.0 mg 的乳糖（含水）。

（11）转化糖标准溶液：准确称取 1.052 6 g 蔗糖，用 100 mL 水溶解，置于具塞三角瓶中，加 5 mL 盐酸（1+1），在 68～70 ℃水浴中加热 15 min，放置至室温，转移至 1 000 mL 容量瓶中并定容至刻度，每毫升标准溶液相当于 1.0 mg 转化糖。

（四）分析步骤

1.试样处理

（1）一般食品：称取粉碎后的固体试样 2.5～5 g 或混匀后的液体试样 5～25 g，精确至 0.001 g，置于 250 mL 容量瓶中，加 50 mL 水，慢慢加入 5 mL 乙酸锌溶液及 5 mL 亚铁氰化钾溶液，加水至刻度，混匀，静置 30 min，用干燥滤纸过滤，弃去初滤液，取续滤液备用。

（2）酒精性饮料：称取约 100 g 混匀后的试样，精确至 0.01 g，置于蒸发皿中，用氢氧化钠溶液中和至中性，在水浴上蒸发至原体积的 1/4 后，移入 250 mL 容量瓶中，以下按（1）自"慢慢加入 5 mL 乙酸锌溶液"起依法操作。

（3）碳酸类饮料：称取约 100 g 混匀后的试样，精确至 0.01 g，试样置于蒸发皿中，在水浴上微热搅拌除去二氧化碳后，移入 250 mL 容量瓶中，并用水洗涤蒸发皿，洗液并入容量瓶中，再加水至刻度，混匀后备用。

2.标定碱性酒石酸铜溶液

吸取 5.0 mL 碱性酒石酸铜甲液及 5.0 mL 碱性酒石酸铜乙液，置于 150 mL 锥形瓶中，加水 10 mL，加入玻璃珠两粒，从滴定管滴加约 9 mL 葡萄糖或其他还原糖标准溶液，控制在 2 min 内加热至沸，趁热以 1 滴/2 s 的速度继续滴加葡萄糖或其他还原糖标准溶液，直至溶液蓝色刚好褪去为终点，记录消耗葡萄糖或其他还原糖标准溶液的总体积，同时平行操作三份，取其平均值，计算每 10 mL（甲、乙液各取 5 mL）碱性酒石酸铜溶液相当于葡萄糖的质量或其他还原糖的质量（mg）[也可以按上述方法标定 4～20 mL 碱性酒石酸铜溶液（甲乙液各半）来适应试样中还原糖的浓度变化]。

3.试样溶液预测

吸取 5.0 mL 碱性酒石酸铜甲液及 5.0 mL 碱性酒石酸铜乙液，置于 150 mL 锥形瓶中，加水 10 mL,加入玻璃珠两粒,控制在 2 min 内加热至沸腾,保持沸腾以先快后慢的速度,从滴定管中滴加试样溶液,并保持沸腾状态,待溶液颜色变浅时,以 1 滴/2 s 的速度滴定,直至溶液蓝色刚好褪去为终点,记录样液消耗体积。当样液中还原糖浓度过高时,应适当稀释后再进行正式测定,使每次滴定消耗样液的体积控制在与标定碱性酒石酸铜溶液时所消耗的还原糖标准溶液的体积相近,约 10 mL,结果按式(4-8)计算。当浓度过低时则直接加入 10 mL 试样液,免去加水 10 mL,再用还原糖标准溶液滴定至终点,记录消耗的体积与标定时消耗的还原糖标准溶液体积之差相当于 10 mL 样液中所含还原糖的量,结果按式(4-9)计算。

4. 试样溶液测定

吸取 5.0 mL 碱性酒石酸铜甲液及 5.0 mL 碱性酒石酸铜乙液,置于 150 mL 锥形瓶中,加水 10 mL,加入玻璃珠两粒,从滴定管滴加比预测体积少 1 mL 的试样溶液至锥形瓶中,使其在 2 min 内加热至沸腾,保持沸腾继续以 1 滴/2 s 的速度滴定,直至溶液蓝色刚好褪去为终点,记录样液消耗体积,同法平行操作三份,得出平均消耗体积。

(五)结果计算

试样中还原糖的含量(以某种还原糖计)按式(4-8)进行计算:

$$X = \frac{m_1}{m \times \left(\dfrac{V}{250}\right) \times 1\,000} \times 100 \qquad (4-8)$$

式中　X——试样中还原糖的含量(以某种还原糖计),g/100 g;

　　　m_1——碱性酒石酸铜溶液(甲乙液各半)相当于某种还原糖的质量,mg;

　　　m——试样的质量,g;

　　　V——测定时平均消耗试样溶液体积,mL。

当浓度过低时试样中还原糖的含量(以某种还原糖计)按式(4-9)进行计算:

$$X = \frac{m_2}{m \times \left(\dfrac{V}{250}\right) \times 1\,000} \times 100 \qquad (4-9)$$

式中　X——试样中还原糖的含量(以某种还原糖计),g/100 g;

　　　m_2——标定时体积与加入试样后消耗的还原糖标准溶液体积之差相当于某种还原糖的质量,mg;

　　　m——试样的质量,g;

　　　V——测定时平均消耗试样溶液体积,mL。

还原糖含量≥10 g/100 g 时计算结果保留三位有效数字;还原糖含量<10 g/100 g 时,计算结果保留两位有效数字。

二、高锰酸钾滴定法

(一)原理

试样经除去蛋白质后,其中还原糖把铜盐还原为氧化亚铜,加硫酸铁后,氧化亚铜被氧化为铜盐,而三价铁盐则被定量地还原为亚铁盐,以高锰酸钾溶液滴定生成的亚铁盐,根据高锰酸钾消耗量,计算氧化亚铜含量,再查表得还原糖含量。

（二）仪器

（1）25 mL 古氏坩埚或 G_4 垂融坩埚。

（2）真空泵。

（三）试剂

除另有规定，本方法中所用试剂均为分析纯。

（1）碱性酒石酸铜甲液：称取 34.693 g 硫酸铜（$CuSO_4 \cdot 5H_2O$），加适量水溶解，加 0.5 mL 硫酸，再加水稀释至 500 mL，用精致石棉过滤。

（2）碱性酒石酸铜乙液：称取 173 g 酒石酸钾钠（$C_4H_4O_6KNa \cdot 4H_2O$）与 50 g 氢氧化钠，加适量水溶解，并稀释至 500 mL，用精致石棉过滤，储存于橡胶塞玻璃瓶内。

（3）氢氧化钠溶液（40 g/L）：称取 4 g 氢氧化钠，加水溶解并稀释至 100 mL。

（4）硫酸铁溶液（50 g/L）：称取 50 g 硫酸铁，加入 200 mL 水溶解后，慢慢加入 100 mL 硫酸，冷后加水稀释至 1 000 mL。

（5）盐酸溶液（3 mol/L）：量取 30 mL 盐酸，加水稀释至 120 mL。

（6）高锰酸钾标准溶液：[$c(1/5KMnO_4) = 0.100\ 0$ mol/L]。

（7）精致石棉：取石棉先用盐酸（3 mol/L）浸泡 2 ~ 3 d，用水洗净，加氢氧化钠溶液（40 g/L）浸泡 2 ~ 3 d，倾去溶液，再用热碱性酒石酸铜乙液浸泡数小时，用水洗净。再以盐酸（3 mol/L）浸泡数小时，以水洗至不呈酸性。然后加水振摇，使其成为细微的浆状软纤维，用水浸泡并储存于玻璃瓶中，即可作填充古氏坩埚用。

（四）分析步骤

1. 试样处理

（1）一般食品：称取粉碎后的固体试样 2.5 ~ 5 g 或混匀后的液体试样 25 ~ 50 g，精确至 0.001 g，置于 250 mL 容量瓶中，加 50 mL 水，摇匀后加 10 mL 碱性酒石酸铜甲溶液及 4 mL 氢氧化钠溶液（40 g/L），加水至刻度，混匀，静置 30 min，用干燥滤纸过滤，弃去初滤液，取续滤液备用。

（2）酒精性饮料：称取约 100 g 混匀后的试样，精确至 0.01 g，置于蒸发皿中，用氢氧化钠溶液（40 g/L）中和至中性，在水浴上蒸发至原体积的 1/4 后，移入 250 mL 容量瓶中，以下按（1）自"摇匀后加 10 mL 碱性酒石酸铜甲溶液"起依法操作。

（3）含大量淀粉的食品：称取 10 ~ 20 g 粉碎或混匀后的试样，精确至 0.001 g，置于 250 mL 容量瓶中，加 200 mL 水，在 45 ℃ 水浴中加热 1 h，并时时振摇。冷后加水至刻度，混匀，静置。吸取 200 mL 上清液置另一 250 mL 容量瓶中，以下按（1）自"摇匀后加 10 mL 碱性酒石酸铜甲溶液"起依法操作。

（4）碳酸类饮料：称取约 100 g 混匀后的试样，精确至 0.01 g，试样置于蒸发皿中，在水浴上除去二氧化碳后，移入 250 mL 容量瓶中，并用水洗涤蒸发皿，洗液并入容量瓶中，再加水至刻度，混匀后备用。

2. 测定

吸取 50.00 mL 处理后的试样溶液，置于 400 mL 烧杯内，加入 25 mL 碱性酒石酸铜甲液及 25 mL 乙液，于烧杯上盖一表面皿，加热，控制在 4 min 内沸腾，再准确煮沸 2 min，趁热用铺好石棉的古氏坩埚或 G_4 垂融坩埚抽滤，并用 60 ℃ 热水洗涤烧杯及沉淀，至洗液不呈碱性为止。将古氏坩埚或 G_4 垂融坩埚放回原 400 mL 烧杯中，加 25 mL 硫酸铁溶液及 25 mL 水，用玻璃棒搅拌使氧化亚铜完全溶解，以高锰酸钾标准溶液滴定至微红色为终点。

同时吸取 50 mL 水，加入与测定试样时相同量的碱性酒石酸铜甲液、乙液、硫酸铁溶液及水，按同一方法做空白试验。

（五）结果计算

试样中还原糖质量相当于氧化亚铜的质量，按式（4 - 10）进行计算：

$$X = (V - V_0) \times c \times 71.54 \qquad (4 - 10)$$

式中　X——试样中还原糖质量相当于氧化亚铜的质量，mg；

　　　V——测定用试样液消耗高锰酸钾标准溶液的体积，mL；

　　　V_0——试剂空白消耗高锰酸钾标准溶液的体积，mL；

　　　c——高锰酸钾标准溶液的实际浓度，mol/L；

　　　71.54——1 mL 1.00 mol/L 高锰酸钾标准溶液相当于氧化亚铜的质量，mg。

根据式中计算所得氧化亚铜质量，查附录三，再计算试样中还原糖含量，按式（4 - 11）进行计算：

$$X = \frac{m_1}{m \times \left(\frac{V}{250}\right) \times 1\,000} \times 100 \qquad (4 - 11)$$

式中　X——试样中还原糖质量，g/100 g；

　　　m_1——查表得还原糖质量，mg；

　　　m——试样质量（体积），g 或 mL；

　　　V——测定用试样溶液的体积，mL。

还原糖含量≥10 g/100 g 时，计算结果保留三位有效数字；还原糖含量 < 10 g/100 g 时，计算结果保留两位有效数字。

知 识 拓 展

食品中其他糖的测定

一、蔗糖

蔗糖是由一分子葡萄糖和一分子果糖缩合而成的，易溶于水，微溶于乙醇，不溶于乙醚。蔗糖没有还原性，但在一定条件下，蔗糖可水解为具有还原性的葡萄糖和果糖。因此可以按测定还原糖的方法测定食品中蔗糖的含量。其次，用高效液相色谱也可以测定。下面介绍用酸水解法对蔗糖进行测定。

参照 GB/T 5009.8—2008 的方法测定。

（一）原理

试样经除去蛋白质后，其中蔗糖经盐酸水解转化为还原糖，再按还原糖测定。水解前后还原糖的差值为蔗糖含量。

（二）仪器

（1）酸式滴定管：25 mL。

（2）可调电炉：带石棉板。

(3)250 mL 容量瓶。

（三）试剂

除非另有规定,本方法中所用试剂均为分析纯。

(1)盐酸溶液(1+1):量取 50 mL 盐酸,缓缓加入 50 mL 水中,冷却后混匀。

(2)氢氧化钠溶液(200 g/L):称取 20 g 氢氧化钠加水溶解并稀释至 100 mL。

(3)碱性酒石酸铜甲液:称取 15 g 硫酸铜($CuSO_4 \cdot 5H_2O$)及 0.05 g 亚甲基蓝,溶于水中并稀释至 1 000 mL。

(4)碱性酒石酸铜乙液:称取 50 g 酒石酸钾钠($C_4H_4O_6KNa \cdot 4H_2O$)、75 g 氢氧化钠,溶于水中,再加入 4 g 亚铁氰化钾,完全溶解后,用水稀释至 1 000 mL,储存于橡胶塞玻璃瓶内。

(5)乙酸锌溶液(219 g/L):称取 21.9 g 乙酸锌[$Zn(CH_3COO)_2$],加 3 mL 冰乙酸,加水溶解并稀释至 100 mL。

(6)亚铁氰化钾溶液(106 g/L):称取 10.6 g 亚铁氰化钾[$K_4Fe(CN)_6 \cdot 3H_2O$],加水溶解并稀释至 100 mL。

(7)甲基红试液(1 g/L):称取甲基红 0.1 g,用少量乙醇溶解后,定容至 100 mL。

(8)葡萄糖标准溶液:称取 1 g(精确至 0.000 1 g)经过 98 ~ 100 ℃ 干燥 2 h 的葡萄糖,加水溶解后加入 5 mL 盐酸,并以水稀释至 1 000 mL。每毫升此溶液相当于 1.0 mg 葡萄糖。

（四）分析步骤

1.试样处理

(1)含蛋白质食品:称取粉碎后的固体试样 2.5 ~ 5 g(精确至 0.001 g)或混匀后的固体试样 5 ~ 25 g,置于 250 mL 容量瓶中,加 50 mL 水,慢慢加入 5 mL 乙酸锌溶液及 5 mL 亚铁氰化钾溶液,加水至刻度,混匀,静置 30 min,用干燥滤纸过滤,弃去初滤液,取续滤液备用。

(2)含大量淀粉的食品:称取 10 ~ 20 g 粉碎后或混匀后的试样,精确至 0.001 g,置 250 mL 容量瓶中,加 200 mL 水,在 45 ℃ 水浴中加热 1 h,并时时振摇。冷却后加水至刻度,混匀,静置,沉淀。吸取 200 mL 上清液置于另一 250 mL 容量瓶中,以下按(1)自"慢慢加入 5 mL乙酸锌溶液……"起依法操作。

(3)酒精饮料:称取约 100 g 混匀后的试样,精确至 0.01 g,置于蒸发皿中,用氢氧化钠溶液中和至中性,在水浴上蒸至原体积的 1/4 后,移入 250 mL 容量瓶中,以下按(1)自"慢慢加入 5 mL 乙酸锌溶液……"起依法操作。

(4)碳酸类饮料:称取约 100 g 混匀后的试样,精确至 0.01 g,置于蒸发皿中,在水浴上微热搅拌除去二氧化碳后,移入 250 mL 容量瓶中,并用水洗涤蒸发皿,洗液并入容量瓶中,在加水至刻度,混匀后备用。

2.酸水解

标准溶液的水解方法为:吸取两份 50 mL 样品澄清液,分别置于 100 mL 容量瓶中,其中一份加 5 mL 盐酸,在 68 ~ 70 ℃ 水浴中加热 15 min,冷却后加两滴甲基红指示液,用氢氧化钠溶液中和至中性,定容至刻度,混匀;另一份直接加水稀释至 100 mL。

3.标定碱性酒石酸铜试液

与还原糖的直接滴定法相同。

4.试样溶液的预测

同还原糖的直接滴定法,结果按式(4 - 12)计算。

5.测定

按还原糖的直接滴定法,分别测定水解前后两份样品液中的还原糖含量。

(五)结果计算

试样中还原糖的含量(以葡萄糖计)计算:

$$X = \frac{A}{m \times \left(\dfrac{V}{250}\right) \times 1\ 000} \times 100 \qquad (4-12)$$

式中　X——试样中还原糖的含量(以葡萄糖计),g/100 g;

　　　A——碱性酒石酸铜溶液(甲乙液各半)相当于葡萄糖的质量,mg;

　　　m——试样的质量,g;

　　　V——测定时平均消耗试样溶液体积,mL。

以葡萄糖为标准滴定溶液时,试样中蔗糖含量的计算:

$$X = (R_2 - R_1) \times 0.95 \qquad (4-13)$$

式中　X——试样中蔗糖含量,g/100 g;

　　　R_2——水解处理后还原糖含量,g/100 g;

　　　R_1——不经水解处理后还原糖含量,g/100 g;

　　　0.95——还原糖(以葡萄糖计)换算为蔗糖的系数。

蔗糖含量≥10 g/100 g时,计算结果保留三位有效数字;蔗糖含量<10 g/100 g时,计算结果保留两位有效数字。

二、总糖的测定

食品中的总糖通常是指具有还原性的糖(葡萄糖、果糖、乳糖、麦芽糖等)和在测定条件下能水解为还原性单糖的蔗糖的总量。糖是食品生产中的常规分析项目,它反映的是食品中可溶性单糖和低聚糖的总量,其含量高低对产品的色、香、味、组织形态、营养价值、成本等有一定影响。许多食品的质量指标都有总糖一项,因此测定食品中总糖含量具有重要意义。

食品中总糖的测定通常是以还原糖的测定方法为基础的。常用的测定方法有直接滴定法和蒽酮比色法。直接滴定法测定的总糖结果一般以转化糖或葡萄糖计,具体应根据产品的质量指标来定。蒽酮比色法适合于含微量碳水化合物的试样,具有灵敏度高、试剂用量少等优点,但要求被测试样溶液必须清澈透明,加热后没有蛋白质沉淀,否则影响测定结果。下面介绍直接滴定法。

(一)原理

试样经处理除去蛋白质等杂质后,加入盐酸,在加热条件下水解生成还原性单糖,再用还原糖的测定方法以直接滴定法或高锰酸钾滴定法测定水解后试样中的还原糖的总量。

(二)仪器及试剂

同蔗糖的测定。

(三)分析步骤

1.试样处理

同直接滴定法或高锰酸钾滴定法测定还原糖。

2.测定

按测定蔗糖的方法水解试样,再按直接滴定法或高锰酸钾滴定法测定还原糖含量。

（四）结果计算

$$总糖(以转化糖计,\%) = \frac{F}{m \times \left(\frac{50}{V_1}\right) \times \left(\frac{V_2}{100}\right) \times 1\,000} \times 100\%\qquad(4-14)$$

式中 F——10 mL 碱性酒石酸铜溶液相当的转化糖的质量,mg;

V_1——试样处理液总体积,mL;

V_2——测定时消耗试样水解液体积,mL;

m——试样质量,g。

三、淀粉的测定

淀粉在植物性食品中分布很广,广泛存在于植物的根、茎、果实和种子中,是人类食物的重要组成部分,也是供给人体热能的主要来源。淀粉在食品工业中的用途非常广泛,常作为食品的原辅料。制造面包、糕点、饼干用的面粉,掺和纯淀粉可调节面筋浓度和胀润度;在糖果生产中不仅使用大量由淀粉制造的糖浆,也使用原淀粉和变性淀粉;在冷饮中作为稳定剂;在肉类罐头中作为增稠剂;在其他食品中还可作为胶体生成剂、保湿剂、乳化剂、黏合剂等。淀粉含量是某些食品主要的质量指标,也是食品生产管理中的一个常检项目。

淀粉是由多个葡萄糖分子缩合而成的多糖聚合物。按聚合形式不同可形成两种不同的淀粉分子,即直链淀粉和支链淀粉。

淀粉测定的常用方法有酶水解法和酸水解法,即淀粉在酶或酸的作用下水解为葡萄糖后,再按测定还原糖的方法进行定量测定;也可利用淀粉具有旋光性这一性质,用旋光法测定。

淀粉参照 GB/T 5009.9—2008 的方法测定。下面介绍酸水解法。

（一）原理

试样经去除脂肪及可溶性糖类后,其中淀粉用酸水解成具有还原性的单糖,然后按还原糖测定,并折算成淀粉含量。

（二）仪器

1. 水浴锅。

2. 高速组织捣碎机。

3. 回流装置,并附 250 mL 锥形瓶。

（三）试剂

除非另有规定,本方法中所用试剂均为分析纯。

1. 石油醚:沸点范围为 60 ~ 90 ℃。

2. 乙醚。

3. 甲基红指示液(2 g/L):称取甲基红 0.20 g,用少量乙醇溶解后,定容至 100 mL。

4. 氢氧化钠溶液(400 g/L):称取 40 g 氢氧化钠加水溶解后,冷却,并稀释至 100 mL。

5. 乙酸铅溶液(200 g/L):称取 20 g 乙酸铅,加水溶解并稀释至 100 mL。

6. 硫酸钠溶液(100 g/L):称取 10 g 硫酸钠,加水溶解并稀释至 100 mL。

7. 盐酸溶液(1 + 1):量取 50 mL 盐酸,与 50 mL 水混合。

8. 85% 乙醇:量取 85 mL 无水乙醇,加水定容至 100 mL,混匀。

9. 精密 pH 试纸:6.8 ~ 7.2。

（四）分析步骤

1. 试样处理

（1）提取

易于粉碎的试样:将试样粉碎磨碎过 40 目筛,称取 2 ~ 5 g(精确至 0.001 g)。置于放有慢速滤纸的漏斗中,用 50 mL 石油醚或乙醚分 5 次洗去样品中的脂肪,弃去石油醚和乙醚。用 150 mL 乙醇分数次洗去其中的单糖和低聚糖,用 100 mL 水洗涤漏斗中残渣并将样品转移到 250 mL 锥形瓶。

其他试样:加适量水在组织捣碎机中捣成匀浆(蔬菜、水果需先洗净、晾干、取可食部分),取相当于原样质量 2.5 ~ 5 g 的匀浆(精确至 0.001 g)于 250 mL 锥形瓶中,用 50 mL 石油醚或乙醚分五次洗去试样中脂肪,用 150 mL 乙醇分数次洗去其中的单糖和低聚糖,用 100 mL 水洗涤漏斗中残渣并将样品转移到 250 mL 锥形瓶中。

（2）水解

于上述锥形瓶中加入 30 mL 盐酸溶液,置沸水浴中回流 2 h,冷却至室温,加入甲基红指示剂,先用氢氧化钠溶液调至黄色,再用盐酸溶液调至刚好变为红色。然后加入 20 mL 乙酸铅溶液,摇匀后放置 10 min,以沉淀蛋白质、果胶等杂质,再加 20 mL 硫酸钠溶液,以除去过多的铅,摇匀后用水定容,过滤,弃去初滤液 20 mL,滤液供测定用。

2. 测定

按还原糖的测定法进行测定,并同时做试剂空白实验。

（五）结果计算

试样中淀粉的含量计算:

$$X = \frac{(A_1 - A_2) \times 0.9}{m \times \left(\dfrac{V}{500}\right) \times 1\ 000} \times 100 \qquad\qquad (4-15)$$

式中　X——试样中淀粉含量,g/100 g;

　　　A_1——测定用试样中水解液中还原糖质量,mg;

　　　A_2——试剂空白中还原糖质量,mg;

　　　0.9——以还原糖(葡萄糖计)换算成淀粉的换算系数;

　　　m——试样质量,g;

　　　V——测定用试样水解液体积,mL;

　　　500——试样液总体积,mL。

计算结果保留到小数点后一位。

任务 4.2.2　蛋白质的测定

知识平台

一、食品中蛋白质的组成及含量

蛋白质是生命的物质基础,是构成生物体细胞组织的重要成分,是生物体发育及修补组织的原料,一切有生命的活体都含有不同类型的蛋白质。人体内的酸、碱及水分平衡,遗传信息的传递,物质的代谢及转运都与蛋白质有关。人和动物只能从食品中得到蛋白质及其分解产物来构成自身的蛋白质,故蛋白质是人体的重要营养物质,也是食品中重要的营养指标。

蛋白质是复杂的含氮有机化合物,所含的主要化学元素为 C,H,O,N,在某些蛋白质中还含有微量的 P,Cu,Fe 等元素。但含氮则是蛋白质区别于其他有机化合物的主要标志。蛋白质可以被酶、酸或碱水解,其水解最终产物是氨基酸。氨基酸是构成蛋白质的最基本物质。

蛋白质是机体唯一的氮来源,一般蛋白质含氮量为 16%,即 1 份氮相当于 6.25 份蛋白质,6.25 称为蛋白质的换算因子。不同的蛋白质氨基酸构成比例及方式不同,故各种不同的蛋白质含氮量也略有不同,因此,不同种类食品有不同的换算因子,各种食品的换算因子见表 4 - 4。

表 4 - 4　蛋白质的换算因子

食品名称	换算因子
蛋、鱼、肉及制品、禽类、玉米、高粱、豆类	6.25
乳及乳制品	6.38
麸皮、荞麦	6.31
大米	5.95
全麦、大麦、燕麦、裸麦、小米、小麦面、黑麦	5.83
小麦	5.80
黄豆、大豆	5.71
小麦面普通粉	5.70
明胶	5.55
花生	5.46
芝麻、葵花籽、亚麻籽、核桃、椰子	5.30

食品种类很多,蛋白质在各类食品中的种类与含量分布是不均匀的。一般来说,动物性食品的蛋白质含量高于植物性食品。表 4 - 5 中列出了部分食品中蛋白质的含量。

表 4 - 5　部分食品中蛋白质含量　　　　　单位:g/100 g

食品名称	蛋白质含量	食品名称	蛋白质含量	食品名称	蛋白质含量	食品名称	蛋白质含量
猪肉(肥瘦)	9.5	鸡肉	21.5	稻米	8.3	黄瓜	0.8
牛肉(肥瘦)	20.1	鸭肉	16.5	小麦粉(标准)	9.9	苹果	0.4
羊肉(肥瘦)	11.1	鸡蛋	14.7	小米	9.7	桃	0.8
马肉	19.6	黄鱼(大)	17.6	大豆	36.5	柑橘	0.9
驴肉	18.6	黄鱼(小)	16.7	大白菜	1.1	鸭梨	0.1
兔肉	21.2	带鱼	18.1	油菜(秋)	1.2	玉米	8.5
牛乳	3.3	鲇鱼	21.4	油菜(春)	2.6		
乳粉(全脂)	26.2	鲤鱼	17.3	菠菜	2.4		

二、蛋白质测定的意义

蛋白质是食品的重要组成之一，也是重要的营养物质。一种食品的营养高低，蛋白质含量是一项重要指标。测定食品中蛋白质、氨基酸的含量，对了解食品的质量、合理膳食、保证人体的营养需要、掌握食品营养价值和食品品质的变化以及合理利用食品资源、为食品生产加工提供依据等都十分重要。此外，在食品加工过程中，蛋白质及其分解产物对食品的色、香、味都有一定的作用。因此，测定食品中蛋白质和氨基酸的含量有重要意义。

三、食品中蛋白质的测定方法

测定蛋白质的方法可分为两大类：一类是利用蛋白质的共性，即含氮量、肽键和折射率等测定蛋白质含量；另一类是利用蛋白质中特定氨基酸残基、酸性和碱性基因以及芳香基团等测定蛋白质含量。但因食品种类繁多，食品中蛋白质含量各异，特别是其他成分，如碳水化合物、脂肪和维生素等干扰成分很多，因此蛋白质含量测定最常用的方法是凯氏定氮法，它是测定总有机氮的最准确和操作较简便的方法之一，在国内外应用普遍。该法是通过测出试样中的总含氮量再乘以相应的蛋白质系数而求得蛋白质含量的，由于试样中常含有少量非蛋白质的含氮化合物，故此法的结果称为粗蛋白质含量。此外，双缩脲法、染料结合法、酚试剂法等也常用于蛋白质含量测定，由于方法简便、快速，故多用于生产单位质量控制分析。

食品中蛋白质的测定

参照 GB 5009.5—2010 的方法测定。

一、原理

食品中的蛋白质在催化加热条件下被分解，产生的氨与硫酸结合生成硫酸铵，留在消化液中，然后加碱蒸馏使氨游离，用硼酸吸收后，再用硫酸或盐酸标准溶液滴定，根据酸的消耗量来乘以蛋白质换算系数，即得蛋白质含量。

二、仪器

（1）自动凯氏定氮仪；

（2）天平：感量为 1 mg。

（3）定氮蒸馏装置，如图 4 - 5 所示。

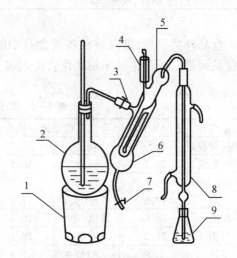

图 4 - 5　定氮蒸馏装置

1—电炉；2—水蒸气发生器（2 L 平底烧瓶）；
3—螺旋夹；4—小玻璃杯及棒状玻璃塞；
5—反应室；6—反应室外层；7—橡皮管及螺旋夹；
8—冷凝管；9—蒸馏液接收瓶

三、试剂

(1)硫酸铜($CuSO_4 \cdot 5H_2O$)。

(2)硫酸钾。

(3)硫酸(密度为1.84 g/L)。

(4)硼酸溶液(20 g/L):称取20 g硼酸,加水溶解后并稀释至1 000 mL。

(5)氢氧化钠溶液(400 g/L):称取40 g氢氧化钠,加水溶解后,冷却并稀释至100 mL。

(6)硫酸标准滴定溶液(0.050 0 mol/L)或盐酸标准滴定溶液(0.050 0 mol/L)。

(7)甲基红乙醇溶液(1 g/L):称取0.1 g甲基红,溶于95%乙醇,用95%乙醇稀释至100 mL。

(8)亚甲基蓝乙醇溶液(1 g/L):称取0.1 g亚甲基蓝,溶于95%乙醇,用95%乙醇稀释至100 mL。

(9)溴甲酚绿乙醇溶液(1 g/L):称取0.1 g溴甲酚绿,溶于95%乙醇,用95%乙醇稀释至100 mL。

(10)混合指示液:两份甲基红乙醇溶液与1份亚甲基蓝乙醇溶液临用时混合。也可用1份甲基红乙醇溶液与5份溴甲酚绿乙醇溶液临用时混合。

四、分析步骤

1.试样处理

称取混合均匀的固体试样0.2~2 g、半固体试样2~5 g或液体试样10~25 g(相当于30~40 mg氮),精确至0.001 g,移入干燥的100 mL,250 mL或500 mL定氮瓶中,加入0.2 g硫酸铜、6 g硫酸钾及20 mL硫酸,稍摇匀后瓶口放一小漏斗,将瓶以45°角斜支于有小孔的石棉网上,使用万用电炉在通风橱中加热消化,开始时用低温加热,待内容物全部炭化,泡沫停止后,再升高温度保持微沸,消化至液体呈蓝绿色并澄清透明后,再继续加热0.5~1 h;取下放冷,小心加入20 mL水;放冷后,转移到100 mL容量瓶中,并用少量水洗定氮瓶,洗液并入容量瓶中,再加水至刻度,混匀备用。同时做试剂空白试验。

2.测定

按图4-5装好定氮蒸馏装置,在蒸气发生瓶内装水约2/3,加甲基红乙醇溶液数滴及数毫升硫酸,以保持水呈酸性,加入数粒玻璃珠,加热煮沸水蒸气发生器内的水并保持沸腾。

3.蒸馏

向接收瓶内加入10.0 mL硼酸溶液及1~2滴混合指示液,并使冷凝管的下端插入硼酸液面下,根据试样的氮含量,准确吸取2.0~10.0 mL试样处理液,由小玻璃杯注入反应室,以10 mL蒸馏水洗涤小玻璃杯并使之流入反应室内,随后塞紧棒状玻璃塞。将10 mL氢氧化钠溶液倒入小玻璃杯,提起玻璃塞使其缓缓流入反应室,用少量水冲洗后立即将玻璃塞盖紧,并加水于小玻璃杯以防漏气;夹紧螺旋夹,开始蒸馏;蒸馏10 min后,移动接收瓶,液面离开冷凝管下端,再蒸馏1 min。然后用少量水冲洗冷凝管下端外部,取下蒸馏液接收瓶。以硫酸或盐酸标准滴定溶液滴定至终点,其中2份甲基红乙醇溶液与1份亚甲基蓝乙醇溶液指示剂,颜色由紫红色变成灰色,pH为5.4;1份甲基红乙醇溶液与5份溴甲酚绿乙醇溶液指示剂,颜色由酒红色变成绿色,pH为5.1。同时做试剂空白试验。

五、结果计算

$$X = \frac{(V_1 - V_2) \times c \times 0.014\ 0}{m \times \left(\dfrac{V_3}{100}\right)} \times F \times 100 \tag{4-16}$$

式中　X——试样中蛋白质的含量，g/100 g；

V_1——试样消耗硫酸或盐酸标准溶液体积，mL；

V_2——试剂空白消耗硫酸或盐酸标准溶液体积，mL；

V_3——吸取消化液的体积，mL；

c——硫酸或盐酸标准滴定溶液浓度，mol/L；

m——试样的质量，g；

0.014 0——1.0 mL 硫酸 $[c(1/2H_2SO_4) = 1.000\ mol/L]$ 标准滴定溶液或盐酸 $[c(HCl) = 1.000\ mol/L]$ 标准滴定溶液相当的氮的质量，g；

F——氮换算为蛋白质的系数（表 4-4）。

以重复条件下获得的两次独立测定结果的算术平均值表示，蛋白质含量 ≥1 g/100 g 时，结果保留三位有效数字；蛋白质含量 <1 g/100 g 时，结果保留两位有效数字。在重复条件下获得的两次独立测定结果的绝对值不得超过算术平均值 10%。

说明：

（1）本法也适用于半固体试样以及液体样品检测。半固体试样一般取样范围为 2.00 ~ 5.00 g；液体样品取样 10.0 ~ 25.0 mL（相当氮 30 ~ 40 mg）。若检测液体样品，结果以 g/100 mL 表示。

（2）消化时，样品含糖高或含脂较多时，注意控制加热温度，以免大量泡沫喷出凯氏烧瓶，造成样品损失。可加入少量辛醇或液体石蜡，或硅消泡剂减少泡沫产生。

（3）消化时应注意旋转凯氏烧瓶，将附在瓶壁上的炭粒冲下，对样品彻底消化。若样品不易消化至澄清透明，可将凯氏烧瓶中溶液冷却，加入数滴过氧化氢后，再继续加热消化至完全。

（4）硼酸吸收液的温度不应超过 40℃，否则氨吸收减弱，造成检测结果偏低。可把接收瓶置于冷水浴中。

（5）在重复性条件下获得两次独立测定结果的绝对差值不得超过算术平均值的 10%。

任务 4.2.3　酸度的测定

知识平台

一、食品中的酸味物质及其功能

食品中的酸味物质包括有机酸、无机酸、酸式盐以及某些有机化合物。这些酸味物质有的是食品本身固有的，如果蔬中含有的苹果酸、柠檬酸、酒石酸、醋酸、草酸等；有的是外加的，如配制型饮料中加入的柠檬酸；有的是因发酵而产生的，如酸奶中的乳酸等。

酸在食品中主要用于显味、防腐和稳定颜色,不论是哪种途径得到的酸味物质,都是食品重要的显味剂,对食品的风味有很大的影响。其中大多数的有机酸具有很浓的水果香味,能刺激食欲,促进消化,有机酸在维持人体体液酸碱平衡方面起着重要的作用。酸味物质在食品中还能起到一定的防腐作用。当食品的 pH 值小于 2.5 时,一般除霉菌外,大部分微生物的生长都受到了抑制;将醋酸的浓度控制在 6% 时,可有效地抑制腐败菌的生长。食品中酸味物质的存在,即 pH 值的高低,对保持食品颜色的稳定性也起着一定的作用。在水果加工过程中,如果加酸降低介质的 pH 值,可抑制水果的酶促褐变;选用 pH 值为 6.5 ~ 7.2的沸水热烫蔬菜,能很好地保持绿色蔬菜特有的鲜绿色。

二、酸度的分类

食品中的酸度通常分为总酸度、有效酸度、挥发性酸度、牛乳酸度等。

1. 总酸度

总酸度又称为可滴定酸度。指食品中所有酸味物质的总量,包括已离解的酸浓度和未离解的酸浓度,常采用标准碱液来滴定,并以试样中主要代表酸的百分含量表示。

2. 有效酸度

有效酸度指食品中成离子状态的氢离子的活度,常用 pH 值计进行测定,用 pH 值表示。

3. 挥发性酸度

挥发性酸度是指食品中易挥发的有机酸,如乙酸、甲酸、丁酸等,可用直接法或间接法进行测定。

4. 牛乳酸度

牛乳酸度有两种:外表酸度和真实酸度。外表酸度和真实酸度之和即为牛乳的总酸度,其大小可通过标准碱滴定来测定。

外表酸度又叫固有酸度(潜在酸度),是指刚挤出来的新鲜牛乳本身所具有的酸度,主要来源于鲜牛乳中的酪蛋白、白蛋白、柠檬酸盐及磷酸盐等酸性成分。外表酸度在鲜牛乳中占 0.15% ~ 0.18%(以乳酸计)。

真实酸度又叫发酵酸度,指牛乳在放置过程中,在乳酸菌的作用下乳糖发酵产生乳酸而升高的那部分酸度。若牛乳含酸量超过 0.15% ~ 0.20%,即认为有乳酸存在。习惯上把含酸量在 0.20% 以上的牛乳列为不新鲜牛乳。

牛乳酸度有两种表示方法:

(1)用 ^0T 表示牛乳的酸度,^0T 是指滴定 100 mL 牛乳所消耗的 0.1 mol/L 的 NaOH 溶液的体积(mL),或滴定 10 mL 牛乳所消耗的 0.1mol/L 的 NaOH 溶液的体积(mL)乘以 10。新鲜牛乳的酸度为 16 ~ 18^0T。

(2)用乳酸的百分含量表示,与总酸度的计算方法一样,用乳酸表示牛乳的酸度。

三、酸度测定的意义

1. 有机酸影响食品的色、香、味及稳定性

果实及其制品的口感取决于糖和酸的种类、含量及比例,酸度降低则甜味增加,同时水果中适量的挥发性酸含量也会带给其特定的香气。另外,食品中有机酸含量高,则其 pH 值低,而 pH 值的高低对食品稳定性有一定影响,降低 pH 值能减弱微生物的抗热性和抑制其生长,所以 pH 值是果蔬罐头杀菌条件的主要依据。在水果加工中,控制介质 pH 值可以抑

制水果褐变,有机酸能与 Fe,Sn 金属反应,加快设备和容器的腐蚀作用,影响制品的风味与色泽。同时,有机酸可以提高维生素 C 的稳定性,防止其氧化。

2. 测定酸度可判断果蔬的成熟程度

不同种类的水果和蔬菜,酸的含量因成熟度、生长条件而异,一般成熟度越高,酸的含量越低。例如:测定出葡萄所含的有机酸中苹果酸高于酒石酸时,说明葡萄还未成熟,因为成熟的葡萄含大量的酒石酸。

3. 有机酸的种类和含量是判别食品质量好坏的一个重要指标

挥发酸的种类是判断某些制品腐败的标准。如某些发酵制品中有甲酸积累,则说明已发生细菌性腐败;挥发酸含量的高低是衡量水果发酵制品(酒)质量好坏的一项重要指标,当水果发酵制品中含有 0.1% 以上的醋酸时,则说明制品已腐败;牛乳及制品、番茄制品、啤酒等乳酸含量过高时亦说明这些制品已由乳酸菌发酵而产生腐败,新鲜油脂常为中性,不含游离脂肪酸,但在放置过程中,本身所含的脂肪酶能水解油脂生成脂肪酸,使油脂酸败,故测定油脂酸度(以酸价表示)可判断其新鲜程度。

任务实施

食品中总酸度的测定

参照 GB/T 12456—2008 的方法测定。

一、原理

根据酸碱中和原理,用碱液滴定试液中的酸,用酚酞作指示剂确定终点。根据耗用标准碱液的体积,计算食品中的总酸含量。

二、仪器

(1)组织捣碎机。

(2)水浴锅。

(3)研钵。

(4)冷凝管。

(5)酸式滴定管和碱式滴定管。

(6)移液管。

三、试剂

所有试剂均为分析纯,水为蒸馏水或同等纯度的水(以下简称水),使用前须经煮沸、冷却。

(1)氢氧化钠标准滴定溶液(0.1 mol/L):按附录六进行配置与标定。

(2)氢氧化钠标准滴定溶液(0.01 mol/L):量取 100 mL 0.1 mol/L 氢氧化钠标准溶液稀释到 1 000 mL(用时当天稀释)。

(3)氢氧化钠标准滴定溶液(0.05 mol/L):量取 100 mL 0.1 mol/L 氢氧化钠标准溶液

稀释到 200 mL(用时当天稀释)。

(4)酚酞指示剂(1%):称取酚酞 1 g 溶解于 60 mL 95% 乙醇中,用水稀释至 100 mL。

四、分析步骤

1. 试样的制备

(1)液体试样:①不含二氧化碳的试样:充分混合均匀,置于密闭容器内。②含二氧化碳的试样:至少取 200 g 试样于 500 mL 烧杯中,置于电炉上,边加热边搅拌至微沸,保持 2 min,称量,用煮沸过的水补充至煮沸前的质量,置于密闭玻璃容器内。

(2)固体试样:取有代表性的试样至少 200 g,置于研钵或组织捣碎机中,加入与试样等量的煮沸过的水,用研钵研碎,或用组织捣碎机捣碎,混匀后置于密闭玻璃容器内。

(3)固、液体试样:按试样的固、液体比例至少取 200 g,用研钵研碎,或用组织捣碎机捣碎,混匀后置于密闭玻璃容器内。

2. 试液的制备

(1)总酸含量小于或等于 4 g/kg 的试液:将上述液体的试样用快速滤纸过滤,收集滤液,用于测定。

(2)总酸含量大于 4 g/kg 的试样:称取 10~50 g 试样,精确至 0.001 g,置于 100 mL 烧杯中。用 80 ℃ 煮沸过的水将烧杯中的内容物转移到 250 mL 容量瓶中(总体积约 150 mL),置于沸水浴中煮沸 30 min(摇动 2~3 次,使试样中的有机酸全部溶解于溶液中),取出冷却至室温(约 20 ℃),用煮沸过的水定容至 250 mL。用快速滤纸过滤,收集滤液,用于测定。

3. 测定

(1)称取 25.00~50.00 g 试液,使之含 0.035~0.070 g 酸,置于 250 mL 三角瓶中。加 40~60 mL 水及 0.2 mL 酚酞指示剂,用 0.1 mol/L 氢氧化钠标准滴定溶液(如试样酸度较低,可用 0.01 mol/L 或 0.05 mol/L 氢氧化钠标准滴定溶液)滴定至微红色 30 s 不褪色。记录消耗 0.1 mol/L 氢氧化钠标准滴定溶液体积的数值(V_1)。

同一试样应测定两次。

(2)空白试验:用水代替试液,按(1)步骤操作。记录消耗 0.1 mol/L 氢氧化钠标准滴定溶液体积的数值(V_2)。

五、结果计算

食品中总酸的含量计算:

$$X = \frac{c \times (V_1 - V_2) \times K \times F}{m} \times 100 \qquad (4-17)$$

式中 X——食品中总酸的含量,g/kg;

c——氢氧化钠标准滴定溶液的准确浓度,mol/L;

V_1——滴定试液时消耗氢氧化钠标准滴定溶液的体积,mL;

V_2——空白试验时消耗氢氧化钠标准滴定溶液的体积,mL;

K——酸的换算系数;苹果酸:0.067;乙酸:0.060;酒石酸:0.075;柠檬酸:0.064(含一分子结晶水);乳酸:0.090;盐酸:0.036;磷酸:0.049;

F——试液的稀释倍数;

m——试样的质量,g。

计算结果保留到小数点后两位。

说明：

（1）本法适于果蔬制品、饮料、乳制品、饮料酒、蜂产品、淀粉制品、谷物制品和调味品等食品中总酸度的测定，不适用于有颜色或浑浊不透明的试液；

（2）因食品中含有多种有机酸，总酸的测定结果通常以试样中含量最多的那种酸表示，要在结果中注明以哪种酸计。例如一般分析葡萄及其制品时，用酒石酸表示；分析柑橘类果实及其制品时，用柠檬酸表示；分析苹果及其制品时，用苹果酸表示；分析乳品、肉类、水产品及其制品时，用乳酸表示；分析酒类、调味品时，用乙酸表示；

（3）由于食品中有机酸均为弱酸，在用强碱（NaOH）滴定时，其滴定终点偏碱，一般在pH值8.2左右，故可选用酚酞作终点指示剂。

想一想 练一练

一、填空题

1. 水分的存在形式有两种，即_____和_____，干燥过程主要除去的是_____水。

2. 用蒸馏法测定水分常用的有机溶剂有_____和_____。

3. _____是测定水分最专一、最准确的方法，其原理是_____氧化_____时需要定量的水参加反应。

4. 食品经高温灼烧后的残留物称_____，试样灰化容器一般为_____，以_____来确定取样量，灰化温度一般为_____，灰化时间一般约需_____小时。

5. 食品的总酸度是指_____，它的大小可用_____来测定；有效酸度是指_____，其大小可用_____来测定；挥发酸是指_____，其大小可用_____来测定；牛乳酸度是指_____，其大小可用_____来测定。

6. 脂类主要以_____和_____的形式存在。能溶于乙醚、石油醚等有机溶剂的是_____。

7. 索氏抽提法提取脂肪主要依据脂肪的_____特性。用该法检验试样的脂肪含量前一定要对试样进行_____处理，才能得到较好的结果。

8. 凯氏定氮法测定蛋白质是依据组分蛋白质的特征元素_____，平均含量约为_____，所以测得的氮的数值乘以_____就可得到蛋白质的含量。

9. 测定脂肪含量时，对于游离脂肪含量较高的试样，适合用_____法，而_____法能对包括结合脂在内的全部脂类进行定量，_____、_____和_____是对乳与乳制品含脂量的标准测定法，对于脂蛋白、蛋白质、磷脂含量高的食品，适合用_____法。

二、选择题

1.（   ）在干燥之前，应加入精制海沙。

   A. 固体样品　　　　　B. 液体样品　　　　　C. 浓稠态样品　　　　　D. 气态样品

2. 可直接放入烘箱中进行常压干燥的试样是（   ）。

   A. 乳粉　　　　　　　B. 果汁　　　　　　　C. 糖浆　　　　　　　D. 酱油

3. 蒸馏法测定水分时常用的有机溶剂是（   ）。

   A. 甲苯、二甲苯　　　B. 氯仿、乙醇　　　　C. 乙醚、石油醚　　　D. 四氯化碳、乙醚

4. 对食品灰分叙述正确的是（   ）。

A. 灰分中无机物含量与原试样无机物含量相同

B. 灰分是指试样经高温灼烧后的残留物

C. 灰分是指食品中含有的无机成分

D. 灰分是指试样经高温灼烧完全后的残留物

5. 准确判断灰化完全的方法是(　　　)。

A. 一定要灰化至白色或浅灰色

B. 一定要高温炉温度达到 500～600 ℃时,计算时间 5 h

C. 应根据试样的组成、性状观察残灰的颜色

D. 加入助灰剂使其达到白灰色为止

6. 用乙醚提取脂类时,下列(　　　)说法不正确。

A. 沸点低溶解脂肪能力强 　　　　　　　B. 提取的是粗脂肪

C. 试样必须干燥 　　　　　　　　　　　D. 提取的是游离脂肪

7. 有效酸度是指(　　　)。

A. 用酸度计测出的 pH 值

B. 被测溶液中的氢离子总浓度

C. 挥发酸和不挥发酸的总和

D. 试样中未离解的酸和已离解的酸的总和

8. (　　　)测定是糖类定量的基础。

A. 还原糖 　　　　　B. 非还原糖 　　　　　C. 葡萄糖 　　　　　D. 淀粉

9. 直接滴定法在测定还原糖含量时用(　　　)作指示剂。

A. 亚铁氰化钾 　　　B. Cu^{2+} 的颜色 　　　C. 硼酸 　　　　　D. 亚甲基蓝

10. 凯氏定氮法碱化蒸馏后,用(　　　)作吸收液。

A. 硼酸溶液 　　　　B. NaOH 溶液 　　　　C. 萘氏试纸 　　　　D. 蒸馏水

三、判断并改错

1. HCl(1+2)表示该溶液由 1 体积浓盐酸与 2 体积水配制而成。　　　　　　(　　　)

2. 食品干燥、蒸发时去掉的水分主要是自由水和结合水。　　　　　　　　(　　　)

3. 卡尔 - 费休法是水分间接测定法。　　　　　　　　　　　　　　　　(　　　)

4. 蒸馏法是香料含水量的唯一测定方法。　　　　　　　　　　　　　　(　　　)

5. 用 pH 计可以测定食品的总酸度。　　　　　　　　　　　　　　　　(　　　)

6. 中和 100 mL 牛乳所需 1 mol/L 的 NaOH 溶液的毫升数称为牛乳酸度。　　(　　　)

7. 酸水解法能对包括结合脂在内的全部脂类进行定量。　　　　　　　　(　　　)

8. 巴布科克法和罗斯 - 哥特里氏法都是重量法。　　　　　　　　　　　(　　　)

9. 酸水解法测定总脂量时,为节省时间,可把萃取液放于酒精灯上加热挥干乙醚。　(　　　)

10. 氯仿 - 甲醇法测定脂类所用的萃取体系是乙醚。　　　　　　　　　　(　　　)

四、名词解释

水分活度、灰化、有效酸度、外表酸度、真实酸度、°T

五、实训问答题

1. 在进行水分测定时,如何对固体试样进行制备?

2. 在测定食品总灰分时,灰化之前为何要先进行炭化?

3. 凯氏定氮法实验操作过程中,影响测定准确性的因素有哪些?

六、综合题

1. 现要测定某种奶粉的灰分含量,称取试样3.976 0 g,置于干燥恒重为45.358 5 g的瓷坩埚中,小心炭化完毕,再于600 ℃高温炉中灰化5 h后,置于干燥器内冷却称重为45.384 1 g;重新置于600 ℃高温炉中灰化1 h,完毕后取出置于干燥器内冷却称重为45.382 6 g;再置于600 ℃高温炉中灰化1 h,完毕后取出置于干燥器内冷却称重为45.382 5 g。问被测定的奶粉灰分含量为多少?

2. 称取120 g固体NaOH(AR),用100 mL水溶解,冷却后置于聚乙烯塑料瓶中,密封数日澄清后,取上层清液5.60 mL,用煮沸过并冷却的蒸馏水定容至1 000 mL。然后称取0.300 0 mL邻苯二甲酸氢钾放入锥形瓶中,用50 mL水溶解后,加入酚酞指示剂后用上述氢氧化钠溶液滴定至终点耗去15.00 mL。现用此氢氧化钠标准溶液测定某饮料的总酸度。先将饮料中的色素用活性炭脱色后,再加热除去CO_2,取饮料10.00 mL,用稀释10倍的标准碱液滴定至终点耗去12.25 mL,问某饮料的总酸度(以柠檬酸计,$K=0.070$)为多少?

模块五　食品的仪器检验

项目一　维生素的测定

项目分析

维生素是一类人体不能合成,但又是人体正常生理代谢所必需的,且功能各异的微量低分子有机化合物。按照其溶解性可分为两大类:脂溶性维生素和水溶性维生素。前者是能溶于脂肪或脂溶剂,在食物中与类脂共存的一类维生素,其特点是摄入后存在于脂肪组织中,不能从尿中排除,大剂量摄入时可能引起中毒。后者溶于水,其共同特点是一般只存在于植物性食品中,满足组织需要后都能从机体中排出。虽然机体对其需要量很少,但必须经常从食物中摄取,长期缺乏任何一种维生素都会导致相应的疾病,但是,摄入量过多,超过非生理量时,可导致体内积存过多而引起中毒。因此,测定食品中维生素含量具有现实的营养学意义。

表 5－1　维生素的类别及食物来源

名称		英文名称	食物来源
脂溶性维生素	维生素 A	Vitamin A	鱼肝油、蛋黄、肝、肾、乳汁
	维生素 D	Vitamin D	鱼肝油、肝脏、蛋黄、牛奶
	维生素 E	Vitamin E	植物油、豆类、玉米、绿叶蔬菜
	维生素 K	Vitamin K	绿叶蔬菜、大豆
水溶性维生素	维生素 B 族	Vitamin B complex	
	维生素 B_1(硫胺素)	thiamine,aneurin	糙米、麦麸、酵母、豆类
	维生素 B_2(核黄素)	riboflavin	肝、肾、蛋黄、豆类、酵母
	维生素 B_3(泛酸)	Pantothenic acid	蛋黄、动物肝脏、酵母
	维生素 B_5(盐酸、尼克酸)	Nicotinamide,niacin	金枪鱼、动物肝脏、蘑菇
	维生素 B_6(吡哆素)	Pyridoxine	肝脏、蛋黄、肉、大豆、谷类
	维生素 B_7(生物素)	Vitamin H,biotin	酵母、动物肝脏
	维生素 B_{11}(叶酸)	Folic acid	绿叶蔬菜、豆类、动物肝脏
	维生素 B_{12}(钴胺素)	Cobalamins	肉类、鱼类、家禽、奶类
	维生素 C(抗坏血酸)	Vitamin C,ascorbic acid	新鲜蔬菜、水果、豆芽

学习目标

【知识目标】了解食品中维生素的种类、作用、性质及测定的意义;掌握维生素的测定方法。

【能力目标】能对食品中常见的维生素定量检测;会操作高效液相色谱仪,能利用色谱流出曲线得出实验结果;能按规定格式出具完整的检验报告。

任务 5.1.1 脂溶性维生素的测定

一、维生素测定的意义

维生素种类很多,目前被认为对维持人体健康和促进发育至关重要的有20余种。它在能量产生的反应中以及调节机体物质代谢过程中起着十分重要的作用:

(1)抗氧化,如维生素 E、抗坏血酸及一些类胡萝卜素具有抗氧化作用;

(2)是机体内各种酶或辅酶前体的组成部分,如维生素 B_6、盐酸、生物素、泛酸、叶酸等;

(3)遗传调节因子,如维生素 A、维生素 D 等;

(4)具有某些特殊功能,如与视觉有关的维生素 A、与凝血有关的维生素 K 等。

虽然这些维生素结构复杂,理化性质及生理功能各异,但都具有以下特点:它们或其前体化合物都在天然食物中存在;不能供给机体热量,也不是构成组织的基本原料,主要功能是通过作为辅酶的成分调解代谢过程,需要量极少;一般在体内不能合成,或合成量不能满足生理需要,必须经常从食物中摄取;长期缺乏任何一种维生素都会导致相应的疾病,但摄入过多,超过非生理量时,可导致体内积存过多而引起中毒。

食品中维生素含量主要取决于食品的品种、加工工艺与储存条件。许多维生素对光、热、氧、pH 敏感,因而加工条件不合理或储存不当都会造成维生素的损失。测定食品中维生素的含量在评价食品的营养价值,开发利用富含维生素的食品资源,指导人们制订合理的工艺及储存条件,监督维生素强化食品的强化剂量,防止因摄入过多而引起维生素中毒等方面,具有十分重要的现实意义和作用。

二、脂溶性维生素的性质

食物中的脂溶性维生素是指与类脂物质一起存在于食物中的维生素,包括维生素 A、维生素 D、维生素 E 和维生素 K。脂溶性维生素具有以下理化性质:

(1)溶解性:脂溶性维生素不溶于水,易溶于脂肪、丙酮、三氯甲烷、乙醚、苯、乙醇等有机溶剂。

(2)耐酸碱性:维生素 A,D 对酸不稳定,对碱稳定。维生素 E 在无氧情况下,对热、酸、碱稳定。维生素 K 对酸、碱都不稳定。

(3)耐热、耐光、耐氧化性:维生素 A,D,E,K 耐热性都好,但维生素 A 易被氧化,光和热会促进其氧化。维生素 D 性质稳定,不易被氧化。维生素 E 容易被氧化,对可见光稳定但易被紫外线破坏。维生素 K 对热稳定,但容易被光、氧化剂及醇破坏。

三、脂溶性维生素的测定

测定脂溶性维生素的方法较多,其中常见的方法有:薄层色谱法、分光光度法、气相色谱法、高效液相色谱法、GC - MS、LC - MS 等,其中高效液相色谱法因具有快速、高效、高灵敏度等优点,是我国卫生标准分析方法之一。

　　根据上述性质,测定脂溶性维生素时通常先用皂化法处理试样,水洗去除类脂物,然后用有机溶剂提取脂溶性维生素(不皂化物),浓缩后溶于适当的溶剂中测定。在皂化和浓缩时,为防止维生素的氧化分解,常加入抗氧化剂(如焦性没食子酸,抗坏血酸等)。对于某些含脂肪量低、脂溶性维生素含量较高的试样,可以先用有机溶剂抽提,然后皂化,再提取。对于那些对光敏感的维生素,分析操作一般需要在避光条件下进行。

　　维生素A又名视黄醇,只存在于动物组织中,在植物体内则以胡萝卜素的形式存在。测定的方法有三氯化锑比色法、紫外分光光度法、荧光法和高效液相色谱法等。国家标准中食品卫生检验方法的第一法是高效液相色谱法,可同时测定维生素A和维生素E,第二法是三氯化锑分光光度法测定维生素A。

　　维生素E又称为生育酚,属于酚类物质。测定的方法有分光光度法、荧光法、薄层色谱法、气相色谱法和高效液相色谱法等。高效液相色谱法具有简便、分辨率高等优点,可在短时间内完成同系物的分离测定,并可以同时测定维生素A和维生素E。

任务实施

食品中维生素 A 和 E 的测定

测定方法参照 GB/T 5009.82—2003。

一、高效液相色谱法

(一)原理

试样中的维生素A及维生素E经皂化提取处理后,将其从不可皂化部分提取至有机溶剂中。用高效液相色谱法 C_{18} 反相柱将维生素A和维生素E分离,经紫外检测器,用内标法定量测定。

(二)仪器

(1)高效液相色谱仪(带紫外分光检测器)。

(2)旋转蒸发器。

(3)高速离心机。

(4)小离心管:具塑料盖 1.5～3.0 mL 塑料离心管(与高速离心机配套)。

(5)高纯氮气。

(6)恒温水浴锅。

(7)紫外分光光度计。

(三)试剂

(1)无水硫酸钠。

(2)甲醇:重蒸后使用。

(3)重蒸水:水中加少量高锰酸钾,临用前蒸馏。

(4)抗坏血酸溶液(100 g/L):临用前配用。

(5)氢氧化钾溶液(1+1)。

（6）氢氧化钠溶液（100 g/L）。

（7）硝酸银溶液（50 g/L）。

（8）无水乙醚：不含有过氧化物。

①过氧化物检查方法：用 5 mL 乙醚加 1 mL 10% 碘化钾溶液，振摇 1 min，如有过氧化物则放出游离碘，水层呈黄色，或加 4 滴 0.5% 淀粉溶液，水层呈蓝色，该乙醚需处理后使用。

②去除过氧化物的方法：重蒸乙醚时，瓶中放入纯铁丝或铁末少许，弃去 10% 初馏液和 10% 残留液。

（9）无水乙醇：不得含有醛类物质。

①检查方法：取 2 mL 银氨溶液于试管中，加入少量乙醇，摇匀，再加入氢氧化钠溶液，加热，放置冷却后，若有银镜反应则表示乙醇中有醛。

②脱醛方法：取 2 g 硝酸银溶于少量水中，取 4 g 氢氧化钠溶于温乙醇中。将两者倾入 1 L 乙醇中，振摇后，放置暗处两天（不时摇动，促进反应），经过滤，置蒸馏瓶中蒸馏，弃去初蒸出的 50 mL。当乙醇中含醛较多时，硝酸银用量适当增加。

（10）银氨溶液：加氨水至硝酸银溶液中（50 g/L），直至生成的沉淀重新溶解为止，再加氢氧化钠溶液（100 g/L）数滴，如发生沉淀，再加氨水直至溶解。

（11）维生素 A 标准液：视黄醇（纯度 85%）或视黄醇乙酸酯（纯度 90%）经皂化处理后使用。用脱醛乙醇溶解维生素 A 标准品，使其浓度大约为 1 mL（相当于 1 mg 视黄醇）。临用前用紫外分光光度法标定其准确浓度。

（12）维生素 E 标准液：α^- 生育酚（纯度 95%），γ^- 生育酚（95%），δ^- 生育酚（95%），用脱醛乙醇分别溶解以上三种维生素 E 标准品，使其浓度大约为 1 mL（相当于 1 mg）。临用前用紫外分光光度计分别标定此三种维生素 E 溶液的准确浓度。

（13）内标液：称取苯并[e]芘（纯度 98%），用脱醛乙醇配制成每 1 mL 相当 10 μg 苯并[e]芘的内标溶液。

（14）pH 值为 1~14 的试纸。

（四）分析步骤

1. 试样处理

（1）皂化：准确称取 1~10 g 试样（含维生素 A 约 3 μg，维生素 E 各异构体约 40 μg）放入皂化瓶中，加 30 mL 无水乙醇，进行搅拌，直到颗粒物分散均匀为止。加 5 mL 10% 抗坏血酸，苯并[e]芘标准液 2.00 mL，混匀，10 mL 氢氧化钾（1+1），混匀。于沸水浴回流 30 min 使皂化完全。皂化后立即放入冰水中冷却。

（2）提取：将皂化后的试样移入分液漏斗中，用 50 mL 水分 2~3 次洗皂化瓶，洗液并入分液漏斗中。用约 100 mL 乙醚分两次洗皂化瓶及其残渣，乙醚液并入分液漏斗中。如有残渣，可将此液通过有少许脱脂棉的漏斗滤入分液漏斗。轻轻振摇分液漏斗 2 min，静置分层，弃去水层。

（3）洗涤：用约 50 mL 水洗分液漏斗中的乙醚层，用 pH 试纸检验直至水层不显碱性（最初水洗轻摇，逐次振摇强度可增加）。

（4）浓缩：将乙醚提取液经过无水乙醇钠（约 5g）滤入与旋转蒸发器配套的 250~300 mL 球形蒸发瓶内，用约 100 mL 乙醚冲洗分液漏斗及无水硫酸钠 3 次，并入蒸发瓶内，并将其接至旋转蒸发器上，于 55 ℃ 水浴中减压蒸馏并回收乙醚，待瓶中剩下约 2 mL 乙醚时，取下蒸发瓶，立即用氮气吹掉乙醚。立即加入 2.00 mL 乙醇，充分混合，溶解提取物。

（5）将乙醇液移入一个小塑料离心管中离心 5 min(5 000 r/min)。上清液供色谱分析。如果试样中维生素含量过少,可用氮气将乙醇液吹干后,再用乙醇重新定容,并记下体积比。

2. 标准曲线的制备

（1）维生素 A 和维生素 E 标准溶液浓度的标定

取维生素 A 和每种维生素 E 标准液若干微升,分别稀释至 3.00 mL 乙醇中,并分别按给定波长测定各种维生素的吸光值。用比吸光系数计算出该维生素的浓度,测定条件见表 5 - 2。

表 5 - 2　液相色谱的测定条件

标准液	加入标准液的量 $V/\mu L$	比吸光系数 $E_{1cm}^{1\%}$	波长 λ/nm
视黄酚	100.0	1835	325
γ^-生育酚	100.0	71	294
δ^-生育酚	100.0	92.8	298
α^-生育酚	100.0	91.2	298

浓度计算:

$$c_1 = \frac{A}{E} \times \frac{1}{100} \times \frac{3.00}{V \times 10^{-3}} \qquad (5-1)$$

式中　c_1——维生素浓度,g/mL;

A——维生素的平均紫外吸收值;

V——加入标准液的量,μL;

E——某种维生素 1% 比吸光度系数;

$\dfrac{3.00}{V \times 10^{-3}}$——标准液稀释倍数。

（2）标准曲线的制备

本标准采用内标法定量。把一定量的维生素 A、α^-生育酚、γ^-生育酚、δ^-生育酚及内标苯并[e]芘液混合均匀。选择合适灵敏度,使上述物质的各峰高约为满量程的 70%,为高浓度点。高浓度的 1/2 为低浓度点(其内标苯并[e]芘的浓度值不变),用此种浓度的混合标准进行色谱分析。维生素标准曲线是以维生素峰面积与内标物峰面积之比为纵坐标,维生素浓度为横坐标绘制的,或计算直线回归方程。如有微处理机装置,则按仪器说明用两点内标法进行定量。

3. 高效液相色谱分析

色谱条件(参考条件):

（1）预柱:ultrasphereODS 10 μm,4 mm ×4.5 mm。

（2）分析柱:ultrasphereODS 5 μm,4.6 mm ×25 cm。

（3）流动相:甲醇: 水 =98:2,混匀,临用前脱气。

（4）紫外检测器:波长 300 nm,量程 0.02。

（5）进样量:20 μL。

（6）流速:1.7 mL/min。

4. 试样分析

取试样浓缩液 20 μL,待绘制出色谱图及色谱参数后,再进行定性和定量。

(1)定性:用标准物色谱峰的保留时间定性。

(2)定量:根据色谱图求出某种维生素峰面积与内标物峰面积的比值,以此值在标准曲线上查到其含量,或用回归方程求出其含量。

(五)结果计算

$$X = \frac{c}{m} \times V \times \frac{100}{1\,000} \tag{5-2}$$

式中　X——维生素的含量,mg/100 g;

　　　c——由标准曲线上查到某种维生素含量,μg/mL;

　　　V——试样浓缩定容体积,mL;

　　　m——试样质量,g;

计算结果保留三位有效数字。

说明:

(1)定性方法采用标准物色谱图的保留时间定性,定量方法采用两点内标法进行定量计算。先制备标准曲线,根据色谱图求出某种维生素峰面积与内标物峰面积的比值,以此值在标准曲线上查到其含量,或用回归方程求出其含量。用微处理机两点内标法进行计算时,按其计算公式由微处理机直接给出结果。

(2)实验操作应在微弱光线下进行,或用棕色玻璃仪器,避免维生素的破坏。

(3)本法不能将 β⁻生育酚和 γ⁻生育酚分开,故 γ⁻生育酚峰中含有 β⁻生育酚峰。

二、比色法

(一)原理

维生素 A 在三氯甲烷中与三氯化锑相互作用,产生蓝色物质,其深浅与溶液中所含维生素 A 的含量成正比。该蓝色物质虽不稳定,但在一定时间内可用分光光度计于 620 nm 波长处测定其吸光度。

(二)仪器

(1)分光光度计。

(2)回流冷凝装置。

(三)试剂

除另有说明,在分析中仅使用确定为分析纯的试剂和蒸馏水或相当纯度的水。

(1)无水硫酸钠。

(2)乙酸酐。

(3)乙醚。

(4)无水乙醇。

(5)三氯甲烷:应不含分解物,否则会破坏维生素 A。

检查方法:三氯甲烷不稳定,放置后易受空气中氧的作用生成氯化氢和光气。检查时可取少量三氯甲烷置试管中加水少许振摇,使氯化氢溶到水层,加入几滴硝酸银溶液,如有白色沉淀即说明三氯甲烷中有分解产物。

处理方法:试剂应先测验是否含有分解产物,如有,则应于分液漏斗中加水洗数次,加无水硫酸钠或氯化钙使之脱水,然后蒸馏。

(6)三氯化锑-三氯甲烷溶液(250 g/L):用三氯甲烷配制三氯化锑溶液,储存于棕色瓶中(注意勿使其吸收水分)。

(7)氢氧化钾溶液(1:1)。

(8)维生素 A(或视黄醇乙酸酯)标准液:同高效液相色谱法。

(9)酚酞指示剂(10 g/L):用95%乙醇配制。

(四)分析步骤

维生素 A 极易被光破坏,实验操作应在微弱光线下进行,或用棕色玻璃仪器。

1.试样处理

根据试样性质,可采用皂化法或研磨法。

(1)皂化法

皂化法适用于维生素 A 含量不高的试样,可减少脂溶性物质的干扰,但全部试验过程费时,且易导致维生素 A 损失。

皂化:根据试样中维生素 A 含量不高的试样,准确称取0.5~5 g试样于三角瓶中,加入10 mL 氢氧化钾及20~40 mL乙醇,于电热板上回流30 min至皂化完全为止。

提取:将皂化瓶内混合物移至分液漏斗中,以30 mL水洗皂化瓶,洗液并入分液漏斗。如有渣子,可用脱脂棉漏斗滤入分液漏斗内。用50 mL乙醚分两次洗皂化瓶,洗液并入分液漏斗中振摇,并注意放气,静置分层后,水层放入第二个分液漏斗内。皂化瓶再用约30 mL乙醚分两次冲洗,洗液倾入第二个分液漏斗中。振摇后,静置分层,水层放入三角瓶中,醚层与第一个分液漏斗合并,重复至水层溶液中无维生素 A 为止。

洗涤:用约30 mL水加入第一个分液漏斗中,轻轻振摇后,静置片刻,弃去水层。加15~20 mL 0.5 mol/L NaOH 溶液于分液漏斗中,轻轻振摇后,弃去下层碱液,除去醚溶性酸皂。继续用水洗涤,每次用水约30 mL,直至洗涤液与酚酞指示剂呈无色为止(大约3次)。醚层液静置10~20 min,小心放出析出的水。

浓缩:将醚层液经过无水硫酸钠滤入三角瓶中,再用约25 mL乙醚冲洗分液漏斗和硫酸钠两次,洗液并入三角瓶内,置水浴上蒸馏,回收乙醚,待瓶中剩约5 mL乙醚时取下,用减压抽气法处理至干,立即加入一定量的三氯甲烷使溶液中维生素 A 的含量在适宜浓度范围内。

(2)研磨法

适用于每克试样维生素 A 含量大于5~10 μg试样的测定,如肝的分析。此法步骤简单,省时,结果准确。

研磨:精确称2~5 g试样,放入盛有3~5倍试样质量的无水硫酸钠研钵中,研磨至试样中水分完全被吸收,并均质化。

提取:小心地将全部均质化试样移入带盖的三角瓶内,准确加入50~100 mL乙醚。紧压盖子,用力振摇2 min,使试样中维生素 A 溶于乙醚中,使其自行澄清(需1~2 h),或离心澄清(因乙醚易挥发,气温高时应在冷水浴中操作,装乙醚的试剂瓶也应事先放入冷水浴中)。

浓缩:取澄清的乙醚提取液2~5 mL,放入比色管中,在70~80 ℃水浴上抽气蒸干,立即加入1 mL三氯甲烷溶解残渣。

2. 测定

（1）标准曲线的制备

准确取一定量的维生素 A 标准液于 4~5 个容量瓶中，以三氯甲烷配制标准系列。再取相同数量比色管顺次取 1 mL 三氯甲烷和标准系列使用液 1 mL，各管加入乙酸酐 1 滴，制成标准比色列。于 620 nm 波长处，以三氯甲烷调节吸光度至零点，将其标准比色列按顺序移入光路前，迅速加入 9 mL 三氯化锑 – 三氯甲烷溶液。于 6 s 内测定吸光度，以吸光度为纵坐标，维生素 A 含量为横坐标绘制标准曲线图。

（2）试样测定

于一比色管中加入 10 mL 三氯甲烷，加入 1 滴乙酸酐为空白液，另一比色管中加入 1 mL 三氯甲烷，其余比色管分别加入 1 mL 试样溶液及 1 滴乙酸酐，其余步骤同标准曲线的制备。

（五）结果计算

$$X = \frac{c}{m} \times V \times \frac{100}{1\,000} \qquad (5-3)$$

式中 X——试样中维生素 A 的含量（如按国际单位，每 1 国际单位 = 0.3 μg 维生素 A），mg/100 g；

      c——由标准曲线上查得的维生素 A 含量，μg/mL；

      V——提取后加三氯甲烷定量的体积，mL；

      m——试样质量，g；

      100——以每百克试样计。

计算结果保留三位有效数字。

说明：

（1）三氧化锑有腐蚀性，不能直接用手接触，三氯化锑与水能生成白色沉淀，所以不能碰到水；

（2）三氯化锑与维生素 A 生成的蓝色物质很不稳定，要在 6 s 内完成吸光度的测定，否则蓝色物质逐渐消失，使结果偏低。

任务 5.1.2   水溶性维生素的测定

一、水溶性维生素的性质

水溶性维生素包括维生素 B_1（硫胺素）、维生素 B_2（核黄素）、维生素 B_6（吡哆醇、吡哆醛、吡哆胺）、维生素 PP（烟酸）、维生素 B_3（叶酸、泛酸）、维生素 B_7（生物素）、维生素 C 等。它们广泛存在于动植物组织中，在食物中常以辅酶的多种形式存在，所以饮食来源比较充足。

水溶性维生素都易溶于水，而不溶于苯、乙醚、氯仿等大多数有机溶剂。其在酸性介质中很稳定，即使加热也不破坏，但在碱性介质中不稳定，如果同时加热，更易于破坏或分解。

它们易受空气、光、热、酶、金属离子等的影响。维生素 B_2 对光,特别是紫外线敏感,易被光线破坏。维生素 C 对氧、铜离子敏感,易被氧化。

二、水溶性维生素的测定方法

水溶性维生素的测定方法通常有分光光度法、分子荧光法、高效液相色谱法和微生物法等。分光光度法和分子荧光法的样品前处理一般较复杂,且干扰物质多,测定误差较大,而高效液相色谱法测定水溶性维生素时,样品前处理简单,样品用量少,分离速度快,可同时分析多种水溶性维生素。

根据水溶性维生素在食品中存在的形式(游离态和结合态)和性质,测定水溶性维生素时,需分别采用不同的样品处理方法,一般多在酸性溶液中进行处理。维生素 B_1、B_2 通常采用盐酸水解,或再经淀粉酶、木瓜蛋白酶等酶解作用使结合态维生素游离出来,再进行提取。为进一步去除杂质,还可用活性人造浮石、硅镁吸附剂等进行纯化处理。

食品中维生素 C 的测定

维生素 C 又名抗坏血酸,广泛存在于植物组织中,新鲜的水果、蔬菜中含量都很丰富,具有较强的还原性,对光敏感,氧化后的产物称为脱氢抗坏血酸,仍然具有生理活性,进一步水解则生成 2,3 – 二酮古乐糖酸,失去生理作用。食品分析中的所谓总抗坏血酸是指抗坏血酸和脱氢抗坏血酸二者的总量,不包括 2,3 – 二酮古乐糖酸和进一步的氧化产物。

测定维生素 C 常用的方法有靛酚滴定法、苯肼比色法、荧光法和高效液相色谱法等。靛酚滴定法测定的是还原型抗坏血酸,该法简便,也较灵敏,但特异性差,试样中的其他还原性物质(如 Fe^{2+},Sn^{2+},Cu^+ 等)会干扰测定,测定结果往往偏高。苯肼比色法和荧光法测得的都是抗坏血酸和脱氢抗坏血酸的总量,其中以荧光法受干扰的影响较小,准确度较高。高效液相色谱法可以同时测得抗坏血酸和脱氢抗坏血酸的含量,具有干扰少、准确度高、重现性好、灵敏、简便、快速等优点,是目前最先进的方法。

测定方法参照 CB/T 5009.86—2003。

一、原理

试样中还原型抗坏血酸经活性炭氧化为脱氢抗坏血酸后,与邻苯二胺(OPDA)反应生成有荧光的喹噁啉,其荧光强度与抗坏血酸的浓度在一定条件下成正比,以此测定食物中抗坏血酸和脱氢抗坏血酸的总量。

脱氢抗坏血酸与硼酸可形成复合物而不与 OPDA 反应,以此消除试样中荧光杂质所产生的干扰。

二、仪器

(1)荧光分光光度计或具有 350 nm 及 430 nm 波长的荧光计。

(2)捣碎机。

三、试剂

(1)偏磷酸 – 乙酸液:称取 15 g 偏磷酸,加入 40 mL 冰乙酸及 250 mL 水,加热,搅拌,使之逐渐溶解,冷却后加水至 500 mL,于 4 ℃ 冰箱可保存 7～10 d。

(2)0.15 mol/L 硫酸:取 10 mL 硫酸,小心加入水中,再加水稀释至 1 200 mL。

(3)偏磷酸 – 乙酸 – 硫酸液:以 0.15 mol/L 硫酸液为稀释液,其余同(1)配制。

(4)乙酸钠溶液(500 g/L):称取 500 g 乙酸钠($CH_3COONa \cdot 3H_2O$),加水至 1 000 mL。

(5)硼酸 – 乙酸钠溶液:称取 3 g 硼酸,溶于 100 mL 已配好的乙酸钠溶液中(临用前配制)。

(6)邻苯二胺溶液(200 mg/L):称取 20 mg 邻苯二胺,临用前用水稀释至 100 mL。

(7)抗坏血酸标准溶液(1 mg/mL)(临用前配制):准确称取 50 mg 抗坏血酸,用偏磷酸 – 乙酸溶液溶于 50 mL 容量瓶中,并稀释至刻度。

(8)抗坏血酸标准使用液(100 μg/mL):取 10 mL 抗坏血酸标液,用偏磷酸 – 乙酸溶液稀释至 100 mL,定容前测试 pH,如其 pH > 2.2,则应用偏磷酸 – 乙酸 – 硫酸溶液稀释。

(9)0.04% 百里酚蓝指示剂溶液:称取 0.1 g 百里酚蓝,加 0.02 mol/L 氢氧化钠溶液,在玻璃研钵中研磨至溶解,氢氧化钠的用量约为 10.75 mL,研磨、溶解后用水稀释至 250 mL。

变色范围:

pH = 1.2	红色
pH = 2.8	黄色
pH > 4	蓝色

(10)活性炭的活化:加 200 g 活性炭粉于 1 L 盐酸中,加热回流 1～2 h,过滤,用水洗至滤液中无铁离子为止,置于 110～120 ℃ 烘箱中干燥,备用。

四、分析步骤

1. 试样的制备

称取 100 g 鲜样,加 100 mL 偏磷酸 – 乙酸,倒入捣碎机内打成匀浆,用百里酚蓝指示剂调试匀浆酸碱度。如呈红色,即可用偏磷酸 – 乙酸溶液稀释,若呈黄色或蓝色,则用偏磷酸 – 乙酸 – 硫酸溶液稀释,使其 pH 值为 1.2。匀浆的取量需根据试样中抗坏血酸的含量而定。当试样液含量为 40～100 μg/mL 时,一般取 20 g 匀浆,用偏磷酸 – 乙酸溶液稀释至 100 mL,过滤,滤液备用。

2. 测定

(1)氧化处理:分别取试样滤液及标准使用液各 100 mL 于 200 mL 带角三角瓶中,加 2 g 活性炭,用力振摇 1 min,过滤,弃去最初数毫升滤液,分别收集其余全部滤液,即试样氧化液和标准氧化液,待测定。

(2)各取 10 mL 标准氧化液于两个 100 mL 容量瓶中,分别标明"标准"及"标准空白"。

(3)各取 10 mL 试样氧化液于两个 100 mL 容量瓶中,分别标明"试样"及"试样空白"。

(4)于"标准空白"及"试样空白"溶液中各加 5 mL 硼酸 – 乙酸钠溶液,混合摇动 15 min,用水稀释至 100 mL,在 4 ℃ 冰箱中放置 2～3 h,取出备用。

(5)于"标准"及"试样"溶液中各加入 5 mL 500 g/L 乙酸钠液,用水稀释至 100 mL,备用。

3.标准曲线的制备

取上述"标准"溶液(抗坏血酸含量 10 μg/mL)0.5 mL,1.0 mL,1.5 mL 和 2.0 mL 标准系列,取双份分别置于 10 mL 带盖试管中,再用水补充至 2.0 mL。荧光反应按下述内容操作。

4.荧光反应

取(4)中"标准空白"溶液,"试样空白"溶液及(5)中"试样"溶液各 2 mL,分别置于 10 mL 带盖试管中。在暗室迅速向各管中加入 5 mL 邻苯二胺溶液,振摇混合,在室温下反应 35 min 于激发光波长 338 nm、发射光波长 420 nm 处测定荧光强度。以标准系列荧光强度分别减去标准空白荧光强度的数值为纵坐标,对应的抗坏血酸含量为横坐标,绘制标准曲线或进行相关计算,其直线回归方程供计算使用。

五、结果计算

$$X = \frac{c \times V}{m} \times F \times \frac{100}{1\ 000} \qquad (5-4)$$

式中　X——试样中抗坏血酸及脱氢抗坏血酸的总量,mg/100 g;

　　　c——由标准曲线查得或回归方程算得的试样溶液浓度,μg/mL;

　　　m——试样质量,g;

　　　V——荧光反应所用试样体积,mL;

　　　F——试样溶液的稀释倍数。

计算结果保留到小数点后一位。

说明:

(1)本法适用于蔬菜、水果及其制品中总抗坏血酸含量的测定。

(2)本实验全部过程应避光。

(3)活性炭用量应准确,其氧化机理基于表面吸附的氧进行界面反应,加入量不足,氧化不充分;加入量过高,对抗坏血酸有吸附作用。实验证明,用量为 2 g 时,吸附影响不明显。

(4)邻苯二胺溶液在空气中颜色会逐渐变深,影响显色,故应临用现配。

知识拓展

胡萝卜素的测定

胡萝卜素是一种广泛存在于有色蔬菜和水果中的天然色素,有多种异构体和衍生物,总称为类胡萝卜素,其中,在分子结构中含有 β￣紫罗宁残基的类胡萝卜素在人体内可转化为维生素 A,故称为维生素 A 原,如 α￣β￣γ￣胡萝卜素,其中以 β￣胡萝卜素效价最高。

胡萝卜素主要存在于植物性食品中,但以含胡萝卜素植物为食物的家禽、兽类、水产动物的体内也会含有胡萝卜素。为着色而添加胡萝卜素的食品也含有胡萝卜素。

胡萝卜素对热、酸、碱都比较稳定,但紫外线和空气中的氧可促进其氧化破坏。胡萝卜素可溶于脂肪及大多数有机溶剂,纯品为深红色带有金属光泽的晶体,其溶液在 450 nm 波长处有最大吸收(正己烷),因此只要能与样品中的其他成分完全分离,便可定性和定量分析。在植物中β⁻胡萝卜素经常与叶绿素、叶黄素等共存,提取时这些色素也可能被有机溶剂同时提取,因此在测定前,必须将β⁻胡萝卜素与色素分离。常用的测定方法有柱色谱法、薄层色谱法、高效液相色谱法及纸色谱法等,国家标准方法规定食品中胡萝卜素的测定方法为后两种。

测定方法参照 GB/T 5009.83—2003。

一、高效液相色谱法

（一）原理

试样中的β⁻胡萝卜素用石油醚＋丙酮（80∶20）混合液提取,经氧化铝柱纯化,然后以高效液相色谱法测定,以保留时间定性,以峰高或峰面积定量。

（二）仪器

（1）高效液相色谱仪。

（2）离心机。

（3）旋转蒸发仪。

（三）试剂

（1）石油醚:沸程为 30～60 ℃。

（2）甲醇:色谱纯。

（3）丙醇。

（4）己烷。

（5）四氢呋喃。

（6）三氯甲烷。

（7）乙腈:色谱纯。

（8）氧化铝:层析用,100～200 目,140 ℃活化 2 h,取出放入干燥器备用。

（9）含碘异辛烷溶液:精确称取碘 1 mg,用异辛烷溶液溶解并稀释至 25 mL,摇匀备用。

（10）α⁻胡萝卜素标准溶液:精确称取 1 mg α⁻胡萝卜素,加入少量三氯甲烷溶解,然后用石油醚溶解并洗涤烧杯数次,溶液转入 25 mL 容量瓶中,用石油醚定容,浓度为 40 μg/mL,于 −18 ℃储存备用。

（11）β⁻胡萝卜素标准溶液:精确称取 β⁻胡萝卜素 12.5 mg 于烧杯中,先用少量三氯甲烷溶解,再用石油醚溶解并洗涤烧杯数次,溶液转入 50 mL 容量瓶中,用石油醚定容,浓度为 250 μg/mL,于 −18 ℃储存备用,两个月内稳定。根据所需浓度取一定量的 β⁻胡萝卜素标准液用移动相稀释成 100 μg/mL。

（12）分别吸取 β⁻胡萝卜素标准溶液 0.5 mL,1.0 mL,2.0 mL,3.0 mL,4.0 mL,5.0 mL 于 10 mL 容量瓶中,各加移动相至刻度,摇匀后,即得 β⁻胡萝卜素标准系列,分别含 β⁻胡萝卜素 5 μg/mL,10 μg/mL,20 μg/mL,30 μg/mL,40 μg/mL,50 μg/mL。

（13）β⁻胡萝卜素异构体:精确称取 1.5 mg β⁻胡萝卜素于 10 mL 容量瓶中,充入氮气,快速加入含碘异辛烷溶液 10 mL,盖上盖子,在距 20 W 的荧光灯 30 cm 处照射 5 min,然后在避光处用真空泵抽去溶剂,用少量三氯甲烷溶解结晶,再用石油醚溶解并定容至刻度,浓度为 150 μg/mL,于 −18 ℃储存备用。

（四）分析步骤

1. 试样提取

（1）淀粉类食品:称取 10.0 g 试样于 25 mL 具塞量筒中（如果试样中的 β⁻胡萝卜素量

少,取样量可以多些),用石油醚或石油醚+丙酮(80:20)混合液振摇提取,吸取上层黄色液体并转入蒸发器中,重复提取直至提取液为无色。合并提取液,于旋转蒸发器上蒸发至干(水浴温度为30 ℃)。

(2)液体食品:吸取10.0 mL试样于250 mL分液漏斗中,加入石油醚+丙酮(80+20)20 mL提取,然后静置分层,将下层水溶液放入另一分液漏斗中再提取,直至提取液无色为止。合并提取液,于旋转蒸发器上蒸发至干(水浴温度为40 ℃)。

(3)油类食品:称取10.0 g试样于25 mL具塞量筒中,加入石油醚+丙酮(80+20)提取。反复提取,直至上层提取液为无色。合并提取液,于旋转蒸发器上蒸发至干。

2.纯化

将上述试样提取液残渣用少量石油醚溶解,然后进行氧化铝层析。氧化铝柱为1.5 cm(内径)×4 cm(高)。先用洗脱液丙酮+石油醚(5:95)洗氧化铝柱,然后再加入溶解试样提取液的溶液,用丙酮+石油醚(5+95)洗脱β⁻胡萝卜素,控制流速为20滴/min,收集于10 mL容量瓶中,用洗脱液定容至刻度。用0.45 μm微孔滤膜过滤,滤液作HPLC分析用。

3.测定

(1)HPLC参考条件:

色谱柱:Spherisorb C_{18} 柱 4.6 mm × 150 mm;

流动相:甲醇+乙腈(90:10);

流速:1.2 mL/min;

波长:448 nm。

(2)试样测定:吸取已纯化的溶液20 μL依法操作,从标准曲线查得或回归求得所含β⁻胡萝卜素的量。

(3)标准曲线:分别引进标准使用液20 μL,进行HPLC分析,以峰面积对β⁻胡萝卜素浓度作标准曲线。

(五)结果计算

$$X = \frac{V \times c}{m} \times 1000 \times \frac{1}{1000 \times 1000} \qquad (5-5)$$

式中　X——试样中β⁻胡萝卜素的含量,g/kg或g/L;

　　　V——定容后的体积,mL;

　　　c——试样中β⁻胡萝卜素的浓度(在标准曲线上查得),μg/mL;

　　　m——试样质量,g或mL。

计算结果保留两位有效数字。在重复性条件下获得的两次独立测定结果的绝对差值不得超过算术平均值的10%。

二、纸色谱法

(一)原理

试样经皂化后,用石油醚提取食品中的β⁻胡萝卜素及其他植物色素,以石油醚为展开剂进行纸层析,胡萝卜素极性最小,移动速度最快,从而与其他色素分离,剪下含胡萝卜素的区带,洗脱后于450 nm波长下定量测定。

(二)仪器

(1)玻璃层析缸。

（2）分光光度计。

（3）旋转蒸发器:具配套 150 mL 的球形瓶。

（4）恒温水浴锅。

（5）皂化回流装置。

（6）点样器或微量注射器。

（7）滤纸:18 cm×30 cm,定性,快速或中速。

（三）试剂

（1）石油醚(沸程 30 ~ 60 ℃):同时是展开剂。

（2）氢氧化钾溶液(1:1):取 50 g 氢氧化钾溶于 50 mL 水。

（3）无水乙醇:不得含有醛类物质。

①检查方法

银氨溶液:加浓氨水于 5% 硝酸银溶液中,直至氧化银沉淀溶解,加入 2.5 mol/L 氢氧化钠溶液数滴,如发生沉淀,再加浓氨水使之溶解。

银镜反应:取 2 mL 银氨溶液于试管中,加入几滴乙醇摇匀,加入少许 2.5 mol/L 氢氧化钠溶液加热,如乙醇中无醛,则没有银沉淀,否则会发生银镜反应。

②脱醛方法

取 2 g 硝酸银溶于少量水中。取 4 g 氢氧化钠溶于温乙醇中,将两者倾入 1 L 乙醇中,振摇后,放置暗处两天(不时摇动,促进反应),经过滤,滤液倾入蒸馏瓶中蒸馏,弃去初蒸出的 50 mL。当乙醇中含醛较多时,硝酸银用量适当增加。

（4）无水硫酸钠。

（5）β‾胡萝卜素标准溶液

①β‾胡萝卜素标准储备液

精确称取 50.0 mg β‾胡萝卜素标准品,溶于 100.0 mL 三氯甲烷中,浓度约为 500 μg/mL,准确测其浓度。标定浓度的方法如下:

取标准储备液 10.0 μL,加正己烷 3.00 mL,混匀。测其吸光度值,比色杯厚度为 1 cm,以正己烷为空白,入射光波长为 450 nm,平行测定三份,取平均值。

溶液浓度计算:

$$X = \frac{A}{E} \times \frac{3.01}{0.01} \qquad\qquad (5-6)$$

式中　X——β‾胡萝卜素标准溶液浓度,μg/mL;

　　　A——吸光度值;

　　　E——β‾胡萝卜素在正己烷溶液中,入射波长为 450 nm,比色杯厚度为 1 cm,溶液浓度为 1 mg/L 的吸光系数为 0.2638;

　　　$\dfrac{3.01}{0.01}$——测定过程中稀释倍数的换算系数。

②β‾胡萝卜素标准使用液

将已标定的标准液用石油醚准确稀释 10 倍,使每毫升溶液相当于 50 μg,避光保存于冰箱中。

注:通常标准品不能全溶解于有机溶剂中,必要时应先将标准品皂化,再用有机溶剂提取,用蒸馏水洗涤至中性后,浓缩定容,再进行标定。由于胡萝卜素很容易分解,所以每次

使用前,所用标准品均需标定,在测定试样时需要带标准品同步操作。

（四）分析步骤

以下步骤需在避光条件下进行。

1. 试样预处理

（1）皂化

取适量试样,相当于原样 1～5 g(含胡萝卜素 20～80 μg)匀浆,粮食试样视其胡萝卜素含量而定,植物油和高脂肪试样取样量不超过 10 g。置 100 mL 具塞锥形瓶中,加脱醛乙醇 30 mL,再加 10 mL 氢氧化钾溶液,回流加热 30 min,然后用冰水使之迅速冷却。皂化后试样用石油醚提取,直至提取液无色为止,每次提取石油醚用量为 15～25 mL。

（2）洗涤

将皂化后试样提取液用水洗涤至中性。将提取液通过盛有 10 g 无水硫酸钠的小漏斗,漏入球形瓶,用少量石油醚分数次洗净分液漏斗和无水硫酸钠层内的色素,洗涤液并入球形瓶。

（3）浓缩与定容

将上述球形瓶内的提取液于旋转蒸发器上减压蒸发,水浴温度为 60 ℃,蒸发至约 1 mL 时,取下球形瓶,用氮气吹干,立即加入 2.00 mL 石油醚定容,以备层析用。

2. 纸层析

（1）点样:在 18 cm×30 cm 滤纸下端距底边 4 cm 处作一基线,在基线上取 A,B,C,D 四点,吸取 0.100～0.400 mL 浓缩液在 AB 和 CD 间迅速点样。

（2）展开:待纸上所点样液自然挥干后,将滤纸卷成圆筒状,置于预先用石油醚饱和的层析缸中,进行上行展开。

（3）洗脱:待胡萝卜素与其他色素完全分开后,取出滤纸,自然挥干石油醚,将位于展开剂前沿的胡萝卜素层析带剪下,立即放入盛有 5 mL 石油醚的具塞试管中,用力振摇,使胡萝卜素完全溶入试剂中。

3. 测定

用 1 cm 比色杯,以石油醚调零点,于 450 nm 波长下,测吸光值。以其值从标准曲线上查出 β⁻胡萝卜素的含量,供计算时使用。

4. 标准工作曲线绘制

取 β⁻胡萝卜素标准使用液(浓度为 50 μg/mL)1.00 mL,2.00 mL,3.00 mL,4.00 mL,6.00 mL,8.00 mL,分别置于 100 mL 具塞锥形瓶中,按试样分析步骤进行预处理和纸层析,点样体积为 0.100 mL,标准曲线各点含量依次为 2.5 μg,5.0 μg,7.5 μg,10.0 μg,15.0 μg,20.0 μg。为测定低含量试样,可在 0 至 2.5 μg 间加做几点,以 β⁻胡萝卜素含量为横坐标,以吸光度为纵坐标绘制标准曲线。

（五）结果计算

试样中胡萝卜素含量的计算:

$$X = m_1 \times \frac{V_2}{V_1} \times \frac{100}{m} \tag{5-7}$$

式中 X——试样中胡萝卜素的含量(β⁻胡萝卜素计),μg/100 g;

m_1——在标准曲线上查得的胡萝卜素质量,μg;

V_1——点样体积,mL;

V_2——试样提取液浓缩后的定容体积,mL;

m——试样质量,g。

计算结果保留三位有效数字。在重复性条件下获得的两次独立测定结果的绝对差值不得超过算术平均值的10%。

说明:

(1)植物性试样中,胡萝卜素常与黄酮类物质、叶绿素等有色物质共存,黄酮类物质极性稍大。叶绿素易在强碱溶液中被降解。采用适当的分离方法可使胡萝卜素同其他干扰物质分离。

(2)皂化处理可提高胡萝卜素从细胞壁中的释放,并且减少提取时出现乳化现象而带来的误差。但皂化过程中的热处理会导致异构化反应的出现,反式结构的类胡萝卜素可能均转化为顺式结构。

(3)纸层析法、柱层析法均不能区分 α^-、β^- 和 γ^- 胡萝卜素,虽然标准品为 β^- 胡萝卜素,但实际结果为总胡萝卜素。由于天然食品中大部分为 β^- 胡萝卜素,故对结果影响不大。

项目二　食品添加剂的检验

 项目分析

随着食品工业的发展,食品添加剂在改善食品质量、提高食品的营养价值、防止食品腐败变质、满足人们对食品品种日益增多的需要等方面均起到积极的作用。

一、食品添加剂的定义及分类

2009年6月1日实施的《中华人民共和国食品卫生法》规定:"食品添加剂是指为改善食品品质和色、香、味,以及为防腐和加工工艺的需要而加入食品中的化学合成或者天然物质"。

食品添加剂种类繁多,各国允许使用的食品添加剂的种类各不相同。据统计,国际上目前使用的食品添加剂种类已达14 000种,截至2007年我国允许使用的食品添加剂有1 587种,较为常用的有300多种。食品添加剂按其来源不同,可分为天然食品添加剂和化学合成添加剂两大类。天然食品添加剂是利用动植物组织或分泌物及以微生物的代谢产物为原料,经提取、加工所得到的物质,如甜菜红、姜黄素、辣椒红素、香料中天然香精油等,此类添加剂由于比较安全,并且其中一部分具有一定的功能及营养,符合食品产业发展的趋势。化学合成添加剂是通过一系列化学手段所得到的有机物或无机物,如苯甲酸钠、山梨酸钾、苋菜红和胭脂红等,目前使用的添加剂大部分属于这一类添加剂。

《食品添加剂使用卫生标准》(GB 2760—2007)中将食品添加剂按功能、用途划分为23类:酸度调节剂、抗结剂、消泡剂、抗氧化剂、漂白剂、膨松剂、胶基糖果中基础剂物质、着色剂、护色剂、乳化剂、酶制剂、增味剂、面粉处理剂、被膜剂、水分保持剂、营养强化剂、防腐剂、稳定剂和凝固剂、甜味剂、增稠剂、食品用香料、食品工业用加工助剂和其他类添加剂。

二、食品添加剂的测定意义

食品添加剂是食品工业的基础原料,对食品的生产工艺、产品质量、安全卫生都起到至关重要的作用,但目前使用的食品添加剂中,绝大多数是化学合成添加剂,有的具有一定的

毒性,有的在食品中起变态反应,或转化成其他有毒物质。即使认为是安全的天然提取食品添加剂,终究不是食品的正常成分,而且其生产过程中可能混杂有害物质,这都将影响食品品质和安全。特别是违禁、滥用以及超范围、超标准使用添加剂,则将出现一些卫生问题,甚至造成对食品的污染,给食品质量以及消费者的健康带来巨大的损害;食品添加剂的种类和数量越来越多,对人们健康的影响也就越来越大。所以,食品加工企业必须严格执行食品添加剂的卫生标准,加强食品添加剂的卫生管理,规范、合理、安全地使用添加剂,保证食品质量,确保人民的身体健康。而食品添加剂的分析与检测则对食品安全起到了很好的监督、保证和促进作用,对维护消费者利益,保障人民身体健康具有重要意义。

我国2007年颁布了《食品添加剂使用卫生标准》(GB 2760—2007),2009年6月1日开始实施最新《中华人民共和国食品卫生法》,其中对食品添加剂安全管理做了许多严格的规定,以确保食品添加剂食用安全。

三、食品添加剂常规检测项目和方法

食品添加剂种类繁多,功能各异,化学性质各不相同,因此,对添加剂的测定提出了艰巨任务。鉴于目前我国食品工业中使用食品添加剂的情况,常需检测的项目有防腐剂、甜味剂、发色剂、漂白剂、着色剂等。

食品添加剂包括无机物质和有机物质,其测定方法和其他分析一样,首先应设法将被分析物质从复杂的混合物中分离出来,达到分离与富集待测物质的目的,以利于下一步的测定。常用的分离手段有蒸馏法、溶剂萃取法、沉淀分离法、色层分离法、掩蔽法等。试样分离后再针对待测物质的物理、化学性质选择适当的分析方法。常用分析方法有可见(紫外)分光光度法、高效液相色谱法、气相色谱法、薄层色谱法、荧光分光光度法等。

【知识目标】掌握食品添加剂的定义、种类、作用;掌握防腐剂、甜味剂等食品添加剂的测定方法;了解气相色谱仪、高数液相色谱仪的使用方法。

【能力目标】能对食品中常见的添加剂定量检测;会操作气相色谱仪和高效液相色谱仪,能利用色谱流出曲线得出实验结果;能按规定格式出具完整的检验报告。

任务5.2.1　防腐剂的测定

一、防腐剂

防腐剂是能防止食品腐败、变质,抑制食品中微生物繁殖,延长食品保存期的一类物质的总称。防腐剂使用简单,可使食品在常温下及简易保藏条件下短期储藏,在现阶段尚有一定作用,随着食品保藏新工艺、新设备的不断完善,防腐剂将逐步减少使用,甚至不用。目前,我国最常用的防腐剂为有机防腐剂,主要为:苯甲酸及其盐类、山梨酸及其盐类、丙酸及其盐类、对羟基苯甲酸乙酯和对羟基苯甲酸丙酯、脱氢醋酸等,只有当盐类转变为相应的

酸后,才能起抗菌作用,因此主要在酸性条件下才有效。防腐剂的测定可采用分光光度法、气相色谱法和高效液相色谱法等。

二、苯甲酸及允许量标准

苯甲酸又名安息香酸,为白色有丝光的鳞片或针状结晶,熔点 122 ℃,沸点 249.2 ℃。100 ℃开始升华,在酸性条件下可随水蒸气蒸馏,微溶于水,易溶于氯仿、丙酮、乙醇、乙醚等有机溶剂,化学性质较稳定。苯甲酸在水中的溶解度小,故多使用其钠盐。苯甲酸钠为白色颗粒或结晶性粉末,无嗅或微有安息香气味,在空气中稳定,易溶于水和乙醇,难溶于有机溶剂,其水溶液呈弱碱性(pH 值约为 8),在酸性条件下(pH 值为 2.5 ~ 4)能转化为苯甲酸。

在酸性条件下,苯甲酸及苯甲酸钠防腐效果较好,适宜用于偏酸的食品(pH 值为 4.5 ~ 5)。苯甲酸的毒性较小,我国允许在酱油、酱菜、水果汁、果酱、琼脂软糖、汽水、蜜饯类、面酱类等食品中必要时使用。我国《食品添加剂使用卫生标准》(GB 2760—2007)中规定的食品中苯甲酸及其钠盐的允许量标准见表 5 – 3。

表 5 – 3   食品中苯甲酸的允许量标准(摘自 GB 2760—2007)

食品名称/分类	最大使用量(g/kg)	备注
风味冰、冰棍类	1.0	以苯甲酸计
果酱(罐头除外)	1.0	以苯甲酸计
蜜饯凉果	0.5	以苯甲酸计
腌制的蔬菜	0.5	以苯甲酸计
乳脂糖果	0.8	以苯甲酸计
凝胶糖果	0.8	以苯甲酸计
胶基糖果	1.5	以苯甲酸计
调味糖浆	1.0	以苯甲酸计
醋	1.0	以苯甲酸计
酱油	1.0	以苯甲酸计
酱及酱制品	1.0	以苯甲酸计
复合调味料	0.6	以苯甲酸计
半固体	1.0	以苯甲酸计
液体复合调味料(不包括醋、酱油)	1.0	以苯甲酸计
蚝油、虾油、鱼露等	1.0	以苯甲酸计
浓缩果蔬汁(浆)(仅限食品工业用)	2.0	以苯甲酸计

三、山梨酸及允许量标准

山梨酸又名花椒酸,为无色、无臭的针状结晶,熔点 134 ℃,沸点 228 ℃。山梨酸难溶于水,易溶于乙醇、乙醚、氯仿等有机溶剂,在酸性条件下可随水蒸气蒸馏,化学性质稳定。山梨酸及其钾盐适用于酸性食品的防腐,适于在 pH 值为 5 ~ 6 时使用,是一种不饱和脂肪酸,在人机体内正常地参加代谢作用,氧化生成 CO_2 和 H_2O,所以几乎对人体没有毒性,是一种比苯甲酸更安全的防腐剂,可用于肉、鱼、禽类制品。我国《食品添加剂使用卫生标准》(GB 2760—2007)中规定的食品中山梨酸及其钾盐的允许量标准见表 5 – 4。

表 5-4 食品中山梨酸及其钾盐的允许量标准(摘自 GB 2760—2007)

食品名称/分类	最大使量/(g/kg)	备注	食品名称/分类	最大使用量/(g/kg)	备注
干酪	1.0	以山梨酸计	肉灌肠类	1.5	以山梨酸计
氧化植物油	1.0	以山梨酸计	预制水产品(半成品)	0.075	以山梨酸计
风味冰、冰棍	0.5	以山梨酸计	风干、烘干、压干水产品	1.0	以山梨酸计
经表面处理的新鲜水果	0.5	以山梨酸计	其他水产品及其制品(仅限即食海蜇)	1.0	以山梨酸计
果酱	1.0	以山梨酸计	蛋制品(改变其物理性状)	0.075	以山梨酸计
蜜饯凉果	0.5	以山梨酸计	调味糖浆	1.0	以山梨酸计
经表面处理的蔬菜	0.5	以山梨酸计	醋	1.0	以山梨酸计
酱渍的蔬菜	0.5	以山梨酸计	酱油	1.0	以山梨酸计
盐渍的蔬菜(仅限即食笋干)	1.0	以山梨酸计	酱及酱制品	0.5	以山梨酸计
盐渍的蔬菜	0.5	以山梨酸计	复合调味料	1.0	以山梨酸计
加工食用菌、藻类和果冻	0.5	以山梨酸计	饮料类(包装饮用水除外)	0.5	以山梨酸计,用于果冻粉,按冲调倍数增加使用量
豆干再制品	1.0	以山梨酸计	浓缩果蔬汁、浆(仅限食品工业)	2.0	以山梨酸计
乳脂糖果	1.0	以山梨酸计	乳酸菌饮料	1.0	以山梨酸计
凝胶糖果	1.0	以山梨酸计	配料酒	0.2	以山梨酸计
胶基糖果	1.5	以山梨酸计	葡萄酒	0.6	以山梨酸计
面包	1.0	以山梨酸计	果酒	0.6	以山梨酸计
糕点	1.0	以山梨酸计	熟肉制品	0.075	以山梨酸计
焙烤食品馅料	1.0	以山梨酸计	胶原蛋白肠衣(肠衣)	0.5	以山梨酸计

任 务 实 施

食品中山梨酸和苯甲酸的测定

参照 GB/T 5009.29—2003 的方法测定。

一、气相色谱法

(一)原理

试样酸化后,用乙醚提取山梨酸、苯甲酸,用附氢火焰离子化检测器的气相色谱仪进行分离测定,与标准系列比较定量。

（二）仪器

气相色谱仪:具有氢火焰离子化检测器。

（三）试剂

（1）乙醚:不含过氧化物。

（2）石油醚:沸程为 30~60 ℃。

（3）盐酸。

（4）无水硫酸钠。

（5）盐酸(1:1):取 100 mL 盐酸,加水稀释至 200 mL。

（6）氯化钠酸性溶液(40 g/L):于氯化钠溶液(40 g/L)中加入少量盐酸(1+1)酸化。

（7）山梨酸、苯甲酸标准溶液:准确称取山梨酸、苯甲酸各 0.200 0 g,置于 100 mL 容量瓶中,用石油醚+乙醚(3:1)混合溶剂溶解后稀释至刻度。每毫升此溶液相当于 2.0 mg 山梨酸或苯甲酸。

（8）山梨酸、苯甲酸标准使用液:吸取适量的山梨酸、苯甲酸标准溶液,以石油醚+乙醚(3+1)混合溶剂稀释至每毫升分别相当于 50 μg,100 μg,150 μg,200 μg,250 μg 山梨酸或苯甲酸。

（四）分析步骤

1. 试样提取

吸取 2.50 mL 混合均匀的试样于 25 mL 具塞量筒中,加 0.5 mL HCl 酸化,分别用15 mL 和 10 mL 乙醚各提取 1 次,每次振摇 1 min,将上层醚液合并于 25 mL 分液漏斗中。用3 mL 氯化钠酸性溶液分 2 次洗涤醚液,静置 15 min。弃去水层,用滴管将乙醚层通过无水 Na_2SO_4 滤入 25 mL 容量瓶中,加乙醚到刻度,摇匀。准确吸取上述乙醚提取液 5.00 mL 于 5 mL 具塞刻度试管中,置于 40~50 ℃的水浴上蒸干,加入 2.00 mL 的石油醚+乙醚(3:1)混合溶剂溶解残渣,盖好备用。

2. 色谱参考条件

色谱柱:玻璃柱,内径 3 mm,长 2 m,内装涂以 5% DEGS +1% 磷酸固定液的 60~80 目 Chromosorb WAW。

气流速度:载气为氮气,50 mL/min(氮气和空气、氢气之比按各仪器型号不同选择各自的最佳比例条件)。

温度:进样口 230 ℃;检测器 230 ℃;柱温 170 ℃。

3. 测定

启动仪器并按上述参数调好仪器,点燃氢火焰,待基线稳定后进样。

标准系列中各浓度标准使用液分别进样 2 μL 于气相色谱仪中,可测得不同浓度山梨酸、苯甲酸的峰高,以浓度为横坐标,相应的峰高值为纵坐标,绘制标准曲线。同时进样 2 μL 试样溶液,测得峰高与标准曲线比较定量。

（五）结果计算

饮料试样中山梨酸或苯甲酸的含量按下式计算:

$$X = \frac{A \times 1\ 000}{m \times \dfrac{5}{25} \times \dfrac{V_2}{V_1} \times 1\ 000} \tag{5-8}$$

式中 X——试样中山梨酸或苯甲酸的含量,mg/kg;

A——测定用试样液中山梨酸或苯甲酸的质量,μg;

V_1——加入石油醚 + 乙醇(3:1)混合溶剂的体积,mL;

V_2——测定时进样的体积,mL;

m——试样质量,g;

5——测定时吸取乙醚提取液的体积,mL;

25——试样乙醚提取液的总体积,mL。

山梨酸保留时间为 2 min 53 s,苯甲酸保留时间为 6 min 8 s。由测得苯甲酸的量乘以1.18,即为试样中苯甲酸钠的含量。计算结果保留两位有效数字。

二、高效液相色谱法

(一)原理

试样加温除去二氧化碳和乙醇,调 pH 值至近中性,过滤后进高效液相色谱仪,经反相色谱分离后,根据保留时间和峰面积进行定性和定量。

(二)仪器

高效液相色谱仪(带紫外检测器)。

(三)试剂

所用试剂除另有规定外,均为分析纯试剂,水为蒸馏水或同等纯度水,溶液为水溶液。

(1)甲醇:经滤膜(0.5 μm)过滤。

(2)稀氨水(1:1):氨水加水等体积混合。

(3)乙酸铵溶液(0.02 mol/L):称取 1.54 g 乙酸铵,加水至 1 000 mL,溶解,经 0.45 μm滤膜过滤。

(4)碳酸氢钠溶液(20 g/L):称取 2 g 碳酸氢钠(优级纯),加水至 100 mL,振摇溶解。

(5)苯甲酸标准储备溶液:准确称取 0.100 0 g 苯甲酸,加碳酸氢钠溶液(20 g/L)5 mL,加热溶解,移入 100 mL 容量瓶中,加水定容至 100 mL,苯甲酸含量为 1 mg/mL,作为储备溶液。

(6)山梨酸标准储备溶液:准确称取 0.100 0 g 山梨酸,加碳酸氢钠溶液(20 g/L)5 mL,加热溶解,移入 100 mL 容量瓶中,加水定容至 100 mL,山梨酸含量为 1 mg/mL,作为储备溶液。

(7)苯甲酸、山梨酸标准混合使用溶液:取苯甲酸、山梨酸标准储备溶液各 10.0 mL,放入 100 mL 容量瓶中,加水至刻度。此溶液含苯甲酸、山梨酸各 0.1 mg/mL,经 0.45 μm 滤膜过滤(同时测定糖精钠时可加 GB/T 5009.28—2003 中 3.4 糖精钠标准储备溶液)。

(四)分析步骤

1.试样处理

(1)汽水:称取 5.00 ~ 10.0 g 试样,放入小烧杯中,微温搅拌除去二氧化碳,用氨水调pH 值约为 7,加水定容至 10 ~ 20 mL,经 0.45 μm 滤膜过滤。

(2)果汁类:称取 5.00 ~ 10.0 g 试样,用氨水(1:1)调 pH 值约为 7,加水定容至适当体积,离心沉淀,上清液经 0.45 μm 滤膜过滤。

(3)配制酒类:称取 10.0 g 试样,放入小烧杯中,水浴加热除去乙醇,用氨水调 pH 值约为 7,加水定容至适当体积,经 0.45 μm 滤膜过滤。

2. 高效液相色谱参考条件

（1）柱：YWG – C$_{18}$4.6 mm × 250 mm,10 μm 不锈钢柱。

（2）流动相：甲醇 + 乙酸铵溶液（0.02 mol/L）（5 + 95）。

（3）流速：1 mL/min。

（4）进样量：10 μL。

（5）检测器：紫外检测器,230 nm 波长,0.2AUFS。

根据保留时间定性,外标峰面积法定量。

（五）结果计算

试样中山梨酸或苯甲酸的含量计算：

$$X = \frac{A \times 1\,000}{m \times \frac{V_2}{V_1} \times 1\,000}$$ (5 – 9)

式中　X——试样中山梨酸或苯甲酸的含量,g/kg;

　　　A——进样体积中山梨酸或苯甲酸的质量,mg;

　　　V_1——试样稀释液总体积,mL;

　　　V_2——进样体积,mL;

　　　m——试样的质量,g。

计算结果保留两位有效数字。

说明：本方法可同时测定糖精钠。

任务 5.2.2　发色剂的测定

一、食品中发色剂的的作用及危害

在食品加工过程中,经常使用一些化学物质和食品中某些成分发生作用,从而使产品呈现良好的色泽,这些物质称发色剂。硝酸盐和亚硝酸盐是肉制品生产中最常使用的发色剂。

硝酸盐和亚硝酸盐添加在肉制品中后转化为亚硝酸,亚硝酸易分解出亚硝基（—NO）,生成的亚硝基会很快与肌红蛋白反应生成亮红色的亚硝基肌红蛋白,使肉制品呈现良好的色泽。亚硝酸盐除了发色外,还是很好防腐剂,尤其对肉毒梭状芽孢杆菌在 pH = 6 时有显著的抑制作用。二者的测定主要为分光光度法。

二、食品中亚硝酸盐的允许量标准

亚硝酸盐和硝酸盐作为食品添加剂,过多地使用将对人体产生毒害作用。亚硝酸盐与仲氨反应生成具有致癌作用的亚硝胺。过多地摄入亚硝酸盐会引起正常血红蛋白（二价铁）转变为正铁血红蛋白（三价铁）而失去携氧功能,导致组织缺氧。卫生要求其使用量应限制在最低水平,可加入发色助剂,如抗坏血酸、L – 抗坏血酸钠、烟酰胺,减少发色剂用量。欧共体建议不得将其用于儿童食品。我国《食品添加剂使用卫生标准》（GB 2760—2007）中规定的食品中硝酸盐和亚硝酸盐的允许量标准见表5-5和5-6。

表5-5　食品中硝酸盐的允许量标准(摘自 GB 2760—2007)

食品名称/分类	最大使用量/(g/kg)	备注
腌腊肉制品类(如咸肉、腊肉、板鸭、中式火腿、腊肠等)	0.5	以亚硝酸钠(钾)计,残留量≤30 mg/kg
盐卤肉制品类	0.5	以亚硝酸钠(钾)计,残留量≤30 mg/kg
熏烧、烤肉类	0.5	以亚硝酸钠(钾)计,残留量≤30 mg/kg
油炸肉类	0.5	以亚硝酸钠(钾)计,残留量≤30 mg/kg
西式火腿(熏烤、烟熏、蒸煮火腿)类	0.5	以亚硝酸钠(钾)计,残留量≤30 mg/kg
肉灌肠类	0.5	以亚硝酸钠(钾)计,残留量≤30 mg/kg
发酵肉制品类	0.5	以亚硝酸钠(钾)计,残留量≤30 mg/kg

表5-6　食品中亚硝酸盐的允许量标准(摘自 GB 2760—2007)

食品名称/分类	最大使用量/(g/kg)	备注
腌腊肉制品类(如咸肉、腊肉、板鸭、中式火腿、腊肠等)	0.15	以亚硝酸钠计,残留量≤30 mg/kg
盐卤肉制品类	0.15	以亚硝酸钠计,残留量≤30 mg/kg
熏烧、烤肉类	0.15	以亚硝酸钠计,残留量≤30 mg/kg
油炸肉类	0.15	以亚硝酸钠计,残留量≤30 mg/kg
西式火腿(熏烤、烟熏、蒸煮火腿)类	0.15	以亚硝酸钠计,残留量≤70 mg/kg
肉灌肠类	0.15	以亚硝酸钠计,残留量≤30 mg/kg
发酵肉制品类	0.15	以亚硝酸钠计,残留量≤30 mg/kg
肉罐头类	0.15	以亚硝酸钠计,残留量≤30 mg/kg

任 务 实 施

食品中硝酸盐和亚硝酸盐的测定

参照 GB 5009.33—2010 的方法测定。

一、原理

亚硝酸盐采用盐酸萘乙二胺法测定,硝酸盐采用镉柱还原法测定。

试样经沉淀蛋白质、除去脂肪后,在弱酸条件下,亚硝酸盐与对氨基苯磺酸重氮化后,再与盐酸萘乙二胺形成紫红色染料,外标法测得亚硝酸盐含量。采用镉柱将硝酸盐还原成亚硝酸盐,测得亚硝酸盐总量,由此总量减去亚硝酸盐含量,即得试样中硝酸盐含量。

二、仪器

(1)天平:感量为 0.1 mg 或 1 mg。
(2)组织捣碎机。

（3）超声波清洗器。

（4）恒温干燥箱。

（5）分光光度计。

（6）镉柱。

①海绵状镉的制备：投入足够的锌皮或锌棒于 500 mL 硫酸铬溶液（200 g/L）中，经 3~4 h，当其中镉全部被锌置换后，用玻璃棒轻轻刮下，取出残余锌棒，使镉沉底，倾去上层清液，以水用倾泻法多次洗涤，然后移入组织捣碎机中，加 500 mL 水，捣碎约 2 s，用水将金属细粒洗至标准筛上，取 20~40 目之间的部分。

②镉柱的装填如图 5-1 所示。用水装满镉柱玻璃管，并装入 2 cm 高的玻璃棉坐垫，将玻璃棉压向柱底时，应将其中所包含的空气全部排出，在轻轻敲击下加入海绵状镉至 8~10 cm 高，上面用 1 cm 高的玻璃棉覆盖，上置一储液漏斗，末端要穿过橡皮塞与镉柱玻璃管紧密连接。

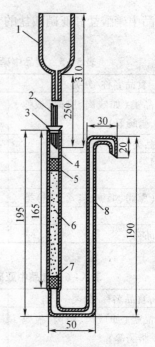

图 5-1　镉柱示意图

1—贮液漏斗，内径 35 mm，外径 37 mm；
2—进液毛细管，内径 0.4 mm，外径 6 mm；
3—橡皮塞；4—镉柱玻璃管，内径 12 mm，外径 16 mm；
5,7—玻璃棉；6—海绵状镉；
8—出液毛细管，内径 2 mm，外径 8 mm

如无上述镉柱玻璃管时，可用 25 mL 酸式滴定管代替，但过柱时要注意始终保持液面在镉层之上。当镉柱填装好后，先用 25 mL 盐酸洗涤，再以水洗两次，每次 25 mL，镉柱不用时用水封盖，随时都要保持水平面在镉层之上，不得使镉层夹有气泡。

③镉柱每次使用完毕后，应先以 25mL 盐酸洗涤，再用水洗两次，每次 25 mL，最后用水覆盖镉柱。

④镉柱还原效率的测定：吸取 20 mL 硝酸钠标准使用液，加入 5 mL 氨缓冲液的稀释液，混匀后注入储液漏斗，使其流经镉柱还原，以原烧杯收集流出液，当储液漏斗中的样液流完后，再加 5 mL 水置换柱内留存的样液。取 10.0 mL 还原后的溶液（相当于 10 μg 亚硝酸钠）于 50 mL 比色管中，以下按下面所述"四、分析步骤 4"中自"吸取 0.00 mL，0.20 mL，0.40 mL，0.60 mL，0.80 mL，1.00 mL……"起依法操作，根据标准曲线计算测得结果，与加入量一致，还原效率应大于 98% 为符合要求。

⑤还原效率计算

$$X = \frac{A}{10} \times 100\%$$ (5-10)

三、试剂

除非另有规定，本法所用试剂均为分析纯。水为 GB/T 6682 规定的二级水或去离子水。

（1）亚铁氰化钾溶液（106 g/L）：称取 106.0 g 亚铁氰化钾[$K_4Fe(CN)_6 \cdot 3H_2O$]，用水

溶解,并稀释至 1 000 mL。

(2)乙酸锌溶液(220 g/L):称取 220.0 g 乙酸锌[$Zn(CH_3COO)_2 \cdot 2H_2O$],先用 30 mL 冰醋酸溶解,用水稀释至 1 000 mL。

(3)饱和硼砂溶液(50 g/L):称取 5.0 g 硼酸钠($Na_2B_4O_7 \cdot 10H_2O$),溶于 100 mL 热水中,冷却后备用。

(4)氨缓冲溶液(pH 为 9.6~9.7):量取 30 mL 盐酸($\rho = 1.19$ g/mL),加 100 mL 水,混匀后加 65 mL 氨水(25%),再加水稀释至 1 000 mL,混匀。调节 pH 至 9.6~9.7。

(5)氨缓冲液的稀释液:量取 50 mL 氨缓冲溶液,加水稀释至 500 mL,混匀。

(6)盐酸(0.1 mol/L):量取 5 mL 盐酸,用水稀释至 600 mL。

(7)对氨基苯磺酸溶液(4 g/L):称取 0.4 g 对氨基苯磺酸($C_6H_7NO_3S$),溶于 100 mL 20%(V/V)盐酸中,置棕色瓶中混匀,避光保存。

(8)盐酸萘乙二胺溶液(2 g/L):称取 0.2 g 盐酸萘乙二胺($C_{12}H_{14}N_2 \cdot 2HCl$),溶解于 100 mL 水中,混匀后,置棕色瓶中混匀,避光保存。

(9)亚硝酸钠标准溶液(200 μg/mL):准确称取 0.100 0 g 于 110~120 ℃ 干燥恒重的亚硝酸钠,加水溶解移入 500 mL 容量瓶中,加水稀释至刻度,混匀。

(10)亚硝酸钠标准使用液(5.0 μg/mL):临用前,吸取亚硝酸钠标准溶液 5.00 mL,置于 200 mL 容量瓶中,加水稀释至刻度。

(11)硝酸钠标准溶液(200 μg/mL,以亚硝酸钠计):准确称取 0.123 2 g 于 110~120 ℃ 干燥恒重的硝酸钠,加水溶解,移入 500 mL 容量瓶中,并稀释至刻度。

(12)硝酸钠标准使用液(5 μg/mL):临用时,吸取硝酸钠标准溶液 2.50 mL,置于 100 mL 容量瓶中,加水稀释至刻度。

(13)锌皮或锌棒。

(14)硫酸镉。

四、分析步骤

1.试样的预处理

(1)新鲜蔬菜、水果:将试样用去离子水洗净,晾干后,取可食部分切碎混匀。将切碎的样品用四分法取适量,用食物粉碎机制成匀浆备用。如需加水应记录加水量。

(2)肉类、蛋、水产及其制品:用四分法取适量或取全部,用食物粉碎机制成匀浆备用。

(3)乳粉、豆奶粉、婴儿配方奶粉等固态乳制品(不包括干酪):将试样装入能容纳 2 倍试样体积的带盖容器中,通过反复摇晃和颠倒容器使样品充分混匀直至使试样均一化。

(4)发酵乳、乳、炼乳及其他液体乳制品:通过搅拌或反复摇晃和颠倒容器使试样充分混匀。

(5)干酪:取适量的样品研磨成均匀的泥浆状。为避免水分损失,研磨过程中应避免产生过多的热量。

2.提取

称取 5 g(精确至 0.01 g)制成匀浆的试样(如制备过程中加水,应按加水量折算),置于 50 mL 烧杯中,加 12.5 mL 饱和硼砂溶液,搅拌均匀,以 70 ℃ 左右的水约 300 mL 将试样洗入 500 mL 容量瓶中,于沸水浴中加热 15 min,取出置冷水浴中冷却,并放置至室温。

3. 提取液净化

在振荡上述提取液时加入 5 mL 亚铁氰化钾溶液,摇匀,再加入 5 mL 乙酸锌溶液以沉淀蛋白质。加水至刻度,摇匀,放置 30 min,除去上层脂肪,上清液用滤纸过滤,弃去初滤液 30 mL,滤液备用。

4. 亚硝酸盐的测定

吸取 40.0 mL 上述滤液于 50 mL 具塞比色管中,另吸取 0.00 mL,0.20 mL,0.40 mL,0.60 mL,0.80 mL,1.00 mL,1.50 mL,2.00 mL,2.50 mL 亚硝酸钠标准使用液(相当于 0.0 μg,1.0 μg,2.0 μg,3.0 μg,4.0 μg,5.0 μg,7.5 μg,10.0 μg,12.5 μg 亚硝酸钠),分别置于 50 mL 具塞比色管中。于标准管与试样管中分别加入 2 mL 对氨基苯磺酸溶液,混匀,静置 3～5 min 后各加入 1 mL 盐酸萘乙二胺溶液,加水至刻度,混匀,静置 15 min,用 2 cm 比色杯,以零管调节零点,于波长 538 nm 处测吸光度,绘制标准曲线比较,同时做试剂空白。

5. 硝酸盐的测定

(1)镉柱还原

先以 25 mL 氨缓冲液的稀释液冲洗镉柱,流速控制为 3～5 mL/min(以滴定管代替的可控制为 2～3 mL/min)。

吸取 20 mL 滤液于 50 mL 烧杯中,加 5 mL 氨缓冲溶液,混合后注入储液漏斗,使其流经镉柱还原,以原烧杯收集流出液,当储液漏斗中的样液流尽后,再加 5 mL 水置换柱内留存的样液。

将全部收集液按上述步骤再经镉柱还原一次,第二次流出液收集于 100 mL 容量瓶中,继以水流经镉柱洗涤三次,每次 20 mL,洗液一并收集于同一容量瓶中,加水至刻度,混匀。

(2)亚硝酸钠总量的测定

吸取 10～20 mL 还原后的样液于 50 mL 比色管中。以下按亚硝酸盐的测定自"吸取 0.00 mL,2.00 mL,4.00 mL,6.00 mL,8.00 mL,10.00 mL……"起依法操作。

五、结果计算

亚硝酸盐(以亚硝酸钠计)的含量计算:

$$X_1 = \frac{A_1 \times 1\ 000}{m \times \dfrac{V_1}{V_0 \times 1\ 000}} \tag{5-11}$$

式中 X_1——试样中亚硝酸钠的含量,mg/kg;

A_1——测定用样液中亚硝酸钠的质量,μg;

m——试样质量,g;

V_1——测定用样液体积,mL;

V_0——试样处理液总体积,mL。

以重复性条件下获得的两次独立测定结果的算术平均值表示,结果保留两位有效数字,在重复性条件下获得的两次独立测定结果的绝对差值不得超过算术平均值的 10%。

硝酸盐(以硝酸钠计)的含量计算:

$$X_2 = \left(\frac{A_2 \times 1\ 000}{m \times \dfrac{V_2}{V_0} \times \dfrac{V_4}{V_3} \times 1\ 000} - X_1 \right) \times 1.232 \tag{5-12}$$

式中　X_2——试样中硝酸钠的含量,mg/kg;

　　　A_2——经镉粉还原后测得总硝酸钠的质量,μg;

　　　m——试样质量,g;

　　　V_2——总亚硝酸钠的测定用样液体积,mL;

　　　V_0——试样处理液总体积,mL。

　　　V_3——经镉柱还原后样液总体积,mL;

　　　V_4——经镉柱还原后的测定用样液体积,mL;

　　　X_1——由公式(5-11)计算出的试样中亚硝酸钠的含量,mg/kg;

　　　1.232——亚硝酸钠换算成硝酸钠的系数。

　　以重复性条件下获得的两次独立测定结果的算术平均值表示,结果保留两位有效数字,在重复性条件下获得的两次独立测定结果的绝对差值不得超过算术平均值的10%。

任务 5.2.3　甜味剂的测定

一、甜味剂的种类及测定方法

　　甜味剂是赋予食品甜味的食品添加剂。甜味剂种类很多,根据来源可分为人工甜味剂和天然甜味剂两大类;按其营养价值可分为营养型和非营养型甜味剂;按其化学结构和性质又可分为糖类甜味剂和非糖类甜味剂。

　　天然甜味剂主要是从植物组织中提取出来的甜味物质,主要有甘草、甜叶菊糖苷、糖醇类甜味剂等。人工甜味剂主要是一些具有甜味但又不是糖类的化学物质,甜度一般是蔗糖的数十倍至数百倍,不具有任何营养价值,主要有糖精、环己基氨基磺酸钠、天门冬酰苯丙氨酸甲酯和天门冬酰胺酸钠等,本任务主要讨论该类甜味剂。

　　《食品添加剂卫生标准》(GB 2760—2007)规定的甜味剂有糖精、甜蜜素(阿斯巴甜)、甜菊苷、甘草、安赛蜜(AK糖)、阿力甜、麦芽酮糖、麦芽糖醇、山梨醇、木糖醇、乳糖醇及三氯蔗糖等共15种。

　　食品中甜味剂的测定方法主要有高效液相色谱法、气相色谱法和薄层色谱法等。

二、糖精钠

　　糖精是应用较为广泛的人工合成甜味剂,其学名为邻-磺酰苯甲酰亚胺,分子式为$C_7H_5O_3NS$。糖精为无色到白色结晶或白色晶状粉末,在水中溶解度很低,易溶于乙醇、乙醚、氯仿、碳酸钠水溶液及稀氨水中,对热不稳定,长时间加热可失去甜味。因糖精难溶于水,因此食品生产中常使用其钠盐,即糖精钠。糖精钠为无色结晶,无臭或微有香气,浓度低时呈甜味,浓度高时有苦味,易溶于水,不溶于乙醚、氯仿等有机溶剂。其热稳定性与糖精类似但较糖精要好,其甜度为蔗糖的200～700倍。

　　糖精钠被摄入人体后,不能被吸收利用,不分解,不供应热能,大部分从尿中排出而且不损害肾功能。国际上对于其致癌作用一直有争议,尚未有确切结论。我国《食品添加卫生标准》(GB 2760—2007)规定,糖精钠可用于饮料、酱菜类、复合调味料、配制酒、雪糕、冰淇淋、冰棍、糕点、饼干、面包等,最大使用量(以糖精计)为 0.15 g/kg;瓜子的最大使用量为1.2 g/kg;话梅、陈皮等的最大使用量为 5.0 g/kg。

糖精钠测定方法有多种,有高效液相色谱法、高氯酸滴定法、酚磺酞比色法、薄层色谱法、紫外分光光度法,此外还有纳氏比色法、离子选择性电极法等。

三、木糖醇

木糖醇是一种具有营养价值的甜味物质,也是人体糖类代谢的正常中间体。健康的人,即使不吃任何含有木糖醇的食物,100 μg 血液中也含有 0.03 ~ 0.06 μg 的木糖醇。在自然界中,木糖醇广泛存在于各种水果、蔬菜中,但含量很低。商品木糖醇是用玉米心、甘蔗渣等农业作物经过深加工而制得的。木糖醇从 20 世纪 60 年代开始应用于食品中,成为糖尿病人欢迎的一种甜味剂。木糖醇是防龋齿的最好甜味剂,其副作用是木糖醇不会被胃里的酶分解,直接进入肠道,吃多了对胃肠有一定刺激。由于木糖醇在肠道内吸收率不到20%,易在肠壁积累,造成腹泻。

食品中糖精钠的测定

食品中糖精钠的测定参照 GB/T 5009.28—2003 的方法。

一、高效液相色谱法

(一)原理
试样加温除去二氧化碳和乙醇,调 pH 至中性,过滤后进高效液相色谱仪,经反相色谱分离后,根据保留时间和峰面积进行定性和定量。

(二)仪器
高效液相色谱仪,紫外检测器。

(三)试剂
(1)甲醇:经 0.5 μm 滤膜过滤。
(2)氨水(1:1):氨水加等体积水混合。
(3)乙酸铵溶液(0.02 mol/L):称取 1.54 g 乙酸铵,加水至 1 000 mL,溶解,经 0.5 μm 滤膜过滤。
(4)糖精钠标准储备溶液:准确称取经 120 ℃烘干 4 h 后的糖精钠($C_6H_4CONNaSO_2 \cdot 2H_2O$)0.085 1 g,加水溶解定容至 100 mL,糖精钠含量为 1.0 mg/mL,作为储备溶液。
(5)糖精钠标准使用溶液:吸取糖精钠标准储备溶液 10 mL 放入 100 mL 容量瓶中,加水至刻度,经 0.45 μm 滤膜过滤。每毫升该溶液相当于 0.10 mg 的糖精钠。

(四)分析步骤
1. 试样处理
(1)汽水:称取样品 5.00 ~ 10.00 g,放入小烧杯中,微温搅拌除去二氧化碳,用氨水调

pH 值约为 7,加水定容至适当的体积,经 0.5 μm 滤膜过滤。

(2)果汁类:称取样品 5.00 ~ 10.00 g,用氨水调 pH 值约为 7,加水定容至适当的体积,离心沉淀,上清液经 0.45 μm 滤膜过滤。

(3)配制酒类:称取样品 10.00 g,放小烧杯中,水浴加热除去乙醇,用氨水调 pH 值约为 7,加水定容至 20 mL,经 0.45 μm 滤膜过滤。

2.高效液相色谱参考条件

(1)柱:YWG – C_{18} 4.6 mm × 250 mm,10 μm 不锈钢柱。

(2)流动相:甲醇 + 乙酸铵溶液(0.02 mol/L)(5 + 95)。

(3)流速:1 mL/min。

(4)进样量:10 μL。

(5)检测器:紫外检测器,230 nm 波长,0.2AUFS。

3.测定

取处理液和标准使用液 10 μL(或相同体积)注入高效液相色谱仪进行分离,以其标准溶液峰的保留时间为依据进行定性,以其峰面积求出样液中被测物质的含量,供计算。

(五) 结果计算

试样中糖精钠含量的计算:

$$X = \frac{A \times 1\ 000}{m \times \frac{V_2}{V_1} \times 1\ 000} \tag{5 – 13}$$

式中　X——试样中糖精钠含量,g/kg;

A——进样体积中糖精钠的质量,mg;

V_2——进样体积,mL;

V_1——试样稀释液总体积,mL;

m——试样的质量,g。

计算结果保留三位有效数字。

二、薄层色谱法

(一) 原理

在酸性条件下,食品中的糖精钠用乙醚提取、浓缩、薄层色谱分离、显色后,与标准比较,进行定性和半定量测定。

(二) 仪器

(1)玻璃纸:生物制品透析袋纸或不含增白剂的市售玻璃纸。

(2)玻璃喷雾器。

(3)微量注射器。

(4)紫外光灯:波长为 253.7 nm。

(5)薄层板:10 cm × 20 cm 或 20 cm × 20 cm。

(6)展开槽。

(三) 试剂

(1)乙醚:不含过氧化物。

(2)无水硫酸钠。

(3)无水乙醇及乙醇(95%)。

(4)聚酰胺粉:200 目。

(5)盐酸(1+1):取 100 mL 盐酸,加水稀释至 200 mL。

(6)展开剂如下:

①正丁醇 + 氨水 + 无水乙醇(7+1+2)。

②异丙醇 + 氨水 + 无水乙醇(7+1+2)。

(7)显色剂:溴甲酚紫溶液(0.4g/L)

称取 0.04 g 溴甲酚紫,用乙醇(50%)溶解,加氢氧化钠溶液(4 g/L)1.1 mL,调节 pH 为 8,定容至 100 mL。

(8)硫酸铜溶液(100 g/L):称取 10 g 硫酸铜($CuSO_4 \cdot 5H_2O$),用水溶解并稀释至 100 mL。

(9)氢氧化钠溶液(40 g/L)。

(10)糖精钠标准溶液:准确称取 0.085 1 g 经 120 ℃干燥 4 h 后的糖精钠,加乙醇溶解,移入 100 mL 容量瓶中,加乙醇(95%)稀释至刻度,每毫升此溶液相当于 1 mg 糖精钠。

(四)分析步骤

1.试样提取

(1)饮料、冰棍、汽水:取 10.0 mL 均匀试样(如试样中含有二氧化碳,先加热除去。如试样中含有酒精,加4%氢氧化钠溶液使其呈碱性,在沸水浴中加热除去),置于 100 mL 分液漏斗中,加 2 mL 盐酸,分别用 30 mL,20 mL,20 mL 乙醚提取三次,合并乙醚提取液,用 5 mL 盐酸酸化的水洗涤一次,弃去水层。乙醚层通过无水硫酸钠脱水后,挥发乙醚,加 2.0 mL 乙醇溶解残留物,密封保存,备用。

(2)酱油、果汁、果酱等:称取 20.0 g 或吸取 20.0 mL 均匀试样,置于 100 mL 容量瓶中,加水至约 60 mL,加 20 mL 硫酸铜溶液,混匀,再加 4.4 mL 氢氧化钠溶液,再加水至刻度,混匀。静置 30 min,过滤,取 50 mL 滤液置于 150 mL 分液漏斗中,以下按(1)自"加 2 mL 盐酸……"起依法操作。

(3)固体果汁粉等:称取 20.0 g 磨碎的均匀试样,置于 200 mL 容量瓶中,加 100 mL 水,加温使其溶解,冷却,以下按(2)自"加 20 mL 硫酸铜溶液……"起依法操作。

(4)糕点、饼干等含有蛋白质、脂肪、淀粉多的食品:称取 25.0 g 均匀试样,置于透析用玻璃纸中,放入大小适当的烧杯内,加 50 mL 氢氧化钠溶液,调成糊状,将玻璃纸口扎紧,放入盛有 200 mL 氢氧化钠溶液的烧杯中,盖上表面皿,透析过夜。

量取 125 mL 透析液(相当于 12.5 g 试样),加约 0.4 mL 盐酸使其呈中性,加 20 mL 硫酸铜溶液,混匀,再加 4.4 mL 氢氧化钠溶液,混匀,静置 30 min,过滤。取 120 mL(相当于 10 g 试样)置于 250 mL 分液漏斗中,以下按(1)自"加 2 mL 盐酸……"起依法操作。

2.薄层板的制备

称取 1.6 g 聚酰胺粉,加 0.4 g 可溶性淀粉,加约 7.0 mL 水,研磨 3~5 min,立即涂成 0.25~0.30 mm 厚的 10 cm×20 cm 的薄层板,室温干燥后,再在 80 ℃下干燥 1 h,置于干燥器中保存。

3.点样

在薄层板下端 2 cm 处用微量注射器点 10 μL 和 20 μL 的样液两个点,同时点 3.0 μL,5.0 μL,7.0 μL,10.0 μL 糖精钠标准溶液,各点间距 1.5 cm。

4. 展开与显色

将点好的薄层板放入盛有展开剂(试剂6.1或6.2)的展开槽中,展开剂液层约0.5 cm,并预先已达到饱和状态。展开至10 cm,取出薄层板,挥发干,喷显色剂,斑点现黄色,根据试样点和标准点的比移值进行定性,根据斑点颜色深浅进行半定量测定。

（五）结果计算

$$X = \frac{A \times 1\ 000}{m \times \dfrac{V_2}{V_1} \times 1\ 000}$$ (5-14)

式中　X——试样中糖精钠的含量,g/kg或g/L;

　　　A——测定用样液糖精钠的质量,mg;

　　　V_1——试样提取液残留物加入乙醇的体积,mL;

　　　V_2——样液点板体积,mL;

　　　m——试样的质量或体积,g或mL。

其他食品添加剂的测定

一、漂白剂的测定

漂白剂是指可使食品中的有色物质经化学作用分解转变为无色物质,或使其褪色的食品添加剂,分还原型漂白剂和氧化型漂白剂。还原型漂白剂有:二氧化硫、亚硫酸钠、亚硫酸氢钠、低亚硫酸钠、焦亚硫酸钠等,氧化型漂白剂有:过氧化氢、次氯酸等。使用时,有单一使用,也有混合使用。我国使用的大多是以亚硫酸类化合物为主的还原型漂白剂。它们通过所产生的二氧化硫的还原作用来抑制、破坏食品的变色因子,使食品褪色或免于发生褐变。一般在食品的加工过程中要求漂白剂除对食品的色泽有一定作用外,对食品的品质、营养价值及保存期均不应有不良的改变。

目前,在我国食品行业中,使用较多的是二氧化硫和亚硫酸盐。两者本身并没有什么营养价值,也非食品中不可缺少成分,而且还有一定的腐蚀性,对人体健康也有一定影响,因此在食品中的添加应加以限制。我国《食品添加剂使用卫生标准》(GB 2760—2007)规定,亚硫酸盐可用于果酒、葡萄糖、半固体复合调味料、果蔬汁,最大使用量为0.05 g/kg。另外,最大使用量:蜜饯凉果为0.35 g/kg;淀粉糖(果糖、葡萄糖、饴糖、部分转化糖等)、腐竹类为0.2 g/kg;竹笋、食用菌及蘑菇罐头为0.05 g/kg;食糖、可可制品、巧克力和巧克力制品及糖果、饼干、粉丝、粉条为0.1 g/kg;食用淀粉为0.03 g/kg。

食品中亚硫酸盐的测定参照 GB/T 5009—2003 的方法测定。以下介绍盐酸副玫瑰苯胺法。

（一）原理

亚硫酸盐与四氯汞钠反应生成稳定的络合物,再与甲醛及盐酸副玫瑰苯胺作用生成紫红色络合物,与标准系列比较定量。

（二）仪器

分光光度计。

（三）试剂

（1）四氯汞钠吸收液：称取 13.6 g 氯化高汞及 6.0 g 氯化钠，溶于水中并稀释至 1 000 mL，放置过夜，过滤后备用。

（2）氨基磺酸铵溶液（12 g/L）。

（3）甲醛溶液（2 g/L）：吸取 0.55 mL 无聚合沉淀的甲醛（36%），加水稀释至 100 mL，混匀。

（4）淀粉指示液：称取 1 g 可溶性淀粉，用少许水调成糊状，缓缓倾入 100 mL 沸水中，随加随搅拌，煮沸，放冷备用，此溶液临用时现配。

（5）亚铁氰化钾溶液：称取 10.6 g 亚铁氰化钾，加水溶解，并稀释至 100 mL。

（6）乙酸锌溶液：称取 22 g 乙酸锌，加 3 mL 冰乙酸，加水溶解并稀释至 100 mL。

（7）盐酸副玫瑰苯胺溶液：称取 0.1 g 盐酸副玫瑰苯胺于研钵中，加少量水研磨使其溶解并稀释至 100 mL。取出 20 mL，置于 100 mL 容量瓶中，加盐酸，充分摇匀后使溶液由红变黄，如不变黄再滴加少量盐酸至出现黄色，再加水稀释至刻度，混匀备用（如无盐酸副玫瑰苯胺可用盐酸品红代替）。

盐酸副玫瑰苯胺的精制方法：称取 20g 盐酸副玫瑰苯胺于 400 mL 水中，用 50 mL 盐酸（1 + 1）酸化，徐徐搅拌，加 4 ~ 5 g 活性炭，加热煮沸 2 min。将混合物倒入大漏斗中，过滤（用保温漏斗趁热过滤）。滤液放置过夜，出现结晶，然后再用布氏漏斗抽滤，将结晶再悬浮于 1 000 mL 乙醚 – 乙醇（10:1）的混合液中，振摇 3 ~ 5 min，以布氏漏斗抽滤，再用乙醚反复洗涤至醚层无色为止，于硫酸干燥器中干燥，研细后储于棕色瓶中保存。

（8）碘溶液[$c(1/2I_2) = 0.100$ mol/L]。

（9）硫代硫酸钠标准溶液[$c(Na_2S_2O_3 \cdot 5H_2O) = 0.100$ mol/L]。

（10）二氧化硫标准溶液：称取 0.5g 亚硫酸氢钠，溶于 200 mL 四氯汞钠吸收液中，放置过夜，上清液用定量滤纸过滤备用。

吸取 10.0 mL 亚硫酸氢钠 – 四氯汞钠溶液于 250 mL 碘量瓶中，加 100 mL 水，准确加入 20.00 mL 碘溶液，5 mL 冰乙酸，摇匀，放置暗处，2 min 后迅速以硫代硫酸钠标准溶液滴定至淡黄色，加 0.5 mL 淀粉指示液，继续滴至无色。另取 100 mL 水，准确加入碘溶液 20.00 mL、冰乙酸 5 mL，按同一方法做试剂空白试验。

二氧化硫标准溶液的浓度计算：

$$X = \frac{(V_2 - V_1) \times c \times 32.03}{10} \tag{5-15}$$

式中　X——二氧化硫标准溶液的浓度，mg/mL；

　　　V_1——测定用亚硫酸氢钠 – 四氯汞钠溶液消耗硫代硫酸钠标准溶液体积，mL；

　　　V_2——试剂空白消耗硫代硫酸钠标准溶液体积，mL；

　　　c——硫代硫酸钠标准溶液的摩尔浓度，mol/L；

　　　32.03——每毫升硫代硫酸钠标准溶液[$c(Na_2S_2O_3 \cdot 5H_2O) = 0.100$ mol/L]相当于二氧化硫的质量，mg。

（11）二氧化硫使用液：临用前将二氧化硫标准溶液以四氯汞钠吸收液稀释成每毫升溶液相当于 2 μg 二氧化硫。

（12）氢氧化钠溶液（20 g/L）。

（13）硫酸（1＋71）。

（四）分析步骤

1. 试样处理

（1）水溶性固体试样如白砂糖等可取约 10.00 g 均匀试样（试样量可视含量高低而定），以少量水溶解，置于 100 mL 容量瓶中，加入 4 mL 氢氧化钠溶液，5 min 后加入 4 mL 硫酸，然后加入 20 mL 四氯汞钠吸收液，以水稀释至刻度。

（2）其他固体试样如饼干、粉丝等可称取 5.0 ~ 10.0 g 研磨均匀的试样，以少量水湿润并移入 100 mL 容量瓶中，然后加入 20 mL 四氯汞钠吸收液，浸泡 4 h 以上，若上层溶液不澄清可加入亚铁氰化钾及乙酸锌溶液各 2.5 mL，最后用水稀释至 100 mL 刻度，过滤后备用。

（3）液体试样如葡萄酒等可直接吸取 5.0 ~ 10.0 mL 试样，置于 100 mL 容量瓶中，以少量水稀释，加 20 mL 四氯汞钠吸收液，摇匀，最后加水稀释至刻度，混匀，必要时过滤备用。

2. 测定

吸取 0.50 ~ 5.0 mL 上述试样处理液于 25 mL 具塞比色管中。

另吸取 0 mL，0.20 mL，0.40 mL，0.60 mL，0.80 mL，1.00 mL，1.50 mL，2.00 mL 二氧化硫标准使用液（相当于 0 μg，0.4 μg，0.8 μg，1.2 μg，1.6 μg，2.0 μg，3.0 μg，4.0 μg 二氧化硫），分别置于 25 mL 具塞比色管中。

于试样及标准管中各加入四氯汞钠吸收液至体积为 10 mL，然后再加 1 mL 氨基磺酸铵溶液、1 mL 甲醛溶液及 1 mL 盐酸副玫瑰苯胺溶液，摇匀，放置 20 min，用 1 cm 比色杯，以零管调节零点，于波长 550 nm 处测吸光度，绘制标准曲线比较。

（五）结果计算

试样中二氧化硫的含量计算：

$$X = \frac{A \times 1\ 000}{m \times \left(\dfrac{V}{100}\right) \times 1\ 000 \times 1\ 000} \tag{5-16}$$

式中　X——试样中二氧化硫的含量，g/kg；

A——测定用样液中二氧化硫的质量，μg；

m——试样的质量，g；

V——测定用样液的体积，mL。

计算结果保留三位有效数字。

二、食用合成着色剂的测定

食品着色剂也就是食用色素，是以食品着色、改善食品的色泽为目的的食品添加剂，可分为天然和人工合成两大类。天然着色剂是从一些动、植物组织中提取的，其安全性高，但稳定性差，着色能力差，难以调出任意的色泽，且资源较短缺，目前还不能满足食品工业的需要。合成着色剂是用有机物合成的，主要来源于煤焦油及其副产品，资源十分丰富，具有稳定性好、色泽鲜艳、附着能力强、能调出任意色泽等优点，因而得到广泛应用，但由于许多合成着色剂本身或其代谢产物具有一定的毒性、致泻性与致癌性，因此必须对合成着色剂的使用范围及用量加以限制，确保其使用的安全性。

合成着色剂种类多，国际上允许使用的有 30 多种，我国允许使用的主要有苋菜红、胭脂红、赤藓红、新红、诱惑红、玫瑰红、柠檬黄、日落黄、亮黄、靛蓝、牢固绿等。

着色剂的测定内容主要是检测食用合成着色剂是否符合国家规定的标准。食品中合成着色剂的测定参照 GB/T 5009. 35—2003 的方法。

（一）原理

食品中人工合成着色剂用聚酰胺吸附法或液 – 液分配法提取,制成水溶液,注入高效液相色谱仪,经反相色谱分离,根据保留时间定性,峰面积比较进行定量。

（二）仪器

高效液相色谱仪,带紫外检测器,254 nm 波长。

（三）试剂

（1）正己烷。

（2）盐酸。

（3）乙酸。

（4）甲醇:经滤膜(0.5 μm)过滤。

（5）聚酰胺粉(尼龙 6):过 200 目。

（6）乙酸铵溶液(0.02 mol/L):称取 1.54 g 乙酸铵,加水至 1 000 mL,溶解,经滤膜(0.45 μm)过滤。

（7）氨水:量取氨水 2 mL,加水至 100 mL,混匀。

（8）氨水 – 乙酸铵溶液(0.02 mol/L):量取氨水 0.5 mL,加乙酸铵溶液(0.02 mol/L)至 1 000 mL,混匀。

（9）甲醇 – 甲酸(6 + 4)溶液:量取甲醇 60 mL,甲酸 40 mL,混匀。

（10）柠檬酸溶液:称取 20 g 柠檬酸,加水至 100 mL,溶解混匀。

（11）无水乙醇 – 氨水 – 水(7 + 2 + 1)溶液:量取无水乙醇 70 mL、氨水 20 mL、水 10 mL,混匀。

（12）三正辛胺正丁醇溶液(5%):量取三正辛胺 5 mL,加正丁醇至 100 mL,混匀。

（13）饱和硫酸钠溶液。

（14）硫酸钠溶液(2 g/L)。

（15）pH = 6 的水:水加柠檬酸溶液调节 pH 至 6。

（16）合成着色剂标准溶液:准确称取按其纯度折算为 100% 质量的柠檬黄、苋菜红、胭脂红、赤藓红、新红、日落黄、亮黄、靛蓝各 0.100 g,置 100 mL 容量瓶中,加 pH = 6 的水至刻度,配成水溶液(1.00 mg/mL)。

（17）合成着色剂标准使用液:临用时上述溶液加水稀释 20 倍,经滤膜(0.45 μm)过滤。配成每毫升相当于 50.0 μg 合成着色剂的溶液。

（四）分析步骤

1.试样处理

（1）橘子汁、果味水、果子露汽水等:称取 20.0 ~ 40.0 g,放入 100 mL 烧杯中。含二氧化碳试样则加热驱除二氧化碳。

（2）配制酒类:称取 20.0 ~ 40.0 g,放入 100 mL 烧杯中,加小碎瓷片数片,加热驱除乙醇。

（3）硬糖、蜜饯类、淀粉软糖等:称取 5.00 ~ 10.00 g 小粉碎试样,放入 100 mL 小烧杯中,加水 30mL,温热溶解,若试样溶液 pH 较高,用柠檬酸溶液调节 pH 到 6 左右。

（4）巧克力豆及着色糖衣制品：称取 5.00 ~ 10.00 g，放入 100 mL 小烧杯中，加水 30 mL，用水反复洗涤色素，到巧克力豆无色为止，合并色素漂洗液为试样溶液。

2.色素提取

（1）聚酰胺吸附法：试样溶液加柠檬酸溶液调节 pH 到 6，加热至 60 ℃，将 1 g 聚酰胺粉加少许水调成粥状，倒入试样溶液中，搅拌片刻，以 G_3 垂融漏斗抽滤，用 60 ℃ pH = 4 的水洗涤 3 ~ 5 次（含赤藓红的试样用下述（2）法处理），再用水洗至中性，用乙醇 - 氨水 - 水混合溶液解吸 3 ~ 5 次，每次 5 mL，收集解吸液，加乙酸中和，蒸发至近干，加水溶解，定容至 5 mL。经滤膜（0.45 μm）过滤，取 10 μL 进高效液相色谱仪。

（2）液 - 液分配法（适用于含赤藓红的试样）：将制备好的试样溶液放入分液漏斗中，加 2 mL 盐酸、三正辛胺正丁醇溶液 10 ~ 20 mL，振摇提取，分取有机相，重复提取至有机相无色，合并有机相，用饱和硫酸钠溶液洗两次，每次 10 mL，分取有机相，放蒸发皿中，水浴加热浓缩至 10 mL，转移至分液漏斗中，加 60 mL 正己烷，混匀，加氨水提取 2 ~ 3 次，每次 5 mL合并氨水溶液层（含水溶性酸性色素），用正己烷洗两次，氨水层加乙酸调成中性，水浴加热蒸发至近干，加水定容至 5 mL。经滤膜（0.45 μm）过滤，取 10 μL 进高效液相色谱仪。

3.高效液相色谱参考条件

（1）柱：YWG - C_{18} 10 μm 不锈钢柱 4.6 mm（i. d.）×250 mm。

（2）流动相：甲醇 - 乙酸铵溶液（pH = 4，0.02 mol/L）。

（3）梯度洗脱：甲醇：20% ~ 35%，3%/min；35% ~ 98%，9%/min；98% 继续 6 min。

（4）流速：1 mL/min。

（5）检测器：紫外检测器，254 nm 波长。

4.测定

取相同体积样液和合成着色剂标准使用液分别注入高效液相色谱仪，根据保留时间定性，由外标峰面积法定量。

（五）结果计算

$$X = \frac{A \times 1\ 000}{m \times \dfrac{V_2}{V_1} \times 1\ 000 \times 1\ 000}$$
（5 - 17）

式中　X——试样中着色剂的含量，g/kg；

　　　A——样液中着色剂的质量，μg；

　　　V_2——试样体积，mL；

　　　V_1——试样稀释总体积，mL；

　　　m——试样的质量，g。

计算结果保留两位有效数字。

项目三　食品中限量元素的测定

 项目分析

存在于食品中的各种矿物质元素，从营养学的角度可分为必需元素、非必需元素和有毒元素。必须元素在一切机体的正常组织中都存在，而且含量比较固定，缺乏时会发生组

织上或生理上的异常,当补充这种元素后会恢复正常(或可防止出现异常),如钙、钾、钠、磷等。非必需元素在机体正常组织中不一定存在,而且对机体正常组织和生理功能无关紧要,如硅等。有些元素,目前尚未证实对人体具有生理功能,而其极小的计量即可导致机体呈现毒性反应,这类元素我们称之为有毒元素,如铅、砷、汞、镉等。无论是人体必需的微量元素还是有害元素,在食品卫生标准中都有一定的限量规定,从食品分析的角度统称为限量元素。

人体微量元素的需求浓度常严格局限在一定的范围内,有的元素这一浓度范围比较宽,有的元素却非常窄。微量元素在这个特定的浓度范围内可以使组织的结构和功能的完整性得到维持。当其含量低于需要浓度时,组织功能会减弱或不健全,甚至会受到损害处于不健康状态之中。但如果浓度高于这一特定的范围,则可能导致不同程度的毒性反应,严重的可以引起死亡。因此,制订各种微量元素在各类食品中的限量标准和检测微量元素的含量,对保障人体健康是十分必要的,同时也为人类的饮食安全性提供可供评价的依据。

【知识目标】了解可见分光光度计、原子吸收分光光度计、原子荧光光度计等检测仪器的原理、结构、使用方法;熟悉食品中常需要检测的限量元素的种类及所采用的检测方法。

【能力目标】能熟悉操作可见分光光度计、原子吸收分光光度计、原子荧光光度计等仪器;能正确测定食品中铅、汞、砷等限量元素的含量;能正确记录和处理实验数据,并能按要求撰写完整的检验报告。

任务5.3.1　铅　的　测　定

一、铅的性质及测定意义

铅在自然界的分布及用途广泛,是日常生活和工业生产中使用最广泛的有毒金属,如采矿、冶炼、蓄电池、交通运输、印刷、塑料、涂料、焊接、陶瓷、橡胶、农药等行业都使用铅及其化合物。人体摄入铅的途径很多,如饮食、饮水、吸烟、大气污染等,但人体摄入的铅主要来自于食品。食品中铅的来源主要有三个方面:一是植物通过根部直接吸收土壤中溶解状态的铅;二是食品在生产、加工、包装、运输过程中接触到的设备、工具、容器及包装材料都可能含有铅,在一定条件下,铅逐渐会进入食品中;三是工业"三废"污染环境,从而污染食品。通过全球膳食结构分析,人体每日摄入铅的含量主要来自饮水、饮料、谷物和蔬菜等。一般情况下,植物性食品铅含量高于动物性食品。

铅不是人体必需元素,在体内有蓄积作用,可损伤脑组织、造血器官和肾脏,对人类心血管系统、生殖功能也有影响,并有致癌、致畸、致突变的危害。为了控制人体铅的摄入量,在食品监督领域中铅含量被列为重要检测项目。

二、食品中铅的限量及测定方法

根据 GB 2762—2005《食品中污染物限量》,食品中铅的限量指标见表 5 – 7。

表 5 – 7 食品中铅限量指标

食品	限量(MLs)/(mg/kg)
谷类、豆类、薯类以及畜禽兽肉类	0.2
可食用畜禽下水、鱼类	0.5
小水果、浆果、葡萄	0.2
水果、蔬菜(球茎、叶菜、食用菌类除外)	0.1
球茎蔬菜、叶菜类	0.3
鲜乳、果汁	0.05
婴儿配方奶粉(如果为原料,以冲调后乳汁计)	0.02
鲜蛋、果酒	0.2
茶叶	5

GB 5009.12—2010《食品中铅的测定》中铅的测定方法有石墨炉原子吸收光谱法、氢化物原子荧光光谱法、火焰原子吸收光谱法、二硫腙比色法和单扫描极谱法。其中,石墨炉原子吸收光谱法灵敏度高,但该仪器价格昂贵,对基体复杂试样的测定产生严重的干扰,常给分析结果的准确性带来影响。原子荧光光谱法灵敏度高,使用国产仪器,易推广应用。

任务实施

食品中铅含量测定

参照 GB 5009.12—2010 的方法测定。下面介绍石墨炉原子吸收光谱法。

一、原理

试样经灰化或酸消解后,注入原子吸收分光光度计石墨炉中,电热原子化后吸收283.3 nm共振线,在一定浓度范围,其吸收值与标准系列比较进行定量。

二、仪器

(1)原子吸收光谱仪(附石墨炉及镉空心阴极灯);

(2)马弗炉。

(3)分析天平:感量为 1 mg。

(4)干燥恒温箱。

(5)压力消解器、压力消解罐或压力溶弹。

(6)可调式电热板、可调式电炉。

三、试剂

除非另有规定,本方法所使用试剂均为分析纯,水为 GB/T 6682 规定的一级水。

(1)硝酸:优级纯。

(2)过硫酸铵。

(3)过氧化氢(30%)。

（4）高氯酸：优级纯。

（5）硝酸（1+1）：取 50 mL 硝酸慢慢加入 50 mL 水中。

（6）硝酸（0.5 mol/L）：取 3.2 mL 硝酸加入 50 mL 水中，稀释至 100 mL。

（7）硝酸（1 mol/L）：取 6.4 mL 硝酸加入 50 mL 水中，稀释至 100 mL。

（8）磷酸二氢铵溶液（20 g/L）：称取 2.0 g 磷酸二氢铵，以水溶解稀释至 100 mL。

（9）混合酸：硝酸 + 高氯酸（9+1），取 9 份硝酸与 1 份高氯酸混合。

（10）铅标准储备液：准确称取 1.000 g 金属铅（99.99%），分次加少量硝酸（1+1），加热溶解，总量不超过 37 mL，移入 1 000 mL 容量瓶，加水至刻度，混匀。每毫升此溶液含 1.0 mg 铅。

（11）铅标准使用液：每次吸取铅标准储备液 1.0 mL 于 100 mL 容量瓶中，加硝酸（0.5 mol/L）至刻度。如此经过多次稀释成每毫升含 10.0 ng，20.0 ng，40.0 ng，60.0 ng，80.0 ng 铅的标准使用液。

四、分析步骤

1. 试样预处理

（1）在采样和制备过程中，应注意不使试样污染。

（2）粮食、豆类去杂物后，磨碎，过 20 目筛，储于塑料瓶中，保存备用。

（3）蔬菜、水果、鱼类、肉类及蛋类等水分含量高的鲜样，用食品加工机或匀浆机储于塑料瓶中，保存备用。

2. 试样消解（可根据实验室条件选用以下任何一种方法消解）

（1）压力消解罐消解法：称取 1~2 g 试样（精确到 0.001 g，干样、含脂肪高的试样 < 1 g，鲜样 < 2 g 或按压力消解罐使用说明书称取试样）于聚四氟乙烯内罐，加硝酸 2~4 mL 浸泡过夜，再加过氧化氢 2~3 mL（总量不能超过罐容积的 1/3）。盖好内盖，旋紧不锈钢外套，放入恒温干燥箱，120~140 ℃ 保持 3~4 h，在箱内自然冷却至室温，用滴管将消化液洗入或过滤入（视消化后试样的盐分而定）10~25 mL 容量瓶中，用水少量多次洗涤罐，洗液合并于容量瓶中并定容至刻度，混匀备用；同时做试剂空白试验。

（2）干灰化法：称取 1~5 g 试样（精确到 0.001 g，根据铅含量而定）于瓷坩埚中，先小火在可调式电热板上炭化至无烟，移入马弗炉 500±25 ℃ 灰化 6~8 h，冷却。若个别试样灰化不彻底，则加 1 mL 混合酸在可调式电炉上小火加热，反复多次直到消化完全，放冷，用硝酸（0.5 mol/L）将灰分溶解，用滴管将试样消化液洗入或过滤入（视消化后试样的盐分而定）10~25 mL 容量瓶中，用水少量多次洗涤瓷坩埚，洗液合并于容量瓶中并定容至刻度，混匀备用；同时做试剂空白试验。

（3）过硫酸铵灰化法：称取 1~5 g 试样（精确到 0.001 g）于瓷坩埚中，加 2~4 mL 硝酸浸泡 1 h 以上，先小火炭化，冷却后加 2.00~3.00 g 过硫酸铵盖于上面，继续炭化至不冒烟，转入马弗炉，500±25 ℃ 恒温 2 h，再升至 800 ℃，保持 20 min，冷却，加 2~3 mL 硝酸（1 mol/L），用滴管将试样消化液洗入或过滤入（视消化后试样的盐分而定）10~25 mL 容量瓶中，用水少量多次洗涤瓷坩埚，洗液合并于容量瓶中并定容至刻度，混匀备用；同时做试剂空白实验。

（4）湿式消解法：称取试样 1~5 g（精确到 0.001 g）与锥形瓶或高脚烧杯中，放数粒玻璃珠，加 10 mL 混合酸，加盖浸泡过夜，加一小漏斗于电炉上消解，若变棕黑色，再加混合酸,直至冒白烟,消化液呈无色透明或略带黄色,放冷用滴管将试样消化液洗入或过滤入(视消化液后式样的盐分而定)10～25 mL容量瓶中,用水少量多次洗涤锥形瓶或高脚烧杯,洗液合并于容量瓶中并定容至刻度,混匀备用;同时做试剂空白实验。

3.测定

(1)仪器条件:根据各自仪器性能至最佳状态。参考条件为波长283.3 nm,狭缝0.2～1.0 nm,灯电流5～7 mA,干燥温度120 ℃,20 s,灰化温度450 ℃,持续15～20 s,原子化温度:1 700～2 300 ℃,持续4～5 s,背景校正为氘灯或塞曼效应。

(2)标准曲线绘制:吸取上面配制的铅标准使用液10.0 ng/mL(或ug/L)、20.0 ng/mL(或ug/L),40.0 ng/mL(或ug/L),60.0 ng/mL(或ug/L),80.0 ng/mL(或ug/L)各10 uL,注入石墨炉,测得其吸收光值,并求得吸收光值与浓度关系的一元线性回归方程。

(3)试样测定:分别吸取样液和试剂空白液各10 μL,注入石墨炉,测得其吸收光值,代入标准系列的一元线性回归方程中求得样液中铅含量。

(4)基体改进剂的使用:对有干扰试样,则注入适量的基体改进剂磷酸二氢铵溶液(一般为5 μL或与试样同量)消除干扰。绘制铅标准曲线时也要加入与试样测定时等量的基体改进剂磷酸二氢铵溶液。

五、结果计算

试样中铅含量的计算

$$X = \frac{(c_1 - c_0) \times V \times 1\,000}{m \times 1\,000 \times 1\,000} \tag{5-18}$$

式中　X——试样中铅含量,mg/kg 或 mg/L;

　　　c_1——测定样液中铅的含量,ng/mL;

　　　c_0——空白液中铅含量,ng/mL;

　　　V——试样消化液定量总体积,mL;

　　　m——试样质量或体积,g 或 mL;

以重复性条件下获得的两次独立测定结果的算术平均值表示,结果保留两位有效数字。在重复性条件下获得的两次独立测定结果的绝对差值不得超过算术平均值的20%。

说明:本方法为GB 5009.12—2010第一法。本法检出限为0.005 mg/kg。

任务5.3.2　汞 的 测 定

一、汞的性质及测定意义

汞,俗称水银,是唯一在常温下呈银白色液态的金属,不溶于水、稀硫酸和盐酸,能溶于热硫酸和硝酸,在空气中不易被氧化,常温下有挥发性。

汞是人机体非必需的微量元素。各种形态的汞均有毒。无机汞不容易吸收,毒性较小。单质汞易被呼吸道吸收,烷基汞易被肠道吸收,毒性大。汞在人体内易积蓄,可引起人体积蓄性汞中毒,蓄积的部位主要是在脑、肝和肾内。汞的毒性主要是损害细胞内酶系统和蛋白质的巯基,引起急性中毒或慢性中毒,导致骨节疼痛等症状。甲基汞还可通过胎盘进入胎儿体内,影响胎儿生长发育。

食品中的汞主要来自环境污染。用含汞废水灌溉或不合理地使用含汞农药,会使农作物的含汞量增高。含汞工业废水可污染水体,水体中的汞可通过食物链富集在水生生物中,其富集系数最高可达 1×10^6,所以,鱼虾贝类等水产品或海产品含汞量远高于其他食品。为了控制人体汞的摄入量,在食品监督领域中,汞含量被列为重要检测项目。

我国食品中汞的卫生标准:鱼及水产品≤0.3 mg/kg,肉、蛋、油≤0.5 mg/kg,成品粮≤0.002 mg/kg,牛乳及乳制品、蔬菜、水果等≤0.01 mg/kg。

二、总汞测定的方法

GB/T 5009.17—2003《食品中总汞及有机汞的测定》中规定,总汞的测定方法有原子荧光光谱分析法(检出限为 0.15 μg/kg,标准曲线最佳线性范围为 0~60 μg/L)、冷原子吸收法(压力消解检出限为 0.4 μg/kg,其他消解检出限为 10 μg/kg)、比色法(检出限为 25 μg/kg)。

任 务 实 施

食品中总汞的测定

一、原理

试样经酸热消化后,在酸性介质中,试样中的汞被硼氢化钠($NaBH_4$)或硼氢化钾(KBH_4)还原成原子态汞,由载气(氩气)代入原子化仪器中,在特制汞空心阴极灯照射下,基态汞原子被激发至高能态,再去活化回到基态时,发射出特征波长的荧光,其荧光强度与汞含量成正比,根据标准系列进行定量。

二、仪器

(1)双道原子荧光光度计。

(2)高压消解罐(100 mL 容量)。

(3)微波消解炉。

三、试剂

(1)硝酸(优级纯)。

(2)硫酸(优级纯)。

(3)过氧化氢(30%)。

(4)硫酸-硝酸-水(1+1+8):量取 10 mL 硝酸和 10 mL 硫酸,缓缓倒入 80 mL 水中,冷却后小心混匀。

(5)硝酸(1+9):取 50 mL 硝酸慢慢加入 450 mL 水中,混匀。

(6)氢氧化钾(5 g/L):5.0 g 氢氧化钾,溶于水中,稀释至 1 000 mL,混匀。

（7）硼氢化钾溶液（5 g/L）：称取 5.0 g 硼氢化钾，溶于氢氧化钾溶液（5 g/L）中，稀释至 1 000 mL，混匀，现用现配。

（8）汞标准储备液：精密称取 0.135 4 g 干燥过的二氯化汞，加硫酸 – 硝酸 – 水混合酸溶解后移入 100 mL 容量瓶中，并稀释至刻度，混匀，每毫升此溶液相当于 1 mg 汞。

（9）汞标准使用液：用移液管吸取汞标准储备液 1 mL 于 100 mL 容量瓶中，用硝酸溶液稀释至刻度，混匀，此溶液浓度为 10 μg/mL；再分别吸取 10 μg/mL 汞标准溶液 1 mL 和 5 mL 于两个 100 mL 容量瓶中，用硝酸溶液稀释至刻度，混匀，溶液浓度分别为 100 ng/mL 和 500 ng/mL，分别用于测定低浓度试样和高浓度试样，制作标准曲线。

四、分析步骤

（一）试样消解

1. 高压消解法

本方法适用于粮食、豆类、蔬菜、水果、瘦肉类、鱼类、蛋类及乳与乳制品类食品中总汞的测定。

（1）粮食及豆类等干样：称取经粉碎混匀过 40 目筛的干样 0.20～1.00 g，置于聚四氟乙烯塑料内罐中，加 5 mL 硝酸，混匀后放置过夜，再加 7 mL 过氧化氢，盖上内盖放入不锈钢外套中，旋紧密封，然后将消解器放入普通干燥箱中（烘箱）中加热，升温至 120 ℃后保持恒温 2～3 h，至消解完全，自然冷至室温，将消解液用硝酸溶液（1 + 9）定量转移并定容至 25 mL，摇匀。同时做试剂空白试验，待测。

（2）蔬菜、瘦肉、鱼类及蛋类水分含量高的鲜样：用捣碎机打成匀浆，称取匀浆 1.00～5.00 g，置于聚四氟乙烯塑料内罐中，加盖留缝放于 65 ℃鼓风干燥烤箱或一般烤箱中烘至近干，取出，以下按该法（1）中自"加 5 mL 硝酸……"起依法操作。

2. 微波消解法

称取 0.10～0.50 g 试样于消解罐中加入 1～5 mL 硝酸、1～2 mL 过氧化氢，盖好安全阀后将消解罐放入微波炉消解系统中，根据不同种类的试样设置微波炉消解系统的最佳分析条件（见表 5 – 8 和 5 – 9），至消解完全，冷却后用硝酸溶液（1 + 9）定量转移并定容至 25 mL（低含量试样可定容至 10 mL），混匀待测。

表 5 – 8　粮食、蔬菜、鱼肉类试样微波分析条件

步骤	1	2	3
功率 / %	50	75	90
压力 / kPa	343	686	1 096
升压时间 / min	30	30	30
保压时间 / min	5	7	5
排风量 / %	100	100	100

表 5 – 9　油脂、糖类试样微波分析条件

步骤	1	2	3	4	5
功率 / %	50	70	80	100	100
压力 / kPa	343	514	686	959	1 234

表 5 - 9(续)

步骤	1	2	3	4	5
升压时间 / min	30	30	30	3030	30
保压时间 / min	5	5	5	7	5
排风量 / %	100	100	100	100	100

（二）标准系列配制

1. 低浓度标准系列

分别吸取 100 ng/mL 汞标准使用液 0.25 mL,0.50 mL,1.00 mL,2.00 mL,2.50 mL 于 25 mL 容量瓶中,用硝酸溶液(1 +9)稀释至刻度,混匀,各自相当于汞浓度 1.00 ng/mL,2.00 ng/mL,4.00 ng/mL,8.00 ng/mL,10.00 ng/mL,此标准系列适用于一般试样测定。

（2）高浓度系列标准

分别吸取 500 ng/mL 汞标准使用液 0.25 mL,0.50 mL,1.00 mL,1.50 mL,2.00 mL 于 25 mL 容量瓶中,用硝酸溶液(1 +9)稀释至刻度,混匀,各自相当于汞浓度为 5.00 ng/mL,10.00 ng/mL,20.00 ng/mL,30.00 ng/mL,40.00 ng/mL,此标准系列适用于鱼及含汞量偏高的试样测定。

（三）测定

1. 仪器参考条件

光电倍增负高压:240 V;汞空心阴极灯电流:30 mA;原子化器:温度300 ℃ ,8.0 mm;氩气流速:载气 500 mL/min,屏蔽气 1 000 mL/min;测量方式:标准曲线法;读数方式:峰体积,读数延迟时间:1.0 s;读数时间 10.0 s;硼氢化钾溶液加液时间:8.0 s;标液或样液加液体积:2mL。

2. 测定方法

根据情况任选以下一种方法。

（1）浓度测定方式:设定好仪器最佳条件,逐步将炉温升至所需温度后,稳定 10 ~ 20 min 后开始测量。连续用硝酸溶液(1 +9)进样,待读数稳定后,转入标准系列测量,绘制标准曲线。转入试样测量,先用硝酸溶液(1 +9)进样,使读数基本回零,再分别测定试样空白消化液和试样消化液,每测不同的试样前都应清洗进样器。

（2）仪器自动计算结果方式:设定好仪器最佳条件,在试样参数画面输入试样质量(g 或 mL)、稀释体积(mL)等参数,并选择结果的浓度单位,逐步将炉温升至所需温度,稳定后测量。连续用硝酸溶液(1 +9)进样,待读数稳定后,转入标准系列测量,绘制标准曲线。在转入试样测定前,再进入空白值测量状态,用试样空白消化液进样,让仪器取其均值作为扣底的空白值。随后即可依法测定试样,测定完毕后,选择"打印报告"即可将测定结果自动打印。

五、结果计算

试样中汞含量的计算:

$$X = \frac{(c - c_0) \times V \times 1\ 000}{m \times 1\ 000 \times 1\ 000} \tag{5-19}$$

式中 X——试样中汞含量,mg/kg 或 mg/L;

c——试样消化液中汞的含量,ng/mL;

c_0——试样空白消化液中汞的含量,ng/mL;

V——试样消化液总体积,mL;

m——试样的质量或体积,g 或 mL;

计算结果保留三位有效数字。

说明:AFS 系列原子荧光仪如:230,230a,2202,2202a,2201 等仪器都附有相应操作软件,仪器分析条件应设置本仪器所提示的分析条件,仪器稳定后,测标准系列,至标准曲线的相关系数 $r > 0.999$ 后测试样,试样前处理可适用任何型号的原子荧光仪。

任务 5.2.3 砷 的 测 定

一、砷的性质及测定意义

砷(As)是人体非必需元素。食物中的砷为总砷,包括无机砷和有机砷。单质砷及砷的化合物均有毒,单质毒性相对小,而无机砷常为剧毒物,三价砷化合物比五价砷化合物毒性更大。天然界中的砷不会对食品造成大的污染,食品中的砷污染主要来自于在工农业生产中应用的砷化物。地壳风化是环境中砷最大的天然来源,其中大部分通过河流转移到海洋中,且海洋生物对砷有很强的富集作用,富集倍数为上千倍到几万倍。因此,在正常情况下,海产品的含砷量高于动植物食品,尤其是虾、蟹、贝类及某些海藻中砷的含量特别高。

砷可以通过食道、呼吸道和皮肤黏膜进入人体,正常人一般每天摄入砷不超过0.02 mg。通过食品而进入机体的砷可在机体中蓄积,从而引起人体急、慢性中毒。急性中毒可引起重度胃肠道损伤和心脏功能失常,表现为剧烈腹痛、昏迷、惊厥直至死亡。慢性中毒主要引发消化道障碍,还可引起多发性神经炎、四肢血管堵塞及皮肤、指甲、色素沉着等异常,并且具有致畸、致癌、致突变作用。国际癌症研究机构确认,无机砷化合物可引起人类肺癌和皮肤癌。由于砷及其化合物对人体的危害较大,所以世界各国都对砷在食品中的含量制定了最高限量,在食品监督领域被列为重要检测项目。

二、食品中砷的限量及测定方法

根据 GB 2762—2005《食品中污染物限量》,食品中砷的限量指标见表5-10。

表5-10 食品中砷限量指标

食品		限量(MLs)/(mg/kg)	
		总砷	无机砷
粮食	大米	—	0.15
	面粉	—	0.1
	杂粮	—	0.2
蔬菜、水果、畜禽肉类、蛋类、鲜乳、酒类			0.05

表 5–10(续)

食品		限量(MLs)/(mg/kg)	
		总砷	无机砷
乳粉		—	0.25
豆类		—	0.1
水产品	鱼	—	0.1
	藻类	—	1.5
	贝类及虾蟹类(以鲜重计)	—	0.5
	贝类及虾蟹类(以干重计)	—	1.0
	其他水产品(以鲜重计)	—	0.5
食用油脂		0.1	—
果汁、果酱		0.2	—
可可脂及巧克力		0.5	—
其他可可制品		1.0	—
食糖		0.5	—

  GB/T 5009.11—2003《食品中总砷及无机砷的测定》中,总砷的测定方法有氢化物原子荧光光度法(检出限为 0.01 mg/kg,线性范围为 0 ~ 200 ng/mL)、银盐法(检出限为 0.2 mg/kg,)、砷斑法(检出限为 0.25 mg/kg)、硼氢化物还原比色法(检出限为 0.05 mg/kg);无机砷的测定方法有氢化物原子荧光光度法(固体试样检出限为 0.04 mg/kg,液体试样检出限为 0.004 mg/L)、银盐法(检出限为 0.1 mg/kg,线性范围为 1.0 ~ 10.0 μg)。其中,氢化物原子荧光光度法可满足 GB 2762—2005《食品中污染物限量》中各类食品砷卫生指标的检测要求。

任务实施

食品中总砷含量的测定

  参照 GB/T 5009.11—2003 的方法测定。

一、原理

  食品中的砷可能以不同的化学形式存在,包括无机砷和有机砷。在 6 mol/L 盐酸水浴条件下,无机砷以氯化物形式被提取,实现无机砷和有机砷的分离。在 2 mol/L 盐酸条件下测定总无机砷。

二、仪器

  (1)原子荧光光度计。
  (2)玻璃仪器,使用前经 15% 硝酸浸泡 24 h。

三、试剂

  (1)氢氧化钠溶液(2 g/L):称取氢氧化钠 2 g 溶于水中,稀释至 1 000 mL。

（2）硼氢化钠溶液（10g/L）：称取硼氢化钠10.0 g，溶于2 g/L的氢氧化钠溶液1 000 mL中，混匀。此溶液于冰箱可保存10天左右，取出后当日使用（也可称取14 g硼氢化钾代替10 g硼氢化钠）。

（3）硫脲溶液（50 g/L）。

（4）硫酸溶液（1+9）：量取硫酸100 mL，小心倒入900 mL水中，均匀。

（5）氢氧化钠溶液（100 g/L）（供配置砷标准溶液用，少量即够）。

（6）砷标准液：

①砷标准储备液（0.1 mg/mL）：准确称取于100 ℃干燥2 h以上的三氧化二砷0.132 0 g，加入10 mL氢氧化钠溶液（100 g/L）溶解，用适量水转入1 000 mL容量瓶中，加硫酸溶液25 mL，用水定容至刻度，此标准溶液含砷0.1 mg/mL。

②砷标准使用液（1 μg/mL）：吸取1.00 mL砷标准储备液于100 mL砷标准储备液容量瓶中，用水稀释至刻度。此液应当日配置使用。

（7）湿消解试剂：硝酸、硫酸、高氯酸。

（8）干灰化试剂：六水硝酸镁（150 g/L）、氯化镁、盐酸（1+1）。

四、分析步骤

1. 试样消解

（1）湿消解：称取固体试样1~2.5 g，称取液体试样5~10 g（或mL）（精确至小数点后第二位），置入50~100 mL锥形瓶中，同时做两份试剂空白。加硝酸20~40 mL、硫酸1.25 mL，摇匀后放置过夜，置于电热板上加热消解。若消解液处理至10 mL左右时仍有未分解物质或色泽变深，取下放冷，补加硝酸5~10 mL，再消解至10 mL左右观察，如此反复两三次，注意避免炭化。如仍不能消解完全，则加入高氯酸1~2 mL，继续加热至消解完全后，再持续蒸发至高氯酸的白烟散尽，硫酸的白烟开始冒出。冷却，加水25 mL，再蒸发至冒硫酸白烟。冷却，用水将内容物转入25 mL容量瓶或比色管中，加入硫脲2.5 mL，补水至刻度并混匀，备测。

（2）干灰化：一般应用于固体试样。称取1~2.5 g样品（精确至小数点后第二位）于50~100 mL坩埚中，同时做两份试剂空白。加硝酸镁10 mL混匀，低热蒸干，将氧化镁1 g仔细覆盖在干渣上，于电炉上炭化至无黑烟，移入550 ℃高温炉灰化4 h。取出放冷，小心加入盐酸10 mL以中和氧化镁并溶解灰分，转入25 mL容量瓶或比色管中，向容量瓶或比色管中加入硫脲2.5 mL，另用硫酸分次刷洗坩埚后转出合并，直至25 mL刻度，混匀，备测。

（3）液体试样：取4 mL试样于10 mL容量瓶中，加盐酸溶液4 mL，碘化钾－硫脲混合溶液1 mL，正辛醇8滴，定容混匀，测定试样中总无机砷。同时做试剂空白试验。

2. 标准系列制备

取25 mL容量瓶或比色管6支，依次准确加入1 μg/mL砷标准使用液0 mL，0.05 mL，0.2 mL，0.5 mL，2.0 mL，5.0 mL（各相当于砷浓度0 ng/mL，2.0 ng/mL，8.0 ng/mL，20.0 ng/mL，80.0 ng/mL，200.0 ng/mL），各加硫酸（1:9）12.5 mL、硫脲2.5 mL，补加水至刻度，混匀，备用。

3. 测定

（1）仪器参考操作条件

光电倍增管高压：400 V；砷空心阴极灯电流：35 mA；原子化器：温度820~850 ℃，高度

7 mm;氢气流速,载气 600 mL/min;测量方式:荧光强度或浓度直读;读数方式:峰面积;读数延迟时间:1 s;读数时间:15 s;硼氢化钠溶液加入时间:5 s;标液或试样加入体积:2 mL。

（2）浓度方式测量:如直接测荧光强度,则在开机并设定好仪器条件后,预热稳定约 20 min。按"B"键进入空白值测量状态,连续用标准系列的"0"管进样,待读数稳定后,按空挡键记录下空白值(即让仪器自动扣底)即可开始测量。先依次测标准系列(可不再测"0"管)。标准系列测完后应仔细清洗进样器(或更换一支),并再用"0"管测试使读数基本回零后,才能测试剂空白和试样,每当测不同的试样前都应清洗进样器,记录(或打印)下测量数据。

（3）仪器自动方式:利用仪器提供的软件功能可进行浓度直接测定,为此在开机、设定条件和预热后,还需输入必要的参数,即试样量(g 或 mL)、稀释体积(mL)、结果的浓度单位、标准系列各点的重复测量次数、标准系列的点数(不计零点)及各点的浓度值。首先进入空白值测量状态,先用标准系列的"0"管进样以获得稳定的空白值并执行自动扣底后,再依次测标准系列(此时"0"管需再测一次)。在测样液前,需再进入空白值测量状态,先用标准系列"0"管测试使读数复原并稳定后,再用两个试剂空白各进一次样,让仪器取其平均值作为扣底的空白值,随后即可依次测试样。测定完毕后退回主菜单,选择"打印报告"即可将测定结果打出。

五、结果计算

如果采用荧光强度测量方式,则需先对标准系列的结果进行回归运算(由于测量时"0"管强制为 0,故零点值应该输入以占据一个点位),然后根据回归方程求出试剂空白液和试样被测液的砷浓度,再计算试样的砷含量。

$$X = \frac{(c_1 - c_2) \times 25}{m \times 1\ 000} \qquad (5-20)$$

式中　　X——试样中砷的含量,mg/kg 或 mg/L;

　　　　c_1——试样测定液砷的浓度,ng/mL;

　　　　c_2——试剂空白液的浓度,ng/mL;

　　　　m——试样的质量或体积,g 或 mL。

计算结果保留两位有效数字。

食品中铜的测定

铜是人体生理的必需微量元素,在人体内含量很少,是组成体内多种金属酶的重要成分,主要生理功能是促进铁构成血红蛋白,也是许多氧化酶的辅助因素。人体缺铜时,可发生贫血、中性粒细胞减少、生长缓慢和情绪不稳等现象。一般食物中都含有铜,足够人体的需要,但若经常食用受污染、含铜量高的食品,在体内积累了过量的铜也会引起中毒。

GB/T 5009.13—2003《食品中铜的测定》中规定,铜测定方法有火焰原子化法(检出限为 1.0 mg/kg)、石墨炉原子化法(检出限为 0.1 mg/kg)、比色法(检出限为 2.5 mg/kg)。下面介绍原子吸收光谱法测定铜。

一、原理

试样经处理后,导入原子吸收分光光度计中,原子化以后,吸收 324.8 nm 共振线,其吸收值与铜含量成正比,与标准系列比较定量。

二、仪器

所用玻璃仪器均以硝酸(10%)浸泡 24 h 以上,用水反复冲洗,最后用去离子水冲洗晾干后,方可使用。

(1)捣碎机。

(2)马弗炉。

(3)原子吸收分光光度计。

三、试剂

(1)硝酸。

(2)石油醚。

(3)硝酸(10%):取 10 mL 硝酸置于适量水中,再稀释至 100 mL。

(4)硝酸(0.5%):取 0.5 mL 硝酸置于适量水中,再稀释至 100 mL。

(5)硝酸(1 + 4):取 20 mL 硝酸置于适量水中,再稀释至 100 mL。

(6)硝酸(4 + 6):取 40 mL 硝酸置于适量水中,再稀释至 100 mL。

(7)铜标准溶液:准确称取 1.000 0 g 金属铜(99.9%),分别加入硝酸(4 + 6)溶解,总量不超过 37 mL,移入 1 000 mL 容量瓶中,用水稀释至刻度。每毫升此溶液相当于 1.0 mg 铜。

(8)铜标准使用液 I:吸取 10.0 mL 铜标准溶液,置于 100 mL 容量瓶中,用 0.5% 硝酸溶液稀释至刻度,摇匀,如此多次稀释至每毫升此溶液相当于 1.0 μg 铜。

(9)铜标准使用液 II:按铜标准使用液 I 方式,稀释至每毫升此溶液相当于 0.10 μg 铜。

四、分析步骤

1. 试样处理

(1)谷类(除去外壳)、茶叶、咖啡等磨碎,过 20 目筛,混匀。蔬菜、水果等试样取可食部分,切碎、捣成匀浆。称取 1.00 ~ 5.00 g 试样,置于石英或瓷坩埚中,加入 5 mL 硝酸,放置 0.5 h,小火蒸干,继续加热炭化,在移入马弗炉中,500 ± 25 ℃ 灰化 1 h,取出放冷,再加 1 mL 硝酸浸湿灰分,小火蒸干。再移入马弗炉中,500 ℃ 灰化 0.5 h,冷却后取出,以 1 mL 硝酸(1 + 4)溶解 4 次,移入 10.0 mL 容量瓶中,用水稀释至刻度,备用。

取与消化试样相同的硝酸,按同一方法做试剂空白试验。

(2)水产类:取可食部分捣成匀浆,称取 1.00 ~ 5.00 g,以下按(1)自"置于石英或瓷坩埚中……"起依法操作。

(3)乳、炼乳、乳粉:称取 2.00 g 混匀试样,按(1)自"置于石英或瓷坩埚中……"其依法操作。

(4)油脂类:称取 2.00 g 混匀试样,固体油脂先加热融成液体,置于 100 mL 分液漏斗中,加 10 mL 石油醚,用硝酸(10%)提取 2 次,每次 5 mL,振摇 1 min,合并硝酸液于 50 mL 容量瓶中,加水稀释至刻度,混匀,备用。并同时做空白试验。

（5）饮料、酒、醋、酱油等液体试样，可直接取样测定，固形物较多时或仪器灵敏不足时，可把上述试样浓缩按（1）操作。

2. 测定

（1）吸取 0.0、1.0 mL、2.0 mL、4.0 mL、6.0 mL、8.0 mL、10.0 mL 铜标准使用液 I（1.0 μg/mL），分别置于 10 mL 容量瓶中，加硝酸（0.5%）稀释至刻度，混匀。容量瓶中每毫升分别相当于 0.0 μg，0.10 μg，0.20 μg，0.40 μg，0.60 μg，0.80 μg，1.00 μg 铜。

将处理后的样液、试剂空白液和各容量瓶中铜标准使用液 II（0.10 μg/mL）分别导入调至最佳条件的火焰原子化器进行测定。参考条件：灯电流 3～6 mA，波长 324.8 nm，光谱通带 0.5 nm，空气流量 9 L/min，乙炔流量 2 L/min，灯头高度 6 mm，氘灯背景校正。以铜标准溶液含量和对应吸光度，绘制标准曲线或计算直线回归方程，试样吸收值与曲线比较或代入方程求得含量。

（2）吸收 0.0、1.0 mL、2.0 mL、4.0 mL、6.0 mL、8.0 mL、10.0 mL 铜标准使用液 II（0.10 μg/mL），分别置于 10 mL 容量瓶中，加硝酸（5%）稀释至刻度，混匀。容量瓶中每毫升相当于 0.0 μg，0.01 μg，0.02 μg，0.04 μg，0.06 μg，0.08 μg，0.10 μg 铜。

将处理后的试液，试剂空白液和各容量瓶中铜标准液 10～20 μL 分别导入调至最佳条件石墨炉原子化器进行测定。参考条件：灯电流 3～6 mA，波长 324.8 nm，光谱通带 0.5 nm，保护气体 1.5 L/min（原子化阶段停气）。操作参数：干燥 90 ℃，20 s；灰化 20 s；升到 800 ℃，20 s，原子化 2 300 ℃，4 s。以铜标准溶液 II 系列含量和对应吸光度，绘制标准曲线和计算直线回归方程，试样吸收值与曲线比较或代入方程求得含量。

（3）氯化钠和其他物质干扰时，可在进样前用硝酸铵（1mg/mL）或磷酸二氢铵稀释或进样后（石墨炉）再加入与试样等量上述物质作为基体改进剂。

五、结果计算

1. 火焰法

试样中铜的含量计算：

$$X = \frac{(A_1 - A_2) \times V \times 1\,000}{m \times 1\,000} \qquad (5-21)$$

式中　X——试样的铜含量，mg/kg 或 mg/L；

　　　A_1——测定用试样中铜的含量，μg/mL；

　　　A_2——试剂空白液中铜的含量，μg/mL；

　　　V——试样处理后的总体积，mL；

　　　m——试样质量或体积，g 或 mL。

2. 石墨炉法

试样中铜的含量计算：

$$X = \frac{(A_1 - A_2) \times 1\,000}{m \times \dfrac{V_1}{V_2} \times 1\,000} \qquad (5-22)$$

式中　X——试样的铜含量，mg/kg 或 mg/L；

　　　A_1——测定用试样消化液中铜的质量，μg；

　　　A_2——试剂空白液中铜的质量，μg；

V_1——试样消化液的总体积,mL;

V_2——测定用试样消化液的体积,mL;

m——试样质量或体积,g 或 mL。

计算结果保留两位有效数字,试样含量超过 10 mg/kg 时保留三位有效数字。

项目四　食品中有害物质的检验

项目分析

在自然界所有的物质中,当某物质或含有该物质的物质被按其原来的用途正常使用时,若因该物质而导致人体生理机能、自然环境或生态平衡遭受破坏,则该物质为有害物质。从对机体健康影响的角度可将有害物质分为普通有害物质、有毒物质、致癌物质和危险物质。

食品中的有害物质可分为三类:一是生物性有害物质,如黄曲霉、李斯特菌、口蹄疫致病菌等;二是化学性有害物质,如 DDT、氯丙醇、河豚毒素、重金属、放射性元素等;三是物理性有害物质,如金属屑、石子、动物排泄物等。这些有害物质的主要来源有:不当使用农药、兽药;来自加工、储藏或运输中的污染,如操作不卫生、杀菌不合要求或储藏方法不当等;来自特定食品加工工艺,如肉类熏烤、蔬菜腌制等;来自包装材料中的有害物质溶到被包装的食品中;来自环境污染物;来自食品原料中固有的天然有毒物质。

随着社会的发展,人们越来越关心自身健康,对食品安全性的要求也越来越高,使得世界各国不断降低食品中有害物质的最高残留量的数值,这对检测水平也提出了新的要求。

学习目标

【知识目标】了解气相色谱仪等检测仪器的原理、结构、使用方法,熟悉食品中常需要检测的有害物质的种类及所采用的检测方法。

【能力目标】能正确操作气相色谱仪,能测定食品中有机磷农药、黄曲霉毒素等有害物质;能正确记录、处理实验数据及撰写完整的检验报告。

任务 5.4.1　农药残留量的测定

一、食品中的药物残留

食品中的药物残留主要包括农药残留和兽药残留。

农药是指用于预防或消灭危害农、林、牧业生产的病、虫、草及其他有害生物,以及有目的的调节植物和昆虫生长的药物的通称。农药残留是指农药使用后残存于生物体、食品(农副产品)和环境中的微量农药原体、有毒代谢物、降解物和杂质的总称,残留数量称为残留量。按农药化学组成及结构,农药可分为有机磷、氨基甲酸酯、有机氯、拟除虫菊酯、苯氧乙酸、有机磷和有机汞等多种类型。

兽药残留是指动物产品的任何可食部分所含兽药的母体化合物及(或)其代谢物,以及与兽药有关的杂质的残留。兽药残留既包括原药,也包括药物在动物体内的代谢产物。药物或其他代谢产物与内源大分子共价结合产物称为结合残留。兽药残留主要有抗生素类、磺胺类、呋喃药类、抗球虫药类和驱虫药类。

由于药物性质、使用方法及使用时间不同,各种药物在食品中残留程度也有所差别。食品中普遍存在农药和兽药残留,有的还可以在人体内蓄积,进而导致各种组织器官发生病变,甚至癌变,对人体造成危害。为提高食品的卫生质量,保证食品的安全性,保障消费者身体健康,许多国家都对食品中农药允许残留量做了规定。

二、有机磷农药的性质及测定意义

有机磷农药是一类含磷的有机物,大多属于磷酸酯类或硫代磷酸酯类。大多有机磷农药为无色或黄色的油状液体(少部分为低熔点的固体,如敌百虫、乐果、甲胺磷等),有大蒜臭味,易挥发。有机磷农药可溶于多种有机溶剂,少数还可以溶于水,如久效磷、甲胺磷等。大多数有机磷农药性质不稳定,容易光解、碱解和水解等,也容易被生物体内有关酶系分解。有机磷农药的剂型有乳剂、粉剂和悬乳剂等。有机磷农药分子结构中含有多种有机官能团,根据 R、R′及 X 等基团不同,有机磷农药主要可以分为六类,即磷酸酯型(如久效磷、磷胺等)、二硫代磷酸酯型(如马拉硫磷、乐果、甲拌磷、亚胺硫磷等)、硫酮磷酸酯型(如对硫磷、甲基对硫磷、内吸磷、杀螟硫磷等)、硫醇磷酸酯型(如氧化乐果、伏地松)、磷酰胺型(如甲胺磷、乙酰甲胺磷等)、磷酸酯型(如敌百虫等)。

由于有机农药具有用量小、杀虫效率高、选择作用强、对农作物药害小、在体内不积蓄等优点,近年来已广泛用于农业、畜牧业,作为杀虫剂、杀菌剂、除草剂或脱叶剂。但是,某些有机磷农药属高毒农药,对哺乳动物急性毒性较强,常因使用、保管、运输等不慎污染食品,造成人畜急性中毒。另外,有机磷农药的广泛应用导致食品发生了不同程度的农药残留污染,主要是在植物性食物(粮谷、薯类、蔬果类)中,尤其对含有芳香族物质的植物,如水果蔬菜等最易接受有机磷,而且在这些植物里残留量高,残留时间也长。因此,食品中特别是果蔬等产品,有机磷农药残留量的测定是一项检测项目。

三、食品中有机磷农药的限量及测定方法

根据 GB 2763—2005《食品中农药最大残留限量》,部分食品中某些有机磷农药的限量指标见表 5 – 11。

测定有机磷农药残留量的方法主要有薄层色谱与酶化学抑制法和气相色谱法,GB/T 5009.20—2003《食品中有机磷农药残留量的测定》中的测定方法为气相色谱法,包括水果、蔬菜、谷类中有机磷农药的多残留的测定;粮、菜、油中有机磷农药残留量测定;肉类、鱼类中有机磷农药残留量的测定。

表 5 – 11 部分食品中某些有机磷农药的限量指标

项目	最大残留限量/(mg/kg)		
	原粮	蔬菜、水果	食用油
敌敌畏	0.1	0.2	不得检出
对硫磷	0.1	不得检出	0.1
马拉硫磷	8	8(类别不同有较大差异)	不得检出

表 5 - 11(续)

项目	最大残留限量/(mg/kg)		
	原粮	蔬菜、水果	食用油
甲拌磷	0.02	不得检出	0.05
杀螟硫磷	5	0.5	不得检出
倍硫磷	0.05	0.05	0.01
甲胺磷	0.1	不得检出	不得检出
辛硫磷	0.05	0.05	不得检出
乐果	0.05	2(类别不同有较大差异)	0.05
敌百虫	0.1	0.1	不得检出

任务实施

有机磷农药残留量的测定

参照 GB/T 5009.20—2003 的方法测定。

一、水果、蔬菜、谷类中有机磷农药残留量的测定

本方法适用于水果、蔬菜、谷类中敌敌畏、速灭磷、久效磷、甲拌磷、巴胺磷、二嗪农、乙嘧硫磷、甲基对硫磷、稻瘟净、水胺硫磷、氧化喹硫磷、稻丰散、甲喹硫磷、克线磷、乙硫磷、乐果、喹硫磷、对硫磷、杀螟硫磷等二十余种农药制剂的残留量分析。

（一）原理

含有机磷的试样在富氢焰上燃烧，以 HPO 碎片的形式放射出波长 526 nm 的特性光。这种光通过滤光片选择后，由光电倍增管接收，转换成电信号，经微电流放大器放大后被记录下来。试样的峰面积或峰高与标准品的峰面积或峰高进行比较定量。

（二）仪器

（1）组织捣碎机。

（2）粉碎机。

（3）旋转蒸发仪。

（4）气相色谱仪:附有火焰光度检测器(FPD)。

（三）试剂

（1）丙酮。

（2）二氯甲烷。

（3）氯化钠。

（4）无水硫酸钠。

（5）助滤剂 Celite 545。

（6）农药标准品,见表 5 - 12。

表 5 – 12　水果、蔬菜、谷类中有机磷农药多残留测定的农药标准品

农药名称	英文名称	纯度
敌敌畏	DDVP	≥99%
速灭磷	mevinphos	顺式≥60%,反式≥60%
久效磷	monocrotophos	≥99%
甲拌磷	phorate	≥98%
巴胺磷	propetamphos	≥99%
二嗪磷	diazinon	≥98%
乙嘧硫磷	etrimfos	≥97%
甲基嘧啶磷	pirimiphos – methyl	≥99%
甲基对硫磷	parathion – methyl	≥99%
稻瘟净	kitazine	≥99%
水胺硫磷	isocarbophos	≥99%
氧化喹硫磷	po – quinalphos	≥99%
稻丰散	phenthoate	≥99.6%
甲喹硫磷	methdathion	≥99.6%
克线磷	phenamiphos	≥99.6%
乙硫磷	ethion	≥95%
乐果	dimethoate	≥99.0%
喹硫磷	quinaphos	≥98.2%
对硫磷	parathion	≥99.0%
杀螟硫磷	fenitrothion	≥98.5%

(7)农药标准溶液的配制:分别准确称取各标准品,用二氯甲烷为溶剂,分别配制成 1.0 mg/mL 的标准储备液,储于冰箱(4 ℃)中,使用时根据各农药品种的仪器响应情况,吸取不同量的标准储备液,用二氯甲烷稀释成混合标准使用液。

(四)试样的制备

取粮食试样经粉碎机,过 20 目筛成粮食试样。水果、蔬菜试样去掉非可食部分后制成待分析试样。

(五)分析步骤

1. 提取

(1)水果、蔬菜:称取 50.00 g 试样,置于 300 mL 烧杯中,加入 50 mL 水和 100 mL 丙酮(提取液总体积为 150 mL),用组织捣碎机提取 1 ~ 2 min。匀浆液经铺有两层滤纸和约 10g Celite 545 的布氏漏斗减压抽滤。取滤液 100 mL 移至 500 mL 分液漏斗中。

(2)谷物:称取 25.00 g 试样,置于 300 mL 烧杯中,加入 50 mL 水和 100 mL 丙酮,以下步骤同(1)。

2. 净化

向上述提取步骤中(1)或(2)的滤液中加入 10 ~ 15 g 氯化钠使溶液处于饱和状态。猛烈振摇 2 ~ 3 min,静置 10 min,使丙酮与水相分层,水相用 50 mL 二氯甲烷振摇 2 min,再静置分层。

将丙酮与二氯甲烷提取液合并经装有 20 ~ 30 g 无水硫酸钠的玻璃漏斗脱水,滤入 250 mL 圆底烧瓶中,再以约 40 mL 二氯甲烷分数次洗涤容器和无水硫酸钠。洗涤液也并入烧瓶中,用旋转蒸发器浓缩至约 2 mL,浓缩液定量转移至 5 ~ 25 mL 容量瓶中,加二氯甲烷

定容至刻度。

3. 气相色谱测定参考条件

（1）色谱柱

玻璃柱 2.6 m×3 mm(i.d.)，填装涂有质量分数为 4.5% 的 DC－200＋2.5% OV－17 的 ChromosorbWAW DMCS(80～100 目)的担体。

玻璃柱 2.6 m×3 mm(i.d.)，填装涂有质量分数为 1.5% 的 QF－1 的 ChromosorbWAW DMCS(60～80 目)的担体。

（2）气体速度

氮气为 50 mL/min；氢气为 100 mL/min；空气为 50 mL/min。

（3）温度

柱箱 240 ℃；汽化室 260 ℃；检测器 270 ℃。

4. 测定

吸取 2～5 μL 混合标准液及试样净化液注入色谱仪中，以保留时间定性。以试样的峰高或峰面积与标准比较定量。

（六）结果计算

i 组分有机磷农药的含量计算

$$X_i = \frac{A_i \times V_1 \times V_3 \times E_{si} \times 1\,000}{A_{si} \times V_2 \times V_4 \times m \times 1\,000} \tag{5-23}$$

式中　X_i——i 组分有机磷农药的含量，mg/kg；

　　　A_1——试样中 i 组分的峰面积，积分单位；

　　　V_1——试样提取液的总体积，mL；

　　　V_2——净化用提取液的总体积，mL；

　　　V_3——浓缩后的定容体积，mL；

　　　V_4——进样体积，μL；

　　　E_{si}——注入色谱仪中 i 标准组分的质量，ng；

　　　m——试样的质量，g。

计算结果保留两位有效数字。

二、粮、菜、油中有机磷农药残留量的测定

本方法适用于使用过敌敌畏、乐果、马拉硫磷、对硫磷、甲拌磷、稻瘟净、杀螟硫磷、倍硫磷、虫螨磷等的粮食、蔬菜、食用油中农药的残留量分析。最低检出量为 0.1～0.3 ng，进样量相当于 0.01 g 试样，最低检出浓度范围为 0.01～0.03 mg/kg。

（一）原理

试样中有机磷农药经提取、分离净化后在富氢焰上燃烧，以 HPO 碎片的形式放射出波长为 526 nm 的光，这种特征光通过滤光片选择后，由光电倍增管接受，转化成电信号，经微电流放大器放大后，被记录下来。将试样的峰高与标准的峰高相比，计算出试样相当的含量。

（二）仪器

（1）气象色谱仪(具有火焰光度检测器)。

（2）电动振荡器。

（三）试剂

（1）二氯甲烷。

（2）无水硫酸钠。

（3）丙酮。

（4）中性氧化铝：层析用，经 300 ℃活化 4 h 后备用。

（5）活性炭：称取 20 g 活性炭用盐酸（3 mol/L）浸泡过夜，抽滤后，用水洗至无氯离子，在 120 ℃烘干备用。

（6）硫酸钠溶液（50 g/L）。

（7）农药标准储备液：准确称取适量有机磷农药标准品，用苯（或三氯甲烷）先配置储备液，放在冰箱中保存。

（8）农药标准使用液：临用时用二氯甲烷稀释为使用液，使其浓度为敌敌畏、乐果、马拉硫磷、对硫磷和甲拌磷每毫升各相当于 1.0 μg，稻瘟净、倍硫磷、杀螟硫磷和虫螨磷每毫升各相当于 2.0 μg。

（四）分析步骤

1. 提取与净化

（1）蔬菜：将蔬菜切碎混匀。称取 10.00 g 混匀的试样，置于 250 mL 具塞锥形瓶中，加 30～100 g 无水硫酸钠（根据蔬菜含水量）脱水，剧烈振摇后如有固体硫酸钠存在，说明所加无水硫酸钠已够。用 0.2～0.8 g 活性炭（根据蔬菜色素含量）脱色，加 70 mL 二氯甲烷，在振荡器上振摇 0.5 h，经滤纸过滤。量取 35 mL 滤液，在通风柜中室温下自然挥发至接近干，用二氯甲烷少量多次研洗残渣，移入 10 mL（或 5 mL）具塞刻度试管中，并定容至 2.0 mL，备用。

（2）稻谷：脱壳、磨粉、过 20 目筛、混匀。称取 10.00 g，置于具塞锥形瓶中，加入 0.5 g 中性氧化铝及 20 mL 二氯甲烷，振摇 0.5 h，过滤，滤液直接进样。如农药残留过低，则加 30 mL 二氯甲烷，振摇过滤，量取 15 mL 滤液浓缩并定容至 2.0 mL 进样。

（3）小麦、玉米：将试样磨碎过 20 目筛、混匀。量取 10.00 g，置于具塞锥形瓶中，加入 0.5 g 中性氧化铝、0.2 g 活性炭及 20 mL 二氯甲烷，振摇 0.5 h，过滤，滤液直接进样。如农药残留量过低，则加 30 mL 二氯甲烷，量取 15 mL 滤液浓缩，并定容至 2.0 mL 进样。

（4）植物油：称取 5.0 g 混匀的试样，用 50 mL 丙酮分次溶解并洗入分液漏斗中，摇匀后，加 10 mL 水，轻轻旋转振摇 1 min，静置 1 h 以上，弃去下面析出的油层，上层溶液自分液漏斗上口倾入另一分液漏斗中，注意尽量不使剩余的油滴倒入（如乳化严重，分层不清，则放入 50 mL 离心管中，以 2 500 r/min 离心 0.5 h，用滴管析出上层溶液）。加 30 mL 二氯甲烷，100 mL 硫酸钠溶液（50 g/L）振摇 1 min。静置分层后，将二氯甲烷提取液移至蒸发皿中。丙酮水溶液再用 10 mL 二氯甲烷提取一次，分层后，合并至蒸发皿中。自然挥发后，如无水，可用二氯甲烷少量多次研洗蒸发皿中残液移入具塞量筒中，并定容至 5 mL。加 2 g 无水硫酸钠振摇脱水，再加 1 g 中性氧化铝、0.2 g 活性炭（毛油可加 0.5 g）振摇脱油和脱色，过滤，滤液直接进样。二氯甲烷提取液自然挥发后如有少量水，可用 5 mL 二氯甲烷分次将挥发后的残夜洗入小分液漏斗内，提取 1 min，静置分层后将二氯甲烷移入具塞量筒内，再以 5 mL 二氯甲烷提取一次，合并入具塞量筒内，定容至 10 mL，加 5 g 无水硫酸钠，振摇脱水，再加 1 g 中性氧化铝、0.2 g 活性炭，振摇脱油和脱色，过滤，滤液直接进样。或将二氯甲烷和水一起倒入具塞量筒中，用二氯甲烷少量多次研洗蒸发皿，洗液并入具塞量筒中，以二氯甲烷层为准定容至 5 mL,加 3 g 无水硫酸钠,加中性氧化铝和活性炭依法操作。

2.色谱条件

(1)色谱柱:玻璃柱,内径 3 mm,长 1.5～2.0 m。

①分离和测定敌敌畏、乐果、马拉硫磷、对硫磷的色谱柱。

a. 内装涂以 2.5% SE－30 和 3% QF－1 混合固定液的 60～80 目 Chromosorb WAW DMCS。

b. 内装涂以 1.5% OV－17 和 2% QF－1 混合固定液的 60～80 目 Chromosorb WAW DMCS。

c. 内装涂以 2% OV－101 和 2% QF－1 混合固定液的 60～80 目 Chromosorb WAW DMCS。

②分离和测定甲拌磷、虫螨磷、稻瘟净、倍硫磷和杀螟硫磷的色谱柱。

a. 内装涂以 3% PEGA 和 5% QF－1 混合固定液的 60～80 目 Chromosorb WAW DMCS。

b. 内装涂以 2% PEGA 和 3% QF－1 混合固定液的 60～80 目 Chromosorb WAW DMCS。

(2)气流速度:载气为氮气80 mL/min;空气50 mL/min;氢气180 mL/min(氮气、空气和氢气之比按各仪器型号不同选择各自的最佳比例条件)。

(3)温度:进样口220 ℃;检测器240 ℃;柱温180 ℃,但测定敌敌畏为130 ℃。

(五)测定

将混合标准使用液2～5 μL分别注入气相色谱仪中,可测得不同浓度有机磷标准溶液的峰高,分别绘制有机磷标准曲线。同时取试样溶液2～5 μL注入气相色谱仪中,测定的峰高从标准曲线中查出相应的含量。

(六)计算结果

试样中有机磷农药的含量计算:

$$X = \frac{A \times 1\ 000}{m \times 1\ 000 \times 1\ 000} \tag{5-24}$$

式中　X——试样中有机磷农药的含量,mg/kg;

　　　A——进样体积中有机氯农药的质量,ng;

　　　m——进样体积(μL)相当于试样的质量,g。

计算结果保留两位有效数字。

任务 5.4.2　黄曲霉毒素的测定

一、黄曲霉毒素性质

黄曲霉毒素是黄曲霉、寄生曲霉及温特曲霉等产毒霉菌菌株的代谢物,当粮食未能及时晒干及储藏不当时,往往容易被黄曲霉或寄生曲霉污染而产生此类毒素,粮油及制品、各类坚果尤其以花生、玉米污染最严重,此外,大豆、胡桃、食用油、调味品、香辛料、药材以及一些发酵制品等也会受到污染。动物可因使用黄曲霉毒素污染的饲料而在内脏、血液、奶和奶制品等中检出毒素。

黄曲霉毒素是一群结构类似的化合物,目前已分离鉴定出 20 种以上。天然食品中检出率较高的有 B_1、B_2、G_1、G_2,其中以 B_1 最多见,一般在检出 B_1 时,才可能检出 B_2、G_1、G_2。奶和奶制品中易检出 $AFTM_1$,共同结构是均含有二呋喃环和香豆素。其纯品为白色结晶,在紫外照射下都可发出荧光。难溶于水,易溶于油、甲醇、丙酮和氯仿等有机溶剂,但不溶于石油醚、己烷和乙醚中,一般在中性溶液中较稳定,但在强酸性溶液中稍有分解,在 pH 9 ~ 10 的强碱溶液中分解迅速,耐高温,黄曲霉毒素 B_1 的分解温度为 268 ℃,紫外线对低浓度黄曲霉毒素有一定的破坏性。

二、黄曲霉毒素的毒害及测定方法

黄曲霉毒素为剧毒物,毒性比氰化钾还强,强烈的毒性严重危害人们的健康。大量摄入黄曲霉毒素可导致人和动物死亡,长期食用黄曲霉毒素污染的食品可产生慢性肝、肾、肺等器官的病变及肝癌。黄曲霉毒素是目前发现的最强的化学致癌物,定为 Ⅰ 类致癌物。其毒性作用部位主要为肝脏,表现为肝细胞变性、坏死、最后导致肝癌的发生,也可引起其他部位的肿瘤,如胃癌、直肠癌等,其中以黄曲霉毒素 B_1 的毒性及致癌性最强。B_1 是二氢呋喃氧杂萘邻酮的衍生物,即含有一个双呋喃环和一个氧杂萘邻酮(香豆素)。前者为基本毒性结构,后者与致癌有关。

GB/T 5009.22—2003《食品中黄曲霉毒素 B_1 的测定》规定的方法有薄层色谱(TCL)法和酶联免疫吸附(ELISA)法,适用于粮食、花生及其制品、薯类、豆类、发酵食品及酒类等各种食品黄曲霉毒素 B_1 的测定,薄层色谱法的检出限为 5 μg/kg,酶联免疫法的检出限为 0.01 μg/kg。

 任务实施

食品中黄曲霉毒素 B_1 的测定

参照 GB/T 5009.22—2003 的方法测定。

一、原理

试样中黄曲霉毒素 B_1 经提取、浓缩、薄层分离后,在波长为 365 nm 的紫外光下产生蓝色荧光,根据其在薄层上显示荧光的最低检出量来测定含量。

二、仪器

(1)小型粉碎机。

(2)样筛。

(3)电动振荡器。

(4)全玻璃浓缩器。

（5）玻璃板:5 cm×20 m。

（6）薄层板涂布器。

（7）展开槽:内长 25 cm、宽 6cm、高 4 cm。

（8）紫外光灯:功率为 100～125 W,带有波长为 365 nm 的滤光片。

（9）微量注射器或色素吸管。

三、试剂

（1）三氯甲烷。

（2）正乙烷或石油醚(沸程为 30～60 ℃或 60～90 ℃)。

（3）甲醇。

（4）苯。

（5）乙腈。

（6）无水乙醚或乙醚经无水硫酸钠脱水。

（7）丙酮。

以上试剂在试验时进行一次试剂空白试验,如果不干扰测定即可使用,否则需逐一重蒸。

（8）硅胶 G:薄层色谱用。

（9）三氟乙酸。

（10）无水硫酸钠。

（11）氯化钠。

（12）苯 – 乙腈混合液:量取 98 mL 苯,加 2 mL 乙腈,混匀。

（13）甲醇水溶液(55 +45)。

（14）黄曲霉毒素 B_1 标准溶液。

①仪器校正:测定重铬酸钾溶液的摩尔消光系数,以求出使用仪器的校正因素。准确称取 25 mg 经干燥的重铬酸钾(基准级),用硫酸(0.5 + 1 000)溶解后并准确稀释至 200 mL,相当于 $c(K_2Cr_2O_7) = 0.000\ 4\ mol/L$。再吸取 25 mL 此稀释液于 50 mL 容量瓶中,加硫酸(0.5 +1 000)稀释至刻度,相当于 0.000 2 mol/L 溶液。再吸取 25 mL 此稀释液于 50 mL 容量瓶中,加硫酸(0.5 +1 000)稀释至刻度,相当于 0.000 1 mol/L 溶液。用 1 cm 石英杯在最大吸收峰的波长(接近 345 nm)处用硫酸(0.5 +1 000)作空白,测得以上三种不同浓度的摩尔吸光度,并按下式计算三种浓度的摩尔消光系数的平均值:

$$E_1 = \frac{A}{c} \tag{5 – 25}$$

式中 E_1——重铬酸钾溶液的摩尔消光系数;

A——测得重铬酸钾溶液的吸光度;

c——重铬酸钾溶液的摩尔浓度。

再以此平均值与重铬酸钾的摩尔消光系数值 3 160 比较,即求出使用仪器的校正因素,按公式进行计算:

$$f = \frac{3\ 160}{E} \tag{5 – 26}$$

式中 f——使用仪器的校正因素;

E——测得的重铬酸钾溶液的摩尔消光系数平均值。

若 f 大于 0.95 或小于 1.05,则使用的仪器的校正因素可忽略不计。

②黄曲霉毒素 B_1 标准溶液的制备:准确称取 1 ~ 1.2 mg 黄曲霉毒素 B_1 标准品,先加入 2 mL 乙腈溶解后,再用苯稀释至 100 mL,避光,置于冰箱 4 ℃ 保存,该标准溶液约为 10 μg/mL。用紫外分光光度计测此标准溶液的最大吸收峰的波长及该波长的吸光度值。

黄曲霉毒素 B_1 标准溶液的浓度:

$$X = \frac{A \times M \times 1\,000 \times f}{E_2} \quad\quad\quad (5-27)$$

式中 X——黄曲霉毒素 B_1 标准溶液的浓度,μg/mL;

A——测得的吸光度值;

f——使用仪器的校正因素;

M——黄曲霉毒素 B_1 的分子量为 312;

E_2——黄曲霉毒素 B_1 在苯 - 乙腈混合液中的摩尔消光系数为 19 800。

根据计算,苯 - 乙腈混合液调到标准浓度恰好为 10.0μg/mL,并用分光光度计核对其浓度。

③纯度的测定:取 10 μg/mL 黄曲霉毒素 B_1 标准溶液 5 μg/mL,滴加于涂于厚层厚度为 0.25 mm 的硅胶 G 薄层板上,用甲醇 - 三氯甲烷(4 + 96)与丙酮 - 三氯甲烷(8 + 92)展开剂展开,在紫外光灯下观察荧光的产生,应符合以下条件:在展开后,只有单一的荧光点,无其他杂质荧光点,原点上没有任何残留的荧光物质。

(15)黄曲霉毒素 B_1 标准使用液:准确吸取 1 mL 标准溶液(10 μg/mL)于 10 mL 容量瓶中,加苯 - 乙腈混合液至刻度,混匀。此溶液每毫升相当于 1.0 μg 黄曲霉毒素 B_1。吸取 1.0 mL 此稀释液,置于 5 mL 容量瓶中,加苯 - 乙腈混合液至刻度,每毫升此溶液相当于 0.2 μg黄曲霉毒素 B_1,再吸取黄曲霉毒素 B_1 标准溶液(0.2 μg/mL)1.0 mL 置于 5 mL 容量瓶中,加苯 - 乙腈混合液稀释至刻度,每毫升此溶液相当于 0.04 μg 黄曲霉毒素 B_1。

(16)次氯酸钠溶液(消毒用):取 100 g 漂白粉,加入 500 mL 水,搅拌均匀。另将 80 g 工业用碳酸钠($Na_2CO_3 \cdot 10H_2O$)溶于 500 mL 温水中,再将两液混合,搅拌,澄清后过滤。此溶液含次氯酸的浓度约为 25 g/L。若用漂粉精制备,则碳酸钠的量可以加倍,所得溶液的浓度约为 50 g/L。污染的玻璃仪器用 10 g/L 的次氯酸钠溶液浸泡半天或用 50 g/L 次氯酸钠溶液浸泡片刻后,即可达到消毒效果。

四、分析步骤

1. 取样

试样中污染黄曲霉毒素高的霉粒一粒即可以影响测量效果,而且有毒霉粒的比例小,分布不均匀。为避免取样带来的误差,应大量取样,并将该大量试样粉碎,混合均匀,才有可能得到确实能代表一批试样的相当可靠结果,因此采样应注意以下几点。

(1)根据规定采取有代表性试样。

(2)对局部发霉变质的试样检验时,应单独取样。

(3)每份分析测定用的试样应从大样经粗碎和连续多次用四分法缩至 0.5 ~ 1 kg,然后全部粉碎。粮食试样全部通过 20 目筛,混匀。花生试样全部通过 10 目筛,混匀,或将好、坏分别鉴定,再计算其含量。花生油和花生酱等试样不需制备,但取样时应搅拌混匀,必要时,每批试样可采取 3 份大样作试剂制备及分析测定用,以观察所采试样是否具有一定代表性。

2. 提取

(1)玉米、大米、麦类、面粉、薯干、豆类、花生、花生酱等。

甲法:称取 20.00 g 粉碎过筛试样(面粉、花生酱无须粉碎),置于 250 mL 具塞锥形瓶中,加 30 mL 正己烷或石油醚和 100 mL 甲醇水溶液,在瓶塞上涂上一层水,盖严防漏。振荡 30 min,静置片刻,以叠成折叠式的快速定性滤纸过滤于分液漏斗中,待下层甲醇水溶液分清后,放出甲醇水溶液于另一具塞锥形瓶中。待下层甲醇水溶液分清后,放出甲醇水溶液于另一具塞锥形瓶内。取 20.00 mL 甲醇水溶液(相当于 4 g 试样)置于另一 125 mL 分液漏斗中,加 20 mL 三氯甲烷,振摇 2 min,静置分层,如出现乳化现象可滴加甲醇促使分层。放出二氯甲烷层,经盛有约 10 g 预先用三氯甲烷润湿的无水硫酸钠的定量慢速滤纸过滤于 50 mL 蒸发皿中,再加 5 mL 的三氯甲烷于分液漏斗中,重复振摇提取,三氯甲烷层一并滤于蒸发皿中,最后用少量三氯甲烷洗过滤器,洗液并入蒸发皿中。将蒸发皿放在通风柜于 65 ℃ 水浴上通风挥干,然后放在冰盒上冷却 2 ~ 3 min 后,准确加入 1 mL 苯 - 乙氰混合液(或将三氯甲烷用浓缩蒸馏器减压吹气蒸干后,准确加入苯 - 乙腈混合液)。用带橡皮头的滴管的管尖将残渣充分混合,若有苯的结晶析出,将蒸发皿从冰盒上取出,继续溶解、混合,晶体即消失,再用此滴管吸取上清液转移于 2 mL 具塞试管中。

乙法(限于玉米、大米、小麦及其制品):准确称取 20.00 g 粉碎过筛试样于 250 mL 具塞锥形瓶中,用滴管滴加约 6 mL 水,使试样润湿,准确加入 60 mL 三氯甲烷,振荡 30 min,加 12 g 无水硫酸钠,振摇后,静置 30 min,用叠成折叠式的快速定性滤纸过滤于 100 mL 具塞锥形瓶中。取 12 mL 滤液(相当于 4 g 试样)于蒸发皿中,在 65 ℃ 水浴上通风挥干,准确加入 1 mL 苯 - 乙腈混合液,以下按甲法自"用带橡皮头的滴管的管尖将残渣充分混合……"起依法操作。

(2)花生油、香油、菜油等

称取 4.00 g 试样于小烧杯中,用 20 mL 正己烷或石油醚将试样移于 125 mL 分液漏斗中。用 20 mL 甲醇水溶液分次洗烧杯,洗液一并移入分液漏斗中,振摇 2 min,静置分层后,将下层甲醇水溶液移入第二个分液漏斗中,再用 5 mL 甲醇水溶液重复振摇提取一次,提取液一并移入第二个分液漏斗中,在第二个分液漏斗中加入 20 mL 三氯甲烷,以下按甲法自"振摇 2 min,静置分层……"起依法操作。

(3)酱油、醋

称取 10.00 g 试样于小烧杯中,为防止提取时乳化,加 0.4 g 氯化钠,移入分液漏斗中,用 15 mL 三氯甲烷分次洗涤烧杯,洗液并入分液漏斗中。以下按甲法自"振摇 2 min,静置分层……"起依法操作,最后加入 2.5 mL 苯 - 乙腈混合液,每毫升此溶液相当于 4 g 试样。

或称取 10.00 g 试样,置于分液漏斗中,再加 12 mL 甲醇(以酱油体积代替水,故甲醇与水的体积比仍约为 55:45),用 20 mL 三氯甲烷提取,以下按甲法自"振摇 2 min,静置分层……"起依法操作,最后加入 2.5 mL 苯 - 乙腈混合液,每毫升此溶液相当于 4 g 试样。

(4)干酱类(包括豆谷、腐乳制品)

称取 20.00 g 研磨均匀的试样,置于 250 mL 具塞锥形瓶中,加入 20 mL 正己烷或石油醚于 50 mL 甲醇水溶液。振荡 30 min,静置片刻,以叠成折叠式快速定性滤纸过滤,滤液静置分层后,取 24 mL 甲醇水层(相当于 8 g 试样,其中包括 8 g 干酱本身约含有 4 mL 水的体积在内)置于分液漏斗中,加入 20 mL 三氯甲烷,以下按甲法自"振摇 2 min,静置分层……"

起依法操作,最后加入 2 mL 苯 – 乙腈混合液,每毫升此溶液相当于 4 g 试样。

（5）发酵酒类

同（3）处理方法,但不加氯化钠。

3. 测定

（1）单向展开法

①薄层板的制备:称取约 3 g 硅胶 G,加相当于硅胶量 2~3 倍左右的水,用力研磨 1~2 min 至成糊状后立即倒入涂布器内,推成 5 cm×20 cm,厚度约 0.25 mm 的薄层板三块。在空气中干燥约 15 min 后,在 100 ℃ 活化 2 h,取出,放干燥器中保存。一般可保存 2~3 天,若放置时间较长,可再活化后使用。

②点样:将薄层板边缘附着的吸附剂刮净,在距薄层板下端 3 cm 的基线上用微量注射器或血色素吸管滴加样液。一块板可滴加 4 个点,点距边缘和点间距约为 1 cm,点直径约为 3 mm。在同一块板上滴加点的大小应一致,滴加时可用吹风机用冷风边吹边加。滴加样式如下。

第一点:10 μL 黄曲霉毒素 B_1 标准使用液（0.04 μg/mL）。

第二点:20 μL 样液。

第三点:20 μL 样液 + 10 μL 黄曲霉毒素 B_1 标准使用液（0.04 μg/mL）。

第四点:20 μl 样液 + 10 μL 黄曲霉毒素 B_1 标准使用液（0.2 μg/mL）。

③展开与观察:在展开槽内加 10 mL 无水乙醚,预展 12 cm,取出挥干。再于另一展开槽内加 10 mL 丙酮 – 三氯甲烷（8:92）,展开 10~12 cm,取出。在紫外光下观察结果,方法如下:

由于样液点上加滴黄曲霉毒素 B_1 标准使用液,可使黄曲霉毒素 B_1 标准点与样液中的黄曲霉毒素 B_1 荧光点重叠。如样液为阴性,薄层板上的第三点中黄曲霉毒素 B_1 为 0.000 4 μg,可用作检查在样液内黄曲霉毒素 B_1 最低检出量是否正常出现;如为阳性,则起定性作用。薄层板上的第四点中黄曲霉毒素 B_1 为 0.002 μg,主要起定位作用。

若第二点在与黄曲霉毒素 B_1 标准点的相应位置上无蓝紫色荧光点,表示试样中黄曲霉毒素 B_1 含量在 5 μg/kg 以下;如在相应位置上有蓝紫色荧光点,则需进行确证试样。

④确证试验:为了证实薄层板上样液荧光系是由黄曲霉毒素 B_1 产生的,加滴三氟乙酸,产生黄曲霉毒素 B_1 的衍生物,展开后此衍生物的比移值约在 0.1 左右,于薄层板左边依次滴加两个点。

第一点:0.04 μg/mL 黄曲霉毒素 B_1 标准使用液 10 μL。

第二点:20 μL 样液。

于以上两点各加一小滴三氟乙酸盖于其上,反应 5 min 后,用吹风机吹热风 2 min 后,使热风吹到薄层板上的温度不高于 40 ℃,再于薄层板上滴加以下两个点。

第三点:0.04 μg/mL 黄曲霉毒素 B_1 标准使用液 10 μL。

第四点:20 μL 样液。

在展开槽内加 10 mL 无水乙醚,预展 12 cm,取出挥干。再于另一展开槽内加 10 mL 丙酮 – 三氯甲烷（8:92）,展开 10~12 cm,取出。在紫外灯光下观察样液是否产生与黄曲霉毒素 B_1 标准点相同的衍生物。未加三氟乙酸的三、四两点,可依次作为样液与标准的衍生物空白对照。

⑤稀释定量:样液中的黄曲霉毒素 B_1 荧光点的荧光强度如与黄曲霉毒素 B_1 标准点的最

低检出量(0.000 4 μg)的荧光强度一致,则试样中的黄曲霉毒素 B_1 含量即为 5 μg/kg,如样液中荧光强度比最低检出量强,则根据其强度估计减少滴加微升数或将样液稀释后再滴加不同微升数,直至样液点的荧光强度与最低检出量的荧光强度一致为止。滴加式样如下。

第一点:0.04 μg/mL 黄曲霉毒素 B_1 标准使用液 10 μL。

第二点:根据情况滴加 10 μL 样液。

第三点:根据情况滴加 15 μL 样液。

第四点:根据情况滴加 20 μL 样液。

⑥结果计算

试样中黄曲霉毒素 B_1 的含量:

$$X = 0.000\ 4 \times \frac{V_1 \times D}{V_2} \times \frac{1\ 000}{m} \tag{5-28}$$

式中　X——试样中黄曲霉毒素 B_1 的含量,μg/kg;

　　　V_1——加入苯 - 乙腈混合液的体积,mL;

　　　V_2——出现最低荧光时滴加样液的体积,mL;

　　　D——样液的总稀释倍数;

　　　m——加入苯 - 乙腈混合液溶解时相当试样的质量,g;

　　　0.000 4——黄曲霉毒素 B_1 的最低检出量,μg。

结果表示到测定值的整数位。

(2)双向展开法

如果单向展开法展开后,薄层色谱由于杂质干扰掩盖了黄曲霉毒素 B_1 的荧光强度,则需采用双向展开法。薄层板先用无水乙醚做横向展开,将干扰的杂质展至样液点的一边而黄曲霉毒素 B_1 不动,然后再用丙酮 - 三氯甲烷(8 + 92)做纵向展开,试样在黄曲霉毒素 B_1 相应处的杂质底色大量减少,因而提高了方法灵敏度。如用双向展开中滴加两点法展开仍有杂质干扰,则可改用滴加一点法。

①滴加两点法

a. 点样

取薄层板三块,在三块板的距左边缘 0.8 ~ 1 cm 处各滴加 10 μL 黄曲霉毒素 B_1 标准使用液(0.04 μg/mL),在距左边缘 2.8 ~ 3 cm 处各滴加 20 μL 样液,然后在第二块板的样液点上加滴 10 μL 黄曲霉毒素 B_1 标准使用液(0.04 μg/mL),在第三块板的样液点上加滴 10 μL黄曲霉毒素 B_1 标准使用液(0.2 μg/mL)。

b. 展开

横向展开:在展开槽内的长边置一玻璃支架,加 10 mL 无水乙醇,将上述点好的薄层板靠标准点的长边置于展开槽内展开,展至板端后,取出挥干,或根据情况需要时可再重复展开 1 次 ~ 2 次。

纵向展开:挥干的薄层板以丙酮 - 三氯甲烷(8 + 92)展开至 10 ~ 12 cm 为止。丙酮与三氯甲烷的比例根据不同条件自行调节。

c. 观察及评定结果

在紫外光灯下观察第一、二板,若第二板的第二点在黄曲霉毒素 B_1 标准点的相应处出现最低检出量,而第一板在与第二板的相同位置上未出现荧光点,则试样中黄曲霉毒素 B_1 含量在 5 μg/kg 以下。

若第一板在与第二板相同位置上出现荧光点,则将第一板与第三板比较,看第三板上第二点与第一板上第二点的相同位置上的荧光点是否与黄曲霉毒素 B_1 标准点重叠,如果重叠,再进行确证试验。在具体测定中,第一、二、三板可以同时做,也可按照顺序做。如按顺序做,当在第一块板出现阴性时,第三板可以省略,如第一块板为阳性,则第二板可以省略,直接做第三板。

d. 确证试验

另取薄层板两块,于第四、第五两板距左边缘 $0.8 \sim 1$ cm 处各滴加 10 μL 黄曲霉毒素 B_1 标准使用液(0.04 μg/mL)及一滴三氟乙酸;在距左边缘 $2.8 \sim 3$ cm 处,于第四板滴加 20 μL 样液及 1 小滴三氟乙酸;于第五板滴加 20 μL 样液、10 μL 黄曲霉毒素 B_1 标准使用液(0.04 μg/mL)及 1 小滴三氟乙酸,反应 5 min 后,用吹风机吹热风 2 min,使热风吹到薄层板上的温度不高于 40 ℃。再用双向展开法展开后,观察样液是否产生与黄曲霉毒素 B_1 标准点重叠的衍生物。观察时,可将第一板作为样液的衍生物空白板,如样液黄曲霉毒素 B_1 含量高时,则将样液稀释后,按单向展开法④做确证试验。

e. 稀释定量

如样液黄曲霉毒素 B_1 含量高时,按单向展开法⑤做稀释定量操作。如黄曲霉毒素 B_1 含量低,稀释倍数小,在定量的纵向展开板仍有杂质干扰,影响结果的判断,可将样液再做双向展开法测定,以确定含量。

f. 结果计算

同单向展开法。

②滴加一点法。

a. 点样

取薄层板三块,在三块板距左边缘 $0.8 \sim 1$ cm 处各滴加 20 μL 样液,在第二块板的点上滴加 10 μL 黄曲霉毒素 B_1 标准使用液(0.04 μg/mL),在第三板的点上滴加 10 μL 黄曲霉毒素 B_1 标准溶液(0.2 μg/mL)。

b. 展开

同两点法中的横向展开和纵向展开。

c. 观察及结果评定

在紫外光灯下观察第一、二板,如第二板出现最低检出量的黄曲霉毒素 B_1 标准点,而第一板与其相同位置上未出现荧光点,则试样中黄曲霉毒素 B_1 含量在 5 μg/kg 以下。如第一板在与第二板黄曲霉毒素 B_1 相同位置上出现荧光点,则将第一板与第三板比较,看第三板上与第一板相同位置的荧光点是否与黄曲霉毒素 B_1 标准点重叠,如果重叠再进行以下确证试验。

d. 确证试样

另取两板,在距左边缘 $0.8 \sim 1$ cm 处,第四板滴加 20 μL 样液、1 滴三氟乙酸;第五板滴加 20 μL 样液、10 μL 黄曲霉毒素 B_1 标准使用液(0.04 μg/mL)及 1 滴三氟乙酸。产生衍生物及展开方法同两点法。再将以上两板在紫外光灯下观察,以确定样液点是否产生与黄曲霉毒素 B_1 标准点重叠的衍生物,观察时可将第一板作为样液的衍生物空白板。经过以上确证试验定为阳性后,再进行稀释定量,如含黄曲霉毒素 B_1 低,则无须稀释或稀释倍数小,杂质荧光仍有严重干扰,可根据样液中黄曲霉毒素 B_1 荧光的强弱,直接用双向展开法定量。

e. 结果计算

同单向展开法。

食品中苯并(a)芘的测定

苯并(a)芘又称 3,4 – 苯并芘,是一种由 5 个苯环构成的多环芳烃。常温下苯并(a)芘为浅黄色针状结晶,性质稳定,熔点为 179 ~ 180 ℃,在水中溶解度为 0.004 ~ 0.012 mg/L,微溶于乙醇、甲醇,易溶于环己烷、己烷、苯、甲苯、二甲苯、丙酮等有机溶剂,在有机溶剂中,用波长为 365 nm 的紫外线照射时,可产生典型的紫色荧光,苯并(a)芘在碱性条件下较稳定。在常温下不与浓硫酸发生作用,但能溶于浓硫酸,能与硝酸、氯磺酸等起化学反应,人们可利用这一性质来消除苯并(a)芘。

苯并(a)芘是已发现的 200 多种多环芳烃中最主要的环境和食品污染物,是一种强烈的致癌物质,对机体各器官如对皮肤、肺、肝、食道、胃肠等均有致癌作用。加工过程中苯并(a)芘对食品的污染主要是针对熏制、烘烤和煎炸等食品而言的,该类食品中苯并(a)芘一方面来源于煤、煤气等的不完全燃烧;另一方面来源于食品中的脂肪、胆固醇等成分的高温热解或热聚。另外,由于输送原料或产品的橡胶管道、包装糖果等用的蜡纸、食品加工机械用的润滑油等都可能含有苯并(a)芘,这样,就可能使得某些食品在加工环节中被污染。

GB/T 5009.27—2003《食品中苯并(a)芘的测定》中的方法有荧光分光光度法和目测比色法。检测限:试样量为 50 g,点样量为 1 g 时为 1 ng/g。

一、原理

试样先用有机溶剂提取或皂化后提取,再将提取液经液 – 液分配或色谱柱净化,然后在乙酰化滤纸上分离苯并(a)芘,因苯并(a)芘在紫外光照射下呈蓝紫色荧光斑点,将分离后有苯并(a)芘的滤纸部分剪下,用溶剂浸出后,用荧光分光光度计测荧光强度与标准比较定量。

二、仪器

(1)脂肪提取器。

(2)层析柱:内径 10 mm,长 350 mm,上端有内径 25 mm,长 80 ~ 100 mm 内径漏斗,下端具有活塞。

(3)层析缸(筒)。

(4)K – D 全玻璃浓缩器。

(5)紫外光灯:带有波长为 365 nm 或 254 nm 的滤光片。

(6)回流皂化装置:锥形瓶磨口处连接冷凝管。

(7)组织捣碎机。

(8)荧光分光光度计。

三、试剂

(1)苯:重蒸馏。

(2)环己烷(或石油醚,沸程:30~60 ℃):重蒸馏或经氧化铝柱处理无荧光。

(3)二甲基甲酰胺或二甲基亚砜。

(4)无水乙醇:重蒸馏。

(5)乙醇(95%)。

(6)无水硫酸钠。

(7)氢氧化钾。

(8)丙酮:重蒸馏。

(9)展开剂:乙醇(95%)-二氯甲烷(2:1)

(10)硅镁型干燥剂:将60~100目筛孔的硅镁吸附剂经水洗4次(每次用水量为吸附剂质量的4倍)于垂融漏斗上抽滤干后,再以等量的甲醇洗(甲醇与吸附剂质量相等),抽滤干后,吸附剂铺于干净瓷盘上,在130 ℃干燥5 h后,装瓶储存于干燥器内,临用前加5%水减活,混匀并平衡4 h以上,最好放置过夜。

(11)层析用氧化铝(中性):120 ℃活化4 h。

(12)乙酰化滤纸:将中速层析用滤纸裁成30 cm×4 cm的条状,逐条放入盛有乙酰化混合液(180 mL苯、130 mL乙酸酐、0.1 mL硫酸)的500 mL烧杯中,使滤纸充分地接触溶液,保持溶液温度在21 ℃以上,时时搅拌,反应6 h,再放置过夜。取出滤纸条,在通风橱内吹干,再放入无水乙醚中浸泡4 h,取出后放在垫有滤纸的干净白瓷盘上,在室温内风干压平备用,一次可处理滤纸15~18条。

(13)苯并(a)芘标准溶液:精密称取10.0 mg苯并(a)芘,用苯溶解后移入100 mL棕色容量瓶中,并稀释至刻度,每毫升此溶液相当于苯并(a)芘100 μg,放置冰箱中保存。

(14)苯并(a)芘标准使用液:吸取1.00 mL苯并(a)芘标准溶液置于10mL容量瓶中,用苯稀释至刻度,同法依次用苯稀释,最后配成每毫升相当于1.0 μg及0.1 μg苯并(a)芘的两种标准使用液,放置冰箱中保存。

四、分析步骤

1.试样提取

(1)粮食或水分少的食品:称取40.0~60.0 g粉碎过筛的试样,装入滤纸筒内,用70 mL环己烷润湿试样,接收瓶内装6~8 g氢氧化钾、100 mL乙醇(95%)及60~80 mL环己烷,然后将脂肪提取器接好,于90 ℃水浴上回流提取6~8 h,将皂化液趁热倒入500 mL分液漏斗中,并将滤纸筒中的环己烷也从支管中倒入分液漏斗,用50 mL乙醇(95%)分两次洗接收瓶,将洗液合并于分液漏斗。加入100 mL水,振摇提取3 min,静置分层(约需20 min),下层液放入第二分液漏斗,再用70 mL环己烷振摇提取一次,待分层后弃去下层液,将环己烷层合并于第一分液漏斗中,并用6~8 mL环己烷洗第二分液漏斗,洗液合并。

用水洗涤合并后的环己烷提取液三次,每次100 mL,三次水洗液合并于原来的第二分液漏斗中,用环己烷提取两次,每次30 mL,振摇0.5 min,分层后弃去水层液,收集环己烷液并入第一分液漏斗中,于50~60 ℃水浴上减压浓缩至40 mL,加适量无水硫酸钠脱水。

(2)植物油:称取20.0~25.0 g的混匀油量样,用100 mL环己烷分次洗入250 mL分液漏斗中,以环己烷饱和过的二甲基甲酰胺提取三次,每次 40 mL,振摇 1 min,合并二甲基甲酰胺提取液,用 40 mL 经二甲基甲酰胺饱和过的环己烷提取一次,弃去环己烷液层,二甲基甲酰胺提取液合并于预先装有 240 mL 硫酸钠溶液(20 g/L)的 500 mL 分液漏斗中,混匀,静置数分钟后,用环己烷提取两次,每次 100 mL,振摇 3 min,环己烷提取液合并于第一个 500 mL 分液漏斗,也可用二甲基亚砜代替二甲基甲酰胺。

用 40~50 ℃温水洗涤环己烷提取液两次,每次 100 mL,振摇 0.5 min,分层后弃去水层液,收集环己烷层,于 50~60 ℃水浴上减压浓缩至 40 mL。加适量无水硫酸钠脱水。

(3)鱼、肉及其制品:称取 50.0~60.0 g 切碎混匀的试样,再用无水硫酸钠搅拌(试样与无水硫酸钠的比例为 1:1 或 1:2,如水分过多则需在 60 ℃左右先将试样烘干),装入滤纸筒内,然后将脂肪提取器接好,加入 100 mL 环己烷于 90 ℃水浴上回流加热 6~8 h,然后将提取液倒入 250 mL 分液漏斗中,再用 6~8 mL 环己烷淋洗滤纸筒,洗液合并于 250 mL 分液漏斗中,以下按(2)(植物油)自"以环己烷饱和过的二甲基甲酰胺提取三次……"起依法操作。

(4)蔬菜:称取 100.0 g 洗净、晾干的可食部分的蔬菜,切碎放入组织捣碎机内,加 150 mL 丙酮,捣碎 2 min。在小漏斗上加少许脱脂棉过滤,滤液移入 500 mL 分液漏斗中,残渣用 50 mL 丙酮分数次洗涤,洗液与滤液合并,加入 100 mL 水和 100 mL 环己烷,振摇提取 2 min,静置分层,环己烷层转入另一 500 mL 分液漏斗中,水层再用 100 mL 环己烷分两次提取,环己烷提取液合并于第一个分液漏斗中,再用 250 mL 水分两次振摇、洗涤,收集环己烷于 50~60 ℃水浴上减压浓缩至 25 mL,加适量无水硫酸钠脱水。

(5)饮料(如含二氧化碳先在温水浴上加热除去):吸取 50.0~100.0 mL 试样于 500 mL 分液漏斗中,加 2 g 氯化钠溶解,加 50 mL 环己烷振摇 1 min,静置分层,水层分于第二个分液漏斗中,再用 50 mL 环己烷提取一次,合并环己烷提取液,每次用 100 mL 水振摇、洗涤两次,收集环己烷于 50~60 ℃水浴上浓缩至 25 mL,加适量无水硫酸钠脱水。

(6)糕点类:称取 50.0~60.0 g 磨碎试样,装于滤纸筒内,以下按(1)自"用 70 mL 环己烷润湿试样……"起依法操作。

在以上食品的预处理中,均可用石油醚代替环己烷,但须将石油醚提取液蒸发至近干,残渣用 25 mL 环己烷溶解。

2. 净化

(1)于层析柱下端填入少许玻璃棉,先装入 5~6 cm 的氧化铝,轻轻敲管壁使氧化铝层填实、无空隙,顶面平齐,再同样装入 5~6 cm 的硅镁型吸附剂,上面再装入 5~6 cm 的无水硫酸钠,用 30 mL 环己烷淋洗装好的层析柱,待环己烷液面流下至无水硫酸钠层时关闭活塞。

(2)将试样环己烷提取液倒入层析柱中,打开活塞,调节流速为每分钟 1 mL,必要时可用适当的方法加压,待环己烷液面下降至无水硫酸钠层时,用 30 mL 苯洗脱,此时应在紫外光灯下观察,以蓝紫色荧光物质完全从氧化铝层洗下为止,当 30 mL 苯不足时,可适当增加苯量。收集苯液于 50~60 ℃水浴上减压浓缩至 0.1~0.5 mL(可根据试样中苯并(a)芘含量而定,应注意不可蒸干)。

3. 分离

(1)在乙酰化滤纸条上距一端 5 cm 处,用铅笔画一横线为起始线,吸取一定量净化后的浓缩液,点于滤纸条上,用电吹风从纸条背面吹冷风,使溶解挥散,同时点 20 μL 苯并(a)

芘的标准使用液(1 μg/mL),点样时斑点的直径不超过 3 mm,层析缸(筒)内盛有展开剂,滤纸条下端浸入展开剂约 1 cm,待溶剂前沿至约 20 cm 时取出阴干。

(2)在 365 nm 或 254 nm 紫外光下观察展开后的滤纸条用铅笔画出标准苯并(a)芘及与其同一位置的试样的蓝紫色斑点,剪下此斑点分别放入小比色管中,各加 4 mL 苯加盖,插入 50~60 ℃ 水浴中不时振摇,浸泡 15 min。

4. 测定

(1)将试样及标准斑点的苯浸出液移入荧光分光光度计的石英杯中,以 365 nm 为激发光波长,以 365~460 nm 波长进行荧光扫描,将所得荧光光谱与苯并(a)芘的荧光光谱比较定性。

(2)与试样分析的同时做试剂空白,包括处理试样所用的全部试剂同样操作,分别读取试样、标准及试剂空白于波长为 406 nm、(406+5)nm、(406−5)nm 处的荧光强度,按基线法由下式计算所得的 F 数值,为定量计算的荧光强度。

$$F = F_{406} - (F_{401} - F_{411})/2 \qquad (5-29)$$

五、结果计算

试样中苯并(a)芘的含量计算:

$$X = \frac{\left[\dfrac{S}{F} \times (F_1 - F_2) \times 1\,000\right]}{\left(m \times \dfrac{V_2}{V_1}\right)} \qquad (5-30)$$

式中　X——试样中苯并(a)芘的含量,μg/kg;

　　　S——苯并(a)芘标准斑点的质量,μg;

　　　F——标准的斑点浸出液荧光强度,mm;

　　　F_1——试样斑点浸出液荧光强度,mm;

　　　F_2——试剂空白浸出液荧光强度,mm;

　　　V_1——试样浓缩液的体积,mL;

　　　V_2——点样体积,mL;

　　　m——试样的质量,g。

计算结果保留到一位小数。

 想一想 练一练

一、填空题

1. 存在于食品中的各种矿物质元素,从营养学的角度,可分为_____元素、_____元素和_____元素三类。

2. 氢化物原子荧光光谱法测铅采用的试样消化方法为_____。

3. 银盐法测定食品中砷的含量时,用_____和_____将五价砷还原成三价砷,然后与锌粒和酸产生的_____作用生成_____,经_____吸收后,形成_____色胶体物与标准系列比较定量。

4. 食品添加剂按其来源可分为天然食品添加剂和_____两大类。

5. 硝酸盐和亚硝酸盐添加在肉制品中后转化为亚硝酸,亚硝酸易分解出亚硝基(—NO),生成的亚硝基会很快与_____反应生成亮红色的亚硝基肌红蛋白,使肉制品呈现_____。

6. 苯甲酸和山梨酸的防腐效果都是在_____条件下较好。

7. 紫外分光光度法测定食品中糖精钠时,试样处理液酸化的目的是_____,因为糖精易溶于乙醚,糖精钠难溶于乙醚。

8. 根据毒性大小可将有机磷农药划分为_____、_____、_____三类。

9. 分析测定有机磷农药时,固定液选择的一般原则是:被分离的农药是极性化合物,则选择_____固定液;反之,则选择_____固定液。

二、选择题

1. 下列元素不属于有毒元素的是(　　　)
   A. 铅、砷　　　　　B. 硅　　　　　C. 汞　　　　　D. 镉

2. 根据 GB 2762—2005《食品中污染物限量》,下列食品中铅的限量指标最高的是(　　　)
   A. 可食用畜禽下水、鱼类　　　　　B. 婴儿配方乳粉
   C. 果蔬　　　　　D. 茶叶

3. 下列属于常量元素的是(　　　)
   A. 锡　　　　　B. 锌　　　　　C. 钙　　　　　D. 碘

4. 下列防腐剂中(　　　)是不允许使用的防腐剂。
   A. 硼砂　　　　　B. 山梨酸　　　　　C. 苯甲酸　　　　　D. BHT

5. 在测定亚硝酸盐含量时,在试样液中加入饱和硼砂溶液的作用是(　　　)。
   A. 提取亚硝酸盐　　　　　B. 沉淀蛋白质
   C. 便于过滤　　　　　D. 还原硝酸盐

6. 用薄层色谱法同时测定苯甲酸、山梨酸、糖精时,在展开后三者移动的距离为(　　　)。
   A. 苯甲酸 > 山梨酸 > 糖精
   B. 苯甲酸 < 山梨酸 < 糖精
   C. 山梨酸 > 苯甲酸 > 糖精
   D. 苯甲酸 > 糖精 > 山梨酸

7. 在测定火腿肠中的亚硝酸盐含量时,加入(　　　)作为蛋白质沉淀剂。
   A. 硫酸钠　　　　　B. 硫酸铜
   C. 亚铁氰化钾和乙酸锌　　　　　D. 乙酸铅

8. 根据 GB 2763—2005《食品中农药最大残量限量》,某些有机磷农药在下列食品中不得检出的是(　　　)
   A. 食用油中的敌敌畏　　　　　B. 食用油中的对硫磷
   C. 原粮中敌敌畏　　　　　D. 蔬菜、水果中的敌敌畏

9. 根据 GB 2763—2005《食品中农药最大残留限量》,下列有机磷农药在植物油中不得检出的是(　　　)
   A. 敌白　　　　　B. 对硫磷　　　　　C. 乐果　　　　　D. 甲拌磷

10. 用于测定黄曲霉毒素的薄层板是(　　　)
    A. 硅胶　　　　B. 聚酰胺薄层板　　　C. 硅藻土薄层板　　　D. Al_2O_3 薄层板

三、问答题

1. 食品添加剂使用时应符合哪些条件?

2. 肉制品加工中为什么要加入亚硝酸盐,其测定原理是什么?

3. 有机磷农药有何特点?

4. 薄层色谱法测定黄曲霉毒素 B_1 含量是在硅胶 G 薄层板上点四个点,这四个点的操作如何进行,各点的作用是什么?

四、综合题

1. 现抽取南糖集团生产的塑料袋包装的白砂糖 10 kg(试样批号为 20050632415),要求测定 SO_2 残留量。

(1)某分析检验员称取经混匀的白砂糖 5.50 g 于 50 mL 烧杯中,请写出此后的试样处理步骤。

（2）吸取试样处理液 5.00 mL 置于 25 mL 具塞比色管中，按绘制标准曲线的步骤进行显色测出吸光度为 0.165，请计算该白砂糖的 SO_2 含量（g/kg）。

（3）分析检验员对该白砂糖的 SO_2 含量进行了五次平行测定，结果分别为 0.005 1 g/kg，0.005 0 g/kg，0.005 2 g/kg，0.004 9 g/kg，0.003 2 g/kg，请写一份完整的检验评价报告。

2. 用原子吸收光谱法测定试液中的 Pb，准确移去 50 mL 试液两份，用铅空心阴极灯在波长 283.3 nm 处，测得一份试液的吸光度为 0.325，在另一份溶液中加入浓度为 50.0 mg/L 的铅标准溶液 300 mL，测得吸光度为 0.670。计算试液中铅的质量浓度（g/mL）为多少。

模块六 综合实训

项目一 食用油脂的检验

项目分析

实施食用生产许可证管理的食用油、油脂及其制品分为 3 个申证单元，即食用植物油、食用动物油脂、食用油脂制品。

任务 6.1.1 食用植物油的检验

项目分析

一、食用植物油概述

食用植物油是指以菜籽、大豆、花生、葵花籽、棉籽、亚麻籽、油菜籽、玉米胚、红花籽、米糠、芝麻、棕榈果实、橄榄果实（仁）、椰子果实以及其他小品种植物油料（如核桃、杏仁、葡萄籽等）制取的原油（毛油），经过加工制成的食用植物油（含食用调和油）。

食用植物油的基本生产流程分两步：即制取原油和油脂精炼。容易出现的质量安全问题主要有酸值（酸价）超标、过氧化值超标、溶剂残留量超标、加热试样项目不合格。

食用植物油产品的发证检验、监督检验、出厂检验分别按照表 6 - 1 所列出的相应检验项目进行。企业出厂检验项目中有"√"标记的，为常规检测项目；有"＊"标记的，企业应当每年检验两次。

二、质量指标

参照 GB 2716—2005《食用植物油卫生标准》的规定

（一）感官要求

具有产品正常的色泽、透明度、气味和滋味，无焦臭、酸败及其他异味。

（二）理化指标

理化指标应符合表 6 - 2 的规定。食品添加剂质量应符合相应的标准和有关规定，品种及使用量符合 GB 2760 的规定。

表6-1 食用植物油质量检验项目

序号	检验项目	发证	监督	出厂	检验标准	备注
1	色泽	√	√	√	GB/T 5009.37	
2	气味、滋味	√	√	√	GB/T 5525	
3	透明度	√	√	√	GB/T 5525	
4	水分及挥发物		√		GB/T 5528	
5	不溶性杂质	√	√		GB/T 15688	
6	酸值(酸价)	√	√	√	GB/T 5009.37	橄榄油测定酸度
7	过氧化值	√	√	√	GB/T 5009.37	
8	加热试验(280 ℃)	√	√	√	GB/T 5531	
9	含皂量	√	√		GB/T 5533	
10	烟点	√	√		GB/T 20795	
11	冷冻试验	√	√		GB 2716	
12	溶剂残留量	√	√	√	GB/T 5009.37	此出厂检验项目可委托检验
13	铅	√	√	*	GB/T 5009.12	
14	总砷	√	√	*	GB/T 5009.11	
15	黄曲霉毒素 B_1	√	√	*	GB/T 5009.22	
16	棉籽油中游离棉酚含量	√	√	*	GB/T 5009.37	棉籽油有此项目要求
17	熔点	√	√	√	GB/T 5536	棕榈(仁)油
18	抗氧化剂(BHA,BHT)	√	√	*	SN/T 1050	
19	标签	√	√		GB 7718	

注:标签除符合 GB 7718 的规定及要求外还应符合相应产品标准中的标签要求。

表6-2 理化指标

项目		指标	
		植物原油	食用植物油
酸价 * (KOH)/(mg/g)	≤	4	3
过氧化值 * /(g/100 g)	≤	0.25	0.25
浸出油溶剂残留/(mg/kg)	≤	100	50
游离棉酚/(%)(棉籽油)	≤	—	0.02
总砷(以 As 计)/(mg/kg)	≤	0.1	0.1
铅(Pb)/(mg/kg)	≤	0.1	0.1
黄曲霉毒素 B_1/(μg/kg)			
花生油、玉米胚油	≤	20	20
其他油	≤	10	10
苯并(a)芘/(μg/kg)		10	10
农药残留		按 GB 2763 的规定执行	

注:*栏内项目如具体产品的强制性国家标准中已作规定按已规定的指标执行。

食用植物油的检验

一、感官检测

（一）色泽鉴定（参量 GB/T 5009.37—2003）

1. 仪器

烧杯：直径 50 mm，杯高 100 mm。

2. 操作方法

将试样混匀并过滤到烧杯中，油层高度不得小于 5 mm，在室温下先对着自然光观察，然后再置于白色背景前借其反射光线观察并按下列词句记述：白色、灰白色、柠檬色、淡黄色、黄色、橙色、棕黄色、棕色、棕红色、棕褐色等。

（二）透明度鉴定（参照 GB/T 5525—2008）

1. 仪器和用具

（1）比色管：容积 100 mL，直径 25 mm。

（2）恒温水浴：0～100 ℃。

（3）乳白色灯泡。

2. 操作方法

（1）当油脂试样在常温下为液态时，量取试样 100 mL 注入比色管中，在 20 ℃温度下静置 24 h（蓖麻油静置 48 h），然后移置到乳白色灯泡前（或在比色管后衬以白纸）。观察透明程度，记录观察结果。

（2）当油脂试样在常温下为固态或半固态时，根据该油脂熔点溶解试样，但温度不得比熔点高 5 ℃以上。待试样熔化后，量取试样 100 mL 注入比色管中，设定恒温水浴温度为产品标准中"透明度"规定的温度，将盛有试样的比色管放入恒温水浴中，静置 24 h，然后移置到乳白色灯泡前（或在比色管后衬以白纸）。迅速观察透明程度，记录观察结果。

3. 结果表示

观察结果用"透明"、"微浊"、"浑浊"字样表示。

（三）气味及滋味（参照 CB/T 5525—2008）

1. 仪器和用具

温度计（量程为 0～100 ℃）、烧杯、可调电炉、酒精灯。

2. 操作方法

取少量油脂试样注入烧杯中，加温至 50 ℃后，离开热源，用玻璃杯边搅边嗅气味，同时品尝滋味。

3. 结果表示

（1）气味表示

当试样具有油脂固有的气味时，结果用"具有某某油脂固有的气味"表示。

当试样无味、无异味时，结果用"无味"、"无异味"表示。

当试样有异味时,结果用"有异常气味"表示,再具体说明异味为:哈喇味、酸败味、溶剂味、汽油味、柴油味、热熘味、腐臭味等。

(2)滋味表示

当试样具有油脂固有的滋味时,结果用"具有某某油脂固有的滋味"表示。

当试样无味、无异味时,结果用"无味"、"无异味"表示。

当试样有异味时,结果用"有异常滋味"表示,再具体说明异味为:哈喇味、酸败味、溶剂味、汽油味、柴油味、热熘味、腐臭味、土味、青草味等。

二、理化检验

(一)酸价(参照 GB/T 5009.37—2007)

1. 原理

植物油中的游离脂肪酸用氢氧化钾标准溶液滴定,每克植物油消耗氢氧化钾的毫克数,称为酸价。

2. 试剂

(1)乙醚 – 乙醇混合液:按乙醚 – 乙醇(2 + 1)混合。用氢氧化钾溶液(3 g/L)中和至酚酞指示液呈中性。

(2)氢氧化钾标准滴定溶液[$c(KOH) = 0.050$ mol/L]。

(3)酚酞指示液:10 g/L 乙醇溶液。

3. 分析步骤

准确称取 3.00 ~ 5.00 g 试样,置于锥形瓶中,加入 50 mL 中性乙醚 – 乙醇混合液,振摇使油溶解,必要时可置于热水中,温热促其溶解。加入酚酞指示液 2 ~ 3 滴,以氢氧化钾标准滴定溶液(0.050 mol/L)滴定,至初现微红色,且 0.5 min 内不褪色为终点。

4. 计算

试样的酸价计算:

$$X = \frac{V \times c \times 56.11}{m} \qquad (6-1)$$

式中　X——试样的酸价(以氢氧化钾计),mg/g;

　　　V——试样消耗氢氧化钾标准滴定溶液体积,mL;

　　　c——氢氧化钾标准滴定溶液的实际浓度,mol/L;

　　　m——试样质量,g;

　　　56.11——与 1.0 mL 氢氧化钾标准滴定溶液[$c(KOH) = 1.000$ mol/L]相当的氢氧
　　　化钾毫克数。

计算结果保留两位有效数字。

(二)过氧化值(参照 GB/T 5009.37—2003)

1. 原理

油脂氧化过程中产生过氧化物,与碘化钾作用,生成游离碘,以硫代硫酸钠溶液滴定,计算含量。

2. 试剂

(1)饱和碘化钾溶液:称取 14 g 碘化钾,加 10 mL 水溶解,必要时微热使其溶解,冷却后贮于棕色瓶中。

（2）三氯甲烷－冰乙酸混合液：量取 40 mL 三氯甲烷，加 60 mL 冰乙酸，混匀。

（3）硫代硫酸钠标准滴定溶液$[c(Na_2S_2O_3)=0.002\ 0\ mol/L]$。

（4）淀粉指示剂（10 g/L）：称取可溶性淀粉 0.50 g，加入少许水，调成糊状，倒入 50 mL 沸水中调匀，煮沸。临用时现配。

3. 分析步骤

称取 2.00～3.00 g 混匀（必要时过滤）的试样，置于 250 mL 碘瓶中。加 30 mL 三氯甲烷－冰乙酸混合液，使试样完全溶解。加入 1.00 mL 饱和碘化钾溶液，紧密塞好瓶盖，并轻轻振摇 0.5 min，然后在暗处放置 3 min，取出加 100 mL 水，摇匀，立即用硫代硫酸钠标准溶液（0.002 0 mol/L）滴定，至淡黄色时，加 1mL 淀粉指示液，继续滴定至蓝色消失为终点，取相同量三氯甲烷－冰乙酸溶液、碘化钾溶液、水，按同一方法，作试剂空白试验。

4. 计算

试样的过氧化值计算：

$$X_1 = \frac{(V_1 - V_2) \times c \times 0.126\ 9}{m} \times 100 \qquad (6-2)$$

$$X_2 = X_1 \times 78.8 \qquad (6-3)$$

式中　X_1——试样的过氧化值，g/100 g；

　　　X_2——试样的过氧化值，meq/kg（毫克当量每千克）；

　　　V_1——试样消耗硫代硫酸钠标准滴定溶液体积，mL；

　　　V_2——试剂空白消耗硫代硫酸钠标准滴定溶液体积，mL；

　　　c——硫代硫酸钠标准滴定溶液的浓度，mol/L；

　　　m——试样的量，g；

　　　0.126 9——与 1.00 mL 硫代硫酸钠标准滴定溶液$[c(Na_2S_2O_3)=1.000\ mol/L]$相当的碘的质量，g；

　　　78.8——换算因子。

计算结果保留两位有效数字。

（三）羰基价（参照 GB/T 5009.37—2003）

1. 原理

羰基化合物和 2,4－二硝基苯肼的反应产物，在碱性溶液中形成褐红色或酒红色，在 440 nm 下，测定吸光度，计算羰基价。

2. 仪器

分光光度计。

3. 试剂

（1）精制乙醇：取 1 000 mL 无水乙醇，置于 2 000 mL 圆底烧瓶中，加入 5 g 铝粉、10 g 氢氧化钾，接好标准磨口的回流冷凝管，水浴中加热回流 1 h，然后用全玻璃蒸馏装置蒸馏收集馏液。

（2）精制苯：取 500 mL 苯，置于 1 000 mL 分液漏斗中，加入 50 mL 硫酸，小心振摇 5 min，开始振摇时注意放气。静置分层，弃除硫酸层，再加 50 mL 硫酸重复处理一次，将苯层移入另一分液漏斗，用水洗涤三次，然后经无水硫酸钠脱水，用全玻璃蒸馏装置蒸馏收集馏液。

（3）2,4－二硝基苯肼溶液：称取 50 mg 2,4－二硝基苯肼，溶于 100 mL 精制苯中。

（4）三氯乙酸溶液：称取 4.3 g 固体三氯乙酸，加 100 mL 精制苯溶解。

（5）氢氧化钾 - 乙醇溶液：称取 4 g 氢氧化钾，加 100 mL 精制乙醇使其溶解，置冷暗处过夜，取上部澄清液使用。溶液变黄褐色则应重新配置。

（6）三苯膦溶液（0.5 g/L）：称取 100 mg 的三苯膦用苯溶解后转入 200 mL 容量瓶中并定容至刻度。

4. 分析步骤

称取约 0.025～0.5 g 试样，置于 25 mL 容量瓶，加苯溶解试样并稀释至刻度，吸取 5.0 mL，置于 25 mL 具塞试管中，加 3 mL 三聚乙酸溶液及 5 mL 2,4 - 二硝基苯肼溶液，仔细振荡摇匀，在 60 ℃ 水浴中加热 30 min，冷却后，沿试管壁慢慢加入 10 mL 氢氧化钾 - 乙醇溶液，使之成为二液层，塞好，剧烈振荡摇匀，放置 10 min。以 1 cm 比色杯，用试剂空白调节零点，于波长 440 nm 处测吸光度。

5. 计算

试样的羰基价计算：

$$X = \frac{A}{854 \times m \times \dfrac{V_2}{V_1}} \times 1\,000 \tag{6-4}$$

式中　X——试样的羰基价，meq/kg（毫克当量每千克）；

　　　A——测定时样液吸光度；

　　　m——试量质量，g；

　　　V_1——试样稀释后的总体积，mL；

　　　V_2——测定用试样稀释液的体积，mL；

　　　854——各种醛的毫克当量吸光系数的平均值。

计算结果保留三位有效数字。

（四）游离棉酚（参照 GB/T 5009.37—2003）

本方法适用于棉籽油——紫外分光光度法

1. 原理

试样中游离棉酚经丙酮提取后，在 378 nm 波长处有最大吸收，其吸收与棉酚量在一定范围内成正比，与标准系列比较定量。

2. 仪器

紫外分光光度计。

3. 试剂

（1）丙酮（70%）：将 350 mL 丙酮加水稀释至 500 mL。

（2）棉酚标准溶液：准确称取 0.100 0 g 棉酚，置于 100 mL 容量瓶中，加丙酮（70%）溶解并稀释至刻度。每毫升此溶液相当于 1.0 mg 棉酚。

（3）棉酚标准使用液：吸取棉酚标准溶液 5.0 mL，置于 100 mL 容量瓶中，加丙酮（70%）稀释至刻度。每毫升此溶液相当于 50.0 μg 棉酚。

4. 分析步骤

称取 1.00 g 精制棉油或 0.20 g 粗棉油，置于 100 mL 具塞锥形瓶中，加入 20.0 mL 丙酮（70%），并加入玻璃珠 3～5 粒，在电动振荡器上振荡 30 min，然后在冰箱中放置过夜。取此提取液之上清液，过滤，滤液供测定用。

吸取 0 mL,0.10 mL,0.20 mL,0.40 mL,0.80 mL,1.6 mL,2.4 mL 棉酚标准使用液(相当于 0 μg,5 μg,10 μg,20 μg,40 μg,80 μg,120 μg 棉酚),分别置于 10 mL 具塞试管中。各加入丙酮(70%)至 10 mL,混匀,静置 10 min。取试样滤液及标准液于 1 cm 石英比色杯中,以丙酮(70%)调节零点,于 378 nm 波长处测吸光度,绘制标准曲线比较。

5. 结果计算

试样中的游离棉酚的含量计算

$$X = \frac{m_1}{m_2 \times 1\,000 \times 1\,000} \times 100 \times 2 \qquad (6-5)$$

式中　X——试样中的游离棉酚的含量,g/100 g;

　　　m_1——测量用样液中游离棉酚的质量,μg;

　　　m_2——试样质量,g。

计算结果保留三位有效数字。

(五)残留溶剂(GB/T 5009.37—2003)

1. 原理

将植物油试样放入密封的平衡瓶中,在一定温度下,使残留溶剂气化达到平衡时,取液上气体注入气相色中测定,与标准曲线比较定量。

2. 仪器

(1)气化瓶(顶空瓶):体积为 100～150 mL,具塞。

气密性试验:把 1 mL 己烷放入瓶中,密塞后放入 60 ℃ 热水中 30 min(密封处无气泡外漏)。

(2)气相色谱仪:带氢火焰离子化检测器。

3. 试剂

(1)N,N-二甲基乙酰胺(简称 DMA):吸取 1.0 mL 放入 100～150 mL 顶空瓶中,在 50 ℃ 放置 0.5 h,取液上气 0.10 mL 注入气相色谱仪在 0～4 min 内无干扰即可使用。如有干扰可用超声波处理 30 min 或通入氢气用曝气法蒸去干扰。

(2)六号溶剂标准溶液:称取洗净干燥的 20～25 mL 具塞气化瓶的质量为 m_1,瓶中放入比气化瓶体积少 1 mL 的 DMA 密塞后称量为 m_2,用 1 mL 的注射器取约 0.5 mL 六号溶剂液通过塞注入瓶中(不要与溶液接触),混匀,准确称量为 m_3。

计算六号溶剂油的浓度:

$$X = \frac{m_3 - m_2}{\dfrac{(m_2 - m_1)}{0.935}} \times 1\,000 \qquad (6-6)$$

式中　X——六号溶剂的浓度,mg/mL;

　　　m_1——瓶和塞的质量,g;

　　　m_2——瓶、塞和 DMA 的质量,g;

　　　m_3——m_2 加六号溶剂的质量,g;

　　　0.935——DMA 在 20℃ 时密度,g/mL。

4. 分析步骤

(1)气相色谱参考条件

色谱柱:不锈钢柱,内径 3 mm,内装涂有 5% DEGS 的白色担体 102(60～80 目)。

检测器:氢火焰离子化检测器。

柱温:60 ℃。

汽化室温度:140 ℃。

载气(N_2):30 mL/min。

氢气:50 mL/min。

空气:500 mL/min。

(1)测定

称取 25.00 g 的食用油样,密塞后于 50 ℃ 恒温箱中加热 30 min,取出后立即用微量注射器或注射器吸取 0.10~0.15 mL 液上气体(与标准曲线进样体积一致)注入气相色谱,记录单组分或多组分(用归一化法)测量峰高或峰面积,与标准曲线比较,求出液上气体六号溶剂的含量。

(3)标准曲线的绘制

取预先在气相色谱仪上测试管六号的溶剂量较低的油为曲线制备的体底油(或经70 ℃开放式赶掉大部分残留溶剂的食用油或压榨油),分别称取 25.00 g 放入 6 支气化瓶中,密塞。通过塞子注入六号溶剂标准液 0 μL,20 μL,40 μL,60 μL,80 μL,100 μL(含量分别为 0,0.02×X μg,…,0.10×X μg),其中 X 为六号溶剂的浓度(放入 50 ℃烘箱中,平衡 30 min),分别取液上气体注入色谱,各响应值扣除空白值后,绘制标准曲线(多个色谱峰用归一化法计算)。

5.结果计算

$$X = \frac{m_1 \times 1\,000}{m_2 \times 1\,000} \tag{6-7}$$

式中 X——油样中六号溶剂的含量,mg/kg;

m_1——测定气化瓶中六号溶剂的质量,μg;

m_2——试样质量,g。

计算结果保留三位有效数字。

(六) 油中非食用油的鉴别(参照 GB/T 5539—2003)

对常见的三类非食用油进行定性鉴别。

1.桐油

(1)氯化锑-三氯甲烷界面法:取油样 1 mL 移入试管中。沿试管壁加 1 mL 三氯化锑-三氯甲烷溶液(10 g/L),使试管内溶液分成两层,然后在水中加热约 10 min。如有桐油存在,则在溶液两层分界面上出现紫红色至深咖啡色环。

(2)亚硝酸法:适用于豆油、棉油等深色油中桐油的检出,但不适用棥油或芝麻油中桐油的检出。取试样 5~10 滴滴于试管中,加入 2 mL 石油醚,使油溶解,有沉淀物时,过滤一次,然后加入结晶亚硝酸钠少许,并加入 1 mL 硫酸(1:1)摇匀,静置,如有桐油存在,则油液浑浊,并有絮状淀物,开始呈白色,放置后变黄色。

(3)硫酸法:取试样数滴,置于白瓷板之上,加硫酸 1~2 滴,如有桐油存在,则出现深红色并且拧成固体,颜色逐渐加深,最后成炭黑色。

2.矿物油

取 1 mL 试样,置于锥形瓶中,加入 1 mL 氢氧化钾溶液(600 g/L)及 25 mL 乙醇,接空气冷凝管回流皂化约 5 min,皂化时应振摇使加热均匀。皂化后加 25 mL 沸水,摇匀,如浑浊或有油状物析出,表示有不能皂化的矿物油存在。

3. 大麻油

取试样和对照大麻油各 10 μL,点样于硅胶 G 薄层板,此薄层板厚 0.25 ~ 0.3 mm,105 ℃下活化 30 min。油太黏稠则用 5 倍苯稀释,再进行点样,点样量稍多一点,约 10 ~ 20 μL。展开剂用苯,显色剂为牢固蓝盐 B 溶液(1.5 g/L)(临用配制)。当斑点和对照颜色及比移值相当时表示有大麻油。胡麻油、芝麻油和牢固蓝盐 B 也呈红色,但在薄层板上比移值较小。

(七) 砷

按 GB/T 5009.11—2003 的方法操作,见模块五的项目三。

(八) 黄曲霉素 B$_1$

按 GB/T 5009.22—2003 的方法操作,见模块五的项目四。

(九) 苯并(a)芘

按 GB/T 5009.27—2003 的方法操作,见模块五的项目四。

项目二　乳粉及乳制品的检验

乳与乳制品包括生鲜乳、消毒乳、乳粉、炼乳、酸乳、奶油及奶酪,乳制品是指以乳为主要原料,经加热干燥、冷冻或发酵等工艺加工制成的各种液体或固体食品。实施食品生产许可证管理的乳制品包括液体乳、乳粉及其他制品。乳制品的申证单元为 3 个:液体乳(巴氏杀菌乳、灭菌乳、酸乳),乳粉(全脂乳粉、脱脂乳粉、全脂加糖乳粉、调味乳粉、特殊配方乳粉、牛初乳粉),其他乳制品(炼乳、奶油、干酪、固态成型产品)。

任务 6.2.1　乳粉的检验

一、乳粉的定义及产品分类

乳粉是指以牛乳或羊乳为主料,添加或不添加辅料,经加工制成的粉状产品。通常将乳粉分为以下几类:

1. 全脂乳粉(全脂奶粉):仅以乳为原料,添加或不添加食品添加剂、食品营养强化剂,经浓缩、干燥制成的粉状产品。

2. 部分脱脂乳粉(部分脱脂奶粉):仅以乳为原料,添加或不添加食品添加剂、食品营养强化剂,脱去部分脂肪,经浓缩、干燥制成的粉状产品。

3. 脱脂乳粉(脱脂奶粉):仅以乳为原料,添加或不添加食品添加剂、食品营养强化剂,脱去脂肪,经浓缩、干燥制成的粉状产品。

4. 全脂加糖乳粉(全脂加糖奶粉,全脂甜乳粉,全脂甜奶粉):仅以乳、白砂糖为原料,添加或不添加食品添加剂、食品营养强化剂,经浓缩、干燥制成的粉状产品。

5. 调味乳粉(调味奶粉):以乳为主要原料,添加辅料,经浓缩、干燥制成的粉状产品;或在乳粉中添加辅料,经干混制成的粉状产品。

二、乳粉检验的意义及检验项目

乳与乳制品是富含多种营养成分的食品,适宜微生物的生长繁殖,因此它们在生产和储运等过程中可能产生各种卫生问题。生产过程可能导致乳粉含水量高、溶解度较差、甚至有脂肪氧化味、杂质度高等。当微生物污染乳与乳制品后,在其中大量繁殖并分解其营养成分,造成腐败变质,不仅影响乳与乳制品的感官性状,而且使其失去使用价值。同时,病乳畜应用抗生素,饲料中农药残留,受到有害金属或受霉菌、霉菌毒素等污染,加工储存设备中有害物质转移等因素均可导致乳与乳制品的污染。

乳粉(牛初乳粉除外)的发证检验、监督检验、出厂检验分别按照表6-3所列出相应检验项目进行。企业出厂检验项目中有"√"标记的,为常规检验项目,有"*"标记的,企业应当每年检验两次。

表6-3 乳粉质量检验项目

序号	检验项目	发证	监督	出厂	检验标准	备注
1	感官	√	√	√	GB/T 19644	
2	净含量	√	√	√	按相应企业标准检验	
3	蛋白质	√	√	√	GB/T 5413.1	
4	脂肪	√	√	√	GB/T 5413.3	
5	蔗糖	√	√	√	GB/T 5413.5	只适用全脂加糖粉
6	复原乳酸度	√	√	√	GB/T 5413.28	不适用调味乳粉
7	水分	√	√	√	GB/T 5413.8	
8	不溶度指数	√	√	√	GB/T 5413.29	
9	杂质度	√	√	√	GB/T 5413.30	
10	维生素、微量元素及其他营养强化剂	√	√	*	GB 14880 GB 2760	只适用添加营养强化剂的产品
11	铅	√	√	*	GB/T 5009.12	
12	无机砷	√	√	*	GB/T 5009.11	
13	亚硝酸盐	√	√	*	GB/T 5009.33	
14	黄曲霉毒素 M_1	√	√	*	GB/T 5009.24	
15	菌落总数	√	√	√	GB/T 5009.18	
16	大肠杆菌	√	√	√	GB/T 5009.18	
17	致病菌	√	√	*	GB/T 4789.18	
18	标签	√	√		GB 7718	

四、乳粉的质量指标

参照 GB 19644—2010《食品安全国家标准 乳粉》。

（一）感官要求

感官要求见表6-4。

表 6 – 4　感官要求

项目	要求		检验方法
	乳粉	调制乳粉	
色泽	呈均匀一致的乳黄色	具有应有的色泽	取适量试样于 50 mL 烧杯中,在自然光下观察色泽和组织状态。闻其气味,用温开水漱口,品尝滋味
滋味、气味	具有纯正的乳香味	具有应有的滋味、气味	
组织状态	干燥均匀的粉末		

（二）理化指标

参照 GB/19644—2010《食品安全国家标准 乳粉》的规定。

理化指标应符合标准 6 – 5 的规定。污染物限量应符合 GB 2762 的规定。

表 6 – 5　理化指标

项目	指标	
	乳粉	调制乳粉
蛋白质/% ≥	非脂乳固体[a] 的34%	16.5
脂肪/% ≥	26.0	—
复原乳酸度/°T		
牛乳 ≤	18	—
羊乳 ≤	7 ~ 14	—
杂质度/(mg/kg) ≤	16	—
水分/% ≤	5.0	

 任 务 实 施

乳粉的检验

一、感官检验

根据产品的感官要求,用眼、鼻、口、手等感觉器官对产品的外观、色泽、组织状态和风味的质量好坏进行评定。具体方法见表 6 – 4。

二、理化检验

（一）蛋白质的测定:

按 GB 5009.5—2010 的方法测定,见模块四 项目二。

（二）脂肪的测定

参照 GB 5413—2010 的方法测定,见模块四 项目一。

（三）水分的测定

按照 GB 5009.3—2010 的方法测定,见模块四 项目一。

（四）复原乳酸度测定

参照 GB 5413.34—2010。

1. 原理

以酚酞作指示剂,硫酸钴作参比颜色,用 0.1 mol/L 氢氧化钠标准溶液滴定 100 mL 干物质为 12% 的复原乳至粉红色所消耗的体积,经计算确定其酸度。

2. 仪器

（1）分析天平:感量为 1 mg。

（2）滴定管:分刻度为 0.1 mL,可准确至 0.05 mL。

3. 试剂

除非另有规定,本方法所用试剂均为分析纯,水为 GB/T 6682 规定的三级水。

（1）氢氧化钠标准溶液:0.100 0 mol/L。

（2）参比溶液:将 3 g 七水硫酸钴（$C_oSO_4 \cdot 7H_2O$）溶于水中,并定溶至 100 mL。

（3）酚酞指示液:称取 0.5 g 酚酞溶于 75 mL 体积为 95% 的乙醇中,并加入 20 mL 的水,然后滴加氢氧化钠至微粉色,再加入水定容至 100 mL。

4. 分析步骤

（1）样品的制备

将样品全部移入到约两倍于样品体积的洁净干燥容器中（带密封盖）,立即盖紧容器,反复旋转振荡,使样品彻底混合。在此操作过程中,应尽量避免暴露在空气中。

（2）测定

①称取 4 g 样品（精确到 0.01 g）于锥形瓶中。用量筒量取 96 mL 约 20 ℃ 的水,使样品复原,搅拌,然后静置 20 min。

②向其中的一只锥形瓶中加入 2.0 mL 参比溶液,轻轻转动,使之混合,得到标准颜色。如果要测定多个相似的产品,则此标准溶液可用于整个测定过程,但时间不能超过 2 h。

③向第二个锥形瓶中加入 2.0 mL 酚酞指示液,轻轻转动,使之混合。用滴定管向第二个锥形瓶中滴加氢氧化钠溶液,边滴加边转动锥形瓶,直到颜色与标准溶液的颜色相似,且 5 s 内不消退,整个滴定过程在 45 s 内完成。记录所用氢氧化钠溶液的毫升数,精确至 0.05 mL。

5. 结果计算

试样中的酸度数值以（°T）表示,计算公式为

$$X = \frac{c \times V \times 12}{m \times (1-\omega) \times 0.1} \tag{6-8}$$

式中　X——试样中的酸度,°T;

　　　c——氢氧化钠标准溶液的浓度,mol/L;

　　　V——滴定时所用氢氧化钠溶液的毫升数;mL;

　　　m——称取样品的质量,g;

　　　ω——试样中水分的质量分数,g/100 g;

　　　12——12 g 乳粉相当于 100 mL 复原乳（脱脂乳粉为 9,脱脂乳清粉应为 7）;

　　　0.1——酸度理论定义氢氧化钠的摩尔浓度,mol/L。

以重复性条件下获得两次独立测定结果的算术平均值表示,结果保留三位有效数字。在重复性条件下获得两次独立的测定结果的绝对值不得超过 1.0 °T。

注:若以乳酸含量表示样品的酸度,那么样品的乳酸含量(g/100 g) = T × 0.009。T 为样品的滴定酸度(0.009 为乳酸的换算系数,即 1 mL 0.1 mol/L 的氢氧化钠标准溶液相当于0.009 g 乳酸。)

(五)杂质度的测定(参照 GB 5413.30—2010)

1.原理

试样经过滤板过滤,冲洗,根据残留于滤板上的可见带色杂质的数量确定杂质量。

2.仪器

(1)过滤设备:杂质度过滤机或配有可安放过滤板漏斗的 2 000 ~ 2 500 mL 抽滤瓶。

(2)过滤板:直径 32 mm,单位面积为 135 g/m²,杂质度过滤板经过检验,过滤时通过面积的直径为 28.6 mm。

(3)杂质度标准板。

(4)天平:感量为 0.1 g。

3.分析步骤

液体乳样量取 500 mL;乳粉样称取 62.5 g(精确至 0.1 g),用 8 倍水充分调和溶解,加热至 60 ℃;炼乳样称取 125 g(精确至 0.1 g),用 4 倍水溶解,加热至 60 ℃,于过滤板上过滤,为使过滤迅速,可用真空泵抽滤,用水冲洗过滤板,取下过滤板,置烘箱中烘干,将其上杂质与标准杂质板比较即得杂质度。

当过滤板上杂质的含量介于两个级别之间时,判定为杂质含量较多的级别。

4.结果计算

与杂质标准比较得出的过滤板上的杂质量即为该样品的杂质度。

按本标准所示方法对同一样品所做的两次重复测定,其结果应一致,否则应重复再测定两次。

项目三　酒、茶饮料的检验

 项目分析

饮料是指经过定量包装的,由不同的配方和制造工艺生产出来,供人们直接饮用或用水冲调饮用的食品。饮料一般可分为含酒精饮料和无酒精饮料。无酒精饮料是指酒精含量小于 0.5%(v/v),又称软饮料,以补充人体水分为主要目的的流质食品,包括固体饮料。不包括饮用药品。按照 GB 10789—2007《饮料通则》,按原料或产品性状将无酒精饮料分为碳酸饮料类、果蔬汁饮料类、蛋白饮料类、包装饮用水类、茶饮料类、咖啡饮料类、固体饮料类、特殊用途饮料类、(非果蔬菜的)植物饮料类、风味饮料类及其他饮料类等十余类。

实施食品生产许可证管理的酒精饮料共分为 3 个申证单元,即发酵酒、蒸馏酒及配制酒;无酒精饮料共分为 7 个申证单元,即包装饮用水类、碳酸饮料类型、茶饮料类型、果汁及蔬菜汁类型、蛋白饮料类型、固体饮料类型、其他饮料类。

任务 6.3.1　酒精饮料的检验

知识平台

一、酒精饮料概述

酒精饮料系指供人们饮用且乙醇(酒精)含量在 0.5% ~ 65%(v/v)的饮料。根据其生产工艺不同分为发酵酒、蒸馏酒及配制酒。酒即是酒精饮料的统称。酒的主要问题是酒中的有害物质,如甲醇、杂醇油、醛类、氰化物、铅、锰等,主要来源于生产中的原料及其生产设备、储酒容器和管道等。酒中甲醇的检验有气相色谱法、品红亚硫酸分光光度法、对品红亚硫酸分光光度法、变色酸分光光度法及酒醇速测仪法,其中气相色谱法可以同时检测酒中甲醇和高级醇,是我国国家标准检验方法的第一法,也是目前最常用的方法,而品红亚硫酸分光光度法是我国国家标准检验方法的第一法。

二、酒的卫生标准

我国制定的酒饮料的卫生标准有《蒸馏酒、配制酒卫生标准》(GB2757—81)及《发酵酒卫生标准》(GB2758—2005),所规定的理化指标,见表 6-6。

表 6-6　酒类理化指标

酒类	项目	酿酒原料或酒种类	指标
蒸馏酒配制酒	甲醇,g/100 mL	谷类	≤0.04
		薯干及其代用品	≤0.12
	杂醇油(以异丁醇和异戊醇计),g/100 mL		≤0.20
	氰化物(以 HCN 计),mg/L	木薯	≤5
		其他代用品	≤2
	铅(以 Pb 计),mg/L		≤1
	锰(以 Mn 计),mg/L		≤2
发酵酒	总二氧化硫(以 SO_2 计),mg/L	葡萄酒、果酒	≤250
	甲醛,mg/L	啤酒	≤2.0
	铅(以 Pb 计),mg/L	啤酒、黄酒	≤0.5
		葡萄酒、果酒	≤0.2
	展青霉素,μg/L	葡萄酒、苹果酒、山楂酒	≤50

白酒的检验

一、感官检查

感观检查主要包括色、香、味和风格。

1. 色：应该无色透明（个别品种允许淡黄色，配制酒和发酵酒可有色），无悬浮物、浑浊物和沉淀。酒盛于瓶中，瓶上无环状污物。用力摇晃，观察酒花，一般酒花细且堆花时间长者为佳。

2. 香：清香型酒应该清香纯正，曲香型酒应该芳香浓郁，酱香型酒应酱香突出，米香型就应蜜香清雅，否则是香气不正。品评时，端起酒杯嗅闻，注意鼻子与酒杯的距离，吸气量均匀，嗅闻时只吸不呼气。

3. 味：口味应醇香，无外来邪、杂异味，无强烈刺激性。品尝时取少量酒样于口腔内，注意每次入口酒样要保持等量，将酒样布满舌面，仔细辨别味道，将酒样下咽后立即张口吸气、闭口呼气，辨别酒的后味，品尝不超过三次。

二、理化检验

（一）甲醇的检验——品红亚硫酸分光光度法

1. 原理

甲醇在酸性条件下被高锰酸钾氧化成甲醛后，与品红亚硫酸作用生成蓝紫色化合物，在最大吸收波长为 590 nm 处测定吸光度值，与标准系列比较定量。方法检出限为 0.02 g/100 mL。

2. 仪器

分光光度计。

3. 试剂

（1）高锰酸钾–磷酸溶液：取分析纯高锰酸钾 3 g，加85％分析纯磷酸 15 mL 与蒸馏水 70 mL 的混合液，溶解后定容至 100 mL。

（2）草酸–硫酸溶液：准确称取无水草酸 5 g 溶于 1:1（体积比）的冷硫酸中至100 mL，贮于有色瓶中备用。

（3）亚硫酸品红溶液：取碱性品红 0.1 g，研细后分次加入 80 ℃的蒸馏水溶解，加盐酸 1 mL，定容至 100 mL，充分混匀，放置过夜，如溶液有色（微黄色），可加少量活性炭搅拌后过滤，储存于棕色瓶中，置冰箱中保存。

（4）甲醇标准溶液：称取 1.000 g 甲醇置于 100 mL 容量瓶中，加水稀释到刻度，每毫升此溶液相当于 10.0 mg 甲醇，置于低温保存。

（5）甲醇标准使用液：吸取 10.0 mL 甲醇标准溶液，置于 100 mL 容量瓶中，加水到刻度。再取 25.0 mL 稀释液置于 50 mL 容量瓶中，加水至刻度，该溶液每毫升相当于 0.50 mg 甲醇。

（6）无甲醇的乙醇溶液：取 95% 乙醇 300 mL，加入少许高锰酸钾，蒸馏，收集馏出液。取 1 g 硝酸银溶于水，1.5 g 氢氧化钠溶于水，将两者加入馏出液中，混匀，取上层清液蒸馏，收集中间馏出液约 200 mL 备用。

4. 分析步骤

（1）样品处理

发酵酒和配制酒应采用全玻璃蒸馏器蒸馏，取馏出液进行分析。如样品中含有甲醛，应预先除去之后再测定甲醇。

除甲醛的方法：吸取 100 mL 酒样于蒸馏瓶中，加入 50 g/L 硝酸银溶液 5 mL，50 g/L 氢氧化钾溶液 0.1 mL，放置片刻，加 50 mL 水，蒸馏，收集馏出液 100 mL 供测定。

（2）测定

①根据样品中乙醇含量适当取样（乙醇含量 30% 时取 1.0 mL，40% 时取 0.8 mL，50% 时取 0.6 mL，60% 时取 0.5 mL）置于 25 mL 具塞比色管中。

②吸取 0.00 mL，0.10 mL，0.20 mL，0.40 mL，0.60 mL，0.80 mL，1.00 mL 甲醇标准使用液（相当于 0.0 mg，0.05 mg，0.1 mg，0.2 mg，0.3 mg，0.4 mg，0.5 mg 甲醇），分别置于 25 mL 具塞比色管中，各加 0.5 mL 无甲醇乙醇（体积分数为 60%）。

③于试样管中及标准管中各加入蒸馏水 5 mL，再依次各加 2 mL 高锰酸钾 – 磷酸溶液，混匀，放置 10 min，各加 2 mL 草酸 – 硫酸溶液，混匀使之褪色，再各加 5 mL 亚硫酸品红溶液，混匀，于 20~25 ℃ 静置 30 min，用 2 cm 比色杯于波长 590 nm 处测吸光度，绘制标准曲线比较。

（五）结果计算

$$X = \frac{m}{V_S \times 1\,000} \times 100 \tag{6-9}$$

式中　X——样品中甲醇的含量，g/100 mL；

　　　m——测定样品中甲醇的含量，mg；

　　　V_S——样品体积，mL。

计算结果保留两位有效数字。

（二）杂醇油的测定

1. 原理

杂醇油成分复杂，其中有正乙醇，正、异戊醇，正、异丁醇，丙醇等。本法测定标准以异戊醇和异丁醇表示，异戊醇和异丁醇在硫酸作用下生成戊烯和丁烯，再与对二甲氨基苯甲醛作用显橙黄色，与标准系列比较定量。

2. 仪器

分光光度计。

3. 试剂

（1）对二甲氨基苯甲醛 – 硫酸溶液（5 g/L）。

（2）无杂醇油的乙醇。

（3）杂醇油标准溶液：准确称取 0.080 g 异戊醇和 0.020 g 异丁醇于 100 mL 容量瓶中，加无杂醇油乙醇 50 mL，再加水稀释至刻度。每毫升此溶液相当于 1 mg 杂醇油，置低温保存。

（4）杂醇油标准使用液：吸取杂醇油标准溶液 5.0 mL 于 50 mL 容量瓶中，加水稀释至刻度。每毫升此溶液相当于 0.01 mg 杂醇油。

4.分析步骤

(1)吸取 1.0 mL 试样于 10 mL 容量瓶中,加水至刻度,混匀后,吸取 0.30 mL,置于 10 mL 比色管中。

(2)吸取 0 mL,0.10 mL,0.20 mL,0.30 mL,0.40 mL,0.50 mL 杂醇油使用液(相当 0 mg,0.10 mg,0.20 mg,0.30 mg,0.40 mg,0.50 mg 杂醇油),置于 10 mL 比色管中。

(3)于试样管及标准管中各准确加水至 1 mL,摇匀,放入冷水中冷却,沿管壁加入 2 mL 对二甲氨基苯甲醛 – 硫酸溶液(5 g/L)使其沉至管底,再将各管同时摇匀,放入沸水浴中加热 15 min 后取出,立即放入冰浴中冷却,并立即各加入 2 mL 水,混匀,冷却。10 min 后用 1 cm 比色杯以零管调节零点,于波长 520 nm 处测吸光度,绘制标准曲线比较。

5.结果计算

按下式计算杂醇油的质量:

$$X = \frac{m \times 10}{V_1 \times V_2 \times 10^3} \times 100 \qquad (6-10)$$

式中　X——试样中杂醇油的含量,g/100 mL;

　　　m——测定试样稀释液中杂醇油的质量,mg;

　　　V_2——试样体积,mL;

　　　V_1——测定用试样稀释体积,mL。

(三)铅的测定

按 GB/T 5009.12—2003 的方法测定,见模块五之项目三。

任务 6.3.2　茶饮料的检验

一、茶饮料的定义及产品分类

茶饮料是指以茶叶的水提取液或浓缩液、茶粉等为主要原料,可以加入水、糖、酸味剂、食用香精、果汁、乳制品、植(谷)物的提取物等,经加工制成液体饮料。

茶饮料按产品风味分为茶汤饮料、复(混)合茶饮料、调味茶饮料、茶浓缩液。其中茶汤饮料可分为红茶饮料、绿茶饮料、乌龙茶饮料、花茶饮料、其他茶饮料。调味茶饮料又分为果汁茶饮料和果味茶饮料、奶茶饮料和奶味茶饮料、碳酸茶饮料、其他调味茶饮料。

(1)茶汤饮料　以茶叶的水提取液或其浓缩液、茶粉为原料,经加工制成的保持原茶汁应有风味的液体饮料,可添加少量食糖和(或)甜味剂。

(2)复(混)合茶饮料　以茶叶和植(谷)物的水提取液或其浓缩液、干燥粉为原料,加工制成的,具有茶与植(谷)物混合风味的液体饮料。

(3)果汁茶饮料和果味茶饮料　以茶叶的水提取液或其浓缩液、茶粉等为原料,加入果汁、食糖和(或)甜味剂、食用果味香精等的一种或几种调制而成的液体饮料。

(4)奶茶饮料和奶味茶饮料　以茶叶的水提取液或其浓缩液、茶粉等为原料,加入乳或乳制品、食糖和(或)甜味剂、食用奶味香精等的一种或几种调制而成的液体饮料。

（5）碳酸茶饮料 以茶叶的水提取液或其浓缩液、茶粉等为原料，加入二氧化碳气体、食糖和（或）甜味剂，食用香精等调制而成的液体饮料。

（6）其他调味茶饮料 以茶叶的水提取液或其浓缩液、茶粉等为原料，加入除果汁外其他可食用的配料、食糖和（或）甜味剂、食用酸味剂、食用香精等的一种或几种调制而成的液体饮料。

（7）茶浓缩液 采用物理方法从茶叶水提取液中除去一定比例的水分加工制成，加水复原后具有原茶汁应有风味的液态制品。

二、茶饮料的检验项目

由于设备、环境、原辅材料、包装材料、处理工序、人员等环节的管理控制不到位，易造成化学和生物污染，从而使产品的卫生指标不合格。同时，原料质量及配料控制不到位易造成茶多酚、咖啡因含量不达标，食品添加剂超范围和超量使用。

茶饮料类的发证检验、监督检验、出厂检验按照表6-7所列出的相应检验项目进行。企业出厂项目中有"√"标记的，为常规检验项目；有"*"标记的，企业应当每年检验两次。带"☆"的项目为非罐头加工工艺生产的罐装茶饮料微生物指标项目，带"★"的项目为罐头加工工艺生产的罐装茶饮料微生物指标检验项目。

表6-7 茶饮料产品质量检验项目

序号	检验项目	发证	监督	出厂	检验标准	备注
1	感官	√	√	√	GB/T 21733	
2	净含量	√	√	√	QB 2499	
3	茶多酚	√	√	√	GB/T 21733-2008	
4	咖啡因	√	√	*	GB/T 5009.139	
5	苯甲酸	√	√	*	GB/T 5009.29	其他防腐剂根据产品
6	山梨酸	√	√	*	GB/T 5009.29	使用状况确定
7	糖精钠	√	√	*	GB/T 5009.28	其他甜味剂根据产品
8	甜蜜素	√	√	*	GB/T 5009.97	使用状况确定
9	着色剂	√	√	*	GB/T 5009.35	根据产品色泽选择测定
10	二氧化碳气容量	√	√	√	GB/T 10792	碳酸型茶饮料项目
11	总酸	√	√	√	GB/T 12456	碳酸型茶饮料项目
12	pH	√	√	√	GB/T 10786	非碳酸型饮料项目
13	蛋白质含量	√	√	√	GB/T 5009.5	奶味茶饮料项目
14	总砷	√	√	*	GB/T 5009.11	
15	铅	√	√	*	GB/T 5009.12	
16	铜	√	√	*	GB/T 5009.13	
17	☆菌落总数	√	√	√	GB/T 4789.21	
18	☆大肠菌群	√	√	√	GB/T 4789.21	
19	☆致病菌	√	√	*	GB/T 4789.21	
20	☆霉菌	√	√	*	GB/T 4789.21	
21	☆酵母	√	√	*	GB/T 4789.21	
22	★商业无菌	√	√	√	GB/T 4789.26	
23	标签	√	√		GB 7718[①]QB 2499	

三、茶饮料的质量指标

参照 GB 19296—2003《茶饮料卫生标准》和 GB/T 21733—2008《茶饮料》的规定。

（一）感官指标

具有该产品应有的色泽、香气和滋味，允许有茶成分导致的浑浊或沉淀，无正常视力可见的外来杂质。

（二）理化指标

（1）低糖和无糖产品应按 GB 13432 等相关标准和规定执行。

（2）低咖啡因产品，咖啡因含量应不大于表 6-8 中规定的同类产品咖啡因最低含量的 50%。

（3）其余内容应符合表 6-8 的规定。

表 6-8　理化指标

项目		茶饮料	调味茶饮料						复（混）合茶饮料
			果汁	果味	奶	奶味	碳酸	其他	
茶多酚 /（mg/kg）≥	红茶	300	200		200		100	150	150
	绿茶	400							
	乌龙茶	500							
	花茶	300							
	其他茶	300							
咖啡因 /（mg/kg）≥	红茶	40	35		35		20	25	25
	绿茶	60							
	乌龙茶	50							
	花茶	40							
	其他茶	40							
果汁含量 （质量分数）/%		—	≥5.0	—					
蛋白质含量 （质量分数）/%		—			≥5.0	—			—
二氧化碳气体含量 （20 ℃容积倍数）		—					≥1.5		—

注：茶浓缩液按标签标注的稀释倍数稀释后，其中的茶多酚和咖啡因等含量应符合上述同类产品的规定；如果产品声称低咖啡因应按 2 执行。

食品添加剂使用量和适用范围应符合 GB 2760 的规定。卫生标准应符合表 6-9 的规定。

表 6-9　卫生标准

项目	指标
总砷（以 As 计）/（mg/L）	≤0.2
铅（Pb）/（mg/L）	≤0.3
铜（Cu）/（mg/L）	≤5

茶饮料的检验

一、感官检验

检验方法:取约 50 mL 混合均匀的被测试样于无色透明的容器中,置于明亮处,迎光并观察其色泽和澄清度,并在室温下,嗅其气味,品尝其滋味,参照 GB/T 21733—2008 的方法。

二、理化检验

(一) 茶多酚的检验(参照 GB/T 21733—2008)

1. 原理

茶叶中的多酚类物质能与亚铁离子形成紫蓝色络合物,用分光光度计法测定其含量。

2. 仪器

(1)分析天平:感量 0.001 g。

(2)分光光度计。

3. 试剂

所用试剂均为分析纯,试验用水应符合 GB/T 6682 中的三级水规格。

(1)酒石酸亚铁溶液:称取硫酸亚铁 0.1 g 和酒石酸甲钠 0.5 g,用水溶解并定容至 100 mL(低温保存有效期为 10 天)。

(2)pH = 7.5 的磷酸缓冲溶液。

23.87 g/L 磷酸氢二钠:称取磷酸氢二钠($Na_2HPO_4 \cdot 12H_2O$)23.87 g,加水溶解后定容至 1 L。

9.08 g/L 磷酸二氢钾:称取经 110 ℃烘干 2 h 的磷酸二氢钾(KH_2PO_4)9.08 g,加水溶解后定容至 1 L。

取上述磷酸二氢钠 85 mL 和磷酸二氢钾溶液 15 mL 混合均匀。

4. 分析步骤

(1)试样制备

①较透明的样液(如果味茶饮料等):将样液充分摇匀后,备用。

②较浑浊的样液(如果汁茶饮料,奶茶饮料等):称取充分混匀的样液 25.00 mL 于 50 mL 容量瓶中,加入 95% 的乙醇 15 mL,充分摇匀,放置 15 min 后,用水定容至刻度,用慢速定量滤纸过滤,滤液备用。

③含碳酸气的样液:量取充分混匀的样液 100.00 mL 于 250 mL 烧杯中,称取其总质量,然后置于电炉上加热至沸,在微沸状态下加热 10 min,将二氧化碳气体排除。冷却后,用水补足其原来的质量,摇匀后,备用。

(2)测定

精确称取上述(1)制备的试液 1~5 g 于 25 mL 容量瓶中,加水 4 mL、酒石酸亚铁溶液

5 mL,充分摇匀,用 pH = 7.5 的磷酸缓冲溶液定容至刻度。用 10 mm 比色皿,在波长 540 nm 处以试剂空白作参比,测定其吸光度(A_1)。同时移取等量的试样于 25 mL 容量瓶中。加水 4 mL,用 pH = 7.5 的磷酸缓冲定容至刻度,测定其吸光度(A_2),以试剂空白作参比。

5.结果计算

试样中茶多酚的含量计算

$$X = \frac{(A_1 - A_2) \times 1.957 \times 2 \times K}{m} \times 1\,000 \tag{6-11}$$

式中　X——试样中茶多酚的含量,mg/kg;

　　　A_1——试液显色后的吸光度;

　　　A_2——试液底色的吸光度;

　　　1.957——用 10 mm 比色皿,当吸光度等于 0.50 时,1 mL 茶汤中茶多酚的含量相当于 1.957 mg;

　　　K——稀释倍数;

　　　M——测定时称取试液的质量,g。

（二）咖啡因的测定（参照 GB/T 5009.139—2003）

1.原理

咖啡因的三氯甲烷溶液在 276.5 nm 波长下有最大吸收,其吸收值的大小与咖啡因成正比,从而可进行定量。

2.仪器

紫外分光光度计。

3.试剂

（1）无水硫酸钠。

（2）三氯甲烷:使用前重新蒸馏。

（3）高锰酸钾溶液（15 g/L）:称取 1.5 g 高锰酸钾,用水溶解并稀释至 100 mL。

（4）亚硫酸钠和硫氰酸钾混合溶液:称取 10 g 无水亚硫酸钠（Na_2SO_3）用水溶解并稀释至 100 mL。另取 10 g 硫氰酸钾,用水溶解并稀释至 100 mL,然后二者均匀混合。

（5）磷酸溶液（15%）:吸取 15 mL 磷酸置于 100 mL 容量瓶中,用水稀释至刻度,混匀。

（6）氢氧化钠溶液（200 g/L）:称取 20 g 氢氧化钠,用水溶解,冷却稀释至 100 mL。

（7）醋酸锌溶液（200 g/L）:称取 20 g 醋酸锌[$Zn(CH_3COO)_2 \cdot 2H_2O$]加入 3 mL 冰乙酸,加水溶解并稀释至 100 mL。

（8）亚铁氰化钾溶液（100 g/L）:称取 10 g 亚铁氰化钾[$K_4Fe(CN)_6 \cdot 3H_2O$]用水溶解并稀释至 100 mL。

（9）咖啡因标准品:含量为 98.0% 以上。

（10）咖啡因标准储备液:根据咖啡因标准品的含量用重蒸三氯甲烷配制成每毫升相当于 0.5 mg 咖啡因的溶液,置于冰箱中保存。

4.分析步骤

（1）试样的处理

①可乐型饮料:在 250 mL 的分液漏斗中,准确移入 10.0 ~ 20.00 mL 经超声脱气后的均匀可乐型饮料试样,加入 5 mL 高锰酸钾溶液,摇匀,静置 5 min,加入混合液 10 mL,摇匀,加入 50 mL 重蒸三氯甲烷,振摇 100 次,静置分层,收集三氯甲烷。水层再加入 40 mL 重蒸三

氯甲烷,振摇 100 次,静置分层,合并两次的三氯甲烷萃取液,并用重蒸三氯甲烷定容至 100 mL,摇匀,备用。

②咖啡、茶叶及其固体试样,在 100 mL 烧杯中称取经粉碎成低于 30 目的均匀试样 0.5~2.0 g,加入 80 mL 沸水,加盖,摇匀,浸泡 2 h,然后将浸出液全部移入 100 mL 容量瓶中,加入 2 mL 醋酸锌溶液,加入 2 mL 亚铁氰化,钾溶液,摇匀,用水定容至 100 mL,摇匀,静置沉淀,过滤。取滤液 5.0~20.0 mL 按①操作进行,制备成 100 mL 三氟甲烷,备用。

③咖啡或茶叶的液体试样:在 100 mL 容量瓶中准确移入 10.0~20.0 mL 均匀试样,加入 2 mL 醋酸锌溶液,摇匀,加入 2 mL 亚铁氰化,钾溶液,摇匀,用水定容至 100 mL,摇匀,静置沉淀,过滤。取滤液 5.0~20.0 mL 按①操作进行,制备成 100 mL 三氟甲烷,备用。

(2)标准曲线的绘制

从 0.5 mg/mL 的咖啡因标准储备液中,用重蒸三氯甲烷配制成浓度分别为 0 μg/mL, 5 μg/mL,10 μg/mL,15 μg/mL,20 μg/mL 的标准系列,以 0 μg/mL 作参比管,调节零点,用 1 cm 比色杯于 267.5 nm 下测量吸光度,作吸光度 - 咖啡因浓度的标准曲线或求出直线回归方程。

(3)测定

在 25 mL 具塞试管中,加入 5 g 无水硫酸钠,倒入 20 mL 试样的三氯甲烷制备液,摇匀,静置。将澄清的三氯甲烷用 1 cm 比色杯于 276.5 nm 测出其吸光度,根据标准曲线(直线回归方程)求出试样的吸光度相当于咖啡因的浓度 $c(\mu g/mL)$,同时用重蒸三氯甲烷做试剂的空白试验。

5.结果计算

按下列公式计算:

$$X_1 = \frac{(c - c_0) \times 100 \times 1\,000}{V \times 1\,000} \tag{6-12}$$

$$X_2 = \frac{(c - c_0) \times 100 \times 100 \times 100}{V_1 \times m \times 1\,000} \tag{6-13}$$

$$X_3 = \frac{(c - c_0) \times 100 \times 100 \times 1\,000}{V_1 \times V \times 1\,000} \tag{6-14}$$

式中　X_1——可乐型饮料中咖啡因含量,mg/L;

X_2——咖啡、茶叶及其固体试样中咖啡因含量,mg/100g;

X_3——咖啡、茶叶及其液体试样中咖啡因含量,mg/L;

c——试样吸光度相当于咖啡因浓度,μg/mL;

c_0——试样空白吸光度相当于咖啡因浓度,μg/mL;

m——称取试样的质量,g;

V——移取试样的体积,mL;

V_1——移取试样处理后水溶液的体积,mL。

(三)二氧化碳容量的测定(参照 GB/T 10792—2008)

将碳酸饮料样品瓶(罐)用检压器上的针头刺穿瓶盖(或罐盖),旋开放气阀排气,待压力表指针回零后,立即关闭放气阀,将试样瓶(罐)往复剧烈振摇约 40 s,待压力稳定后,记下兆帕数(取小数点后两位)。旋开放气阀,随即打开瓶盖(或罐盖),用温度计测定容器内液体的温度。

根据测定的压力和温度,查碳酸气吸收系数表,即得二氧化碳气体容量的容积倍数(参见附录二)。

(四)果汁含量的测定(参照 GB/T 12143—2008)

1. 原理(分别参见本项目附录部分)

(1)按本标准规定的方法测定样品 6 种组分。

(2)将 6 种组分的实测值分别与各自标准值的比值合理修正后,乘以相应的修正权值,逐项相加求得样品中的果汁含量。

2. 橙、柑、橘汁及其混合果汁的标准值和权值

标准值:根据不同品种、不同产区、不同采收期、不同加工工艺、不同储存期橙、柑、橘果汁及由其浓缩汁复原的果汁中可溶性固形物含量和 6 种组分实测值的分布状态,经数理统计确定合理数值。

(1)可溶性固形物的标准值

20 ℃时,用折光计测定(不校正酸度)橙、柑、橘汁及其混合果汁可溶性固形物(加糖除外)的标准值,以不低于 10.0% 计。

(2)6 种组分的标准值及权值

6 种组分的标准值及权值,见 6 – 10。

表 6 – 10   橙、柑、橘、混合果汁中 6 种组分的标准值及权值

组分	标准值			权值		
	橙汁	柑、橘汁	混合果汁	橙汁	柑、橘汁	混合果汁
钾/(mg/kg)	1 370	1 250	1 300	0.18	0.16	0.18
总磷/(mg/kg)	135	130	135	0.20	0.19	0.19
氨基态氮/(mg/kg)	290	305	300	0.19	0.19	0.19
L – 脯氨酸/(mg/kg)	760	685	695	0.14	0.14	0.14
总 D – 异柠檬酸/(mg/kg)	80	140	115	0.15	0.17	0.15
总黄酮/(mg/kg)	1 185	1 100	1 105	0.14	0.15	0.15

3. 分析步骤

(1)可溶性固形物含量

按本项目附录 A 的规定测定。

(2)钾

按本项目附录 B 的规定测定。

(3)总磷

按本项目附录 C 的规定测定。

(4)氨基态氮

按本项目附录 D 的规定测定,测定结果的单位以 mg/kg 表述。

(5)L – 脯氨酸

按本项目附录 E 的规定测定。

(6)总 D – 异柠檬酸菜

按本项目附录 F 的规定测定。

(7)总黄酮

按本项目附录 G 的规定测定。

4.结果计算

橙、柑、橘及其饮料中果汁含量计量如下:

$$y = \sum_{i=1}^{6} \left(\frac{x_i}{X_i} \times R_i \right) \times 100\% \qquad (6-15)$$

式中 y——果汁含量,%;

x_i——样品中相应的钾、总磷、氨基态氮、L-脯氨酸、D-异柠檬酸、总黄酮含量的实测值,mg/kg;

X_i——相应的钾、总磷、氨基态氮、L-脯氨酸、总 D-异柠檬酸、总黄酮的标准值,mg/kg;

R_i——相应的钾、总磷、氨基态氮、L-脯氨酸、总 D-异柠檬酸、总黄酮的权值。

5.异常数据的修正原则

(1)当 $\frac{x_i}{X_i}(i=1,2,3,4,6) > 1.25$ 时,应将大于 1.25 的组分项删除,其权值按比例分配给剩余组分项。修正后的果汁含量计算:

$$y' = \frac{y'_i}{1 - \sum R_i} \qquad (6-16)$$

式中 y'——修正后的果汁含量,%;

y'_i——删除异常数据后果汁含量的计算值,%;

R_i——被删除组分项的权值。

(2)当 $\frac{x_5}{X_5} > 1.25$ 时,按 1.25 计算。

(3)当 $\frac{x_i}{X_i}(i=1,2,3,4,6) > \frac{x_5}{X_5} \times 2$ 或 $\frac{x_i}{X_i}(i=1,2,3,4,6) < \frac{x_5}{X_5} \times 0.35$,须将其分项删除,相应的权值按比例分配给剩余组分项,按式(6-16)计算果汁含量。

(4)当同时修正 3 种组分时(总 D-异柠檬酸除外),果汁含量计算:

$$y'' = \frac{x_5}{X_5} \times 100 \qquad (6-17)$$

式中 y''——用总 D-异柠檬酸组分项计算出来的果汁含量,%。

(五)总砷的测定

按照 GB/T 5009.11—2003 的方法测定,见模块五之项目三。

(六)铅的测定

按 GB/T 5009.12—2003 的方法测定,见模块五之项目三。

(七)铜的测定

按 GB/T 5009.13—2003 的方法测定,见模块五之项目三。

本项目附录部分　七种组分的测定

A. 饮料中可溶性固形物的测定方法

A.1 原理

在20 ℃条件下用折光计测量待测样液的折光率,并用折光率与可溶性固形物含量的换算表查得附录四或折光计上直接读出可溶性固形的含量。

A.2 仪器

实验室常用仪器以及下列仪器

(1)阿贝折光计或其他折光计:测量范围0~80%,精确度±0.1%。

(2)组织捣碎机。

A.3 试液的制备

1. 透明液体制品

将试样充分混匀,直接测定。

2. 半黏稠制品(果浆,菜浆类)

将试样充分摇匀,用四层纱布挤出滤液,弃去最初几滴,收集滤液供测试用。

3. 含悬浮物质制品(颗粒果汁饮料)

将待测样品置于组织捣碎机中捣碎,用四层纱布挤出滤液,弃去最初几滴,收集滤液供测试用。

A.4 分析步骤

(1)测定前按说明书校正折光计,以阿贝折光计为例,其他折光计按说明书操作。

(2)分开折光计两面棱镜,用脱脂棉蘸满乙醚或乙醇擦净。

(3)用末端熔圆的玻璃棒蘸取试液2~3滴,滴于折光计棱镜面中央(注意勿使玻璃棒触及境面)。

(4)迅速闭合棱镜,静置1 min,使试液均匀无气泡,并充满视野。

(5)对准光源,通过目境观察接物境。调节指示规,使视野分成明暗两部,再旋转微调螺旋,使明暗界限清晰,并使其分界线恰在接物境的十字交叉点上。读取目镜视野中的百分数或折光率,并记录棱镜温度。

(6)如目镜读数标尺刻度为百分数,即为溶性固形物含量(%);如目镜读数标尺为折光率,可按附录四换算为可溶性固形物含量(%)。

将上述百分含量按附录五换算为20 ℃时可溶性固形物含量(%)。

同一样品两次测定值之差不应大于0.5%。取两次测定的算术平均值作为结果,精确到小数点后一位。

说明:本标准适用于透明液体、半黏稠、含悬浮物的饮料制品。

B. 钾的测定

B.1 原理

钾的基态原子吸收钾空心阴极灯发射的共振线,吸收强度与钾的浓度成正比。将处理过的试样吸入原子吸收分光光度计的火焰原子化系统中,使钾离子原子化,在共振线766.5 nm处测定吸光度,与标准系列溶液比较,确定试样中钾的含量。添加适量钠盐,消除电离干扰。

B.2 仪器与设备

(1)原子吸收分光光度计:带钾空心阴极灯。

(2)空气压缩机或空气钢瓶气。

(3)乙炔钢瓶气。

(4)凯氏烧瓶:500 mL。

(5)天平:感量 10 mg。

(6)分析天平:感量 0.1 mg。

B.3 试剂

(1)硝酸。

(2)硫酸。

(3)10 g/L 的氯化钠溶液:称取 1.0 g 氯化钠,用水溶解后定容至 100 mL。

(4)体积分数为 10% 的硝酸溶液:量取 1 体积硝酸(B.3(1))注入 9 体积水中。

(5)体积分数为 50% 的盐酸溶液:量取 1 体积盐酸注入 1 体积水中。

(6)钾标准溶液:称取 0.953 4 g 经 150 ± 3 ℃ 烧烤 2 h 的氯化钾,精确至 0.000 1 g,置于 50 mL 的烧杯中。加水溶解,转移到 50 mL 的容量瓶中。加 2mL 盐酸溶液(50%),用水定容至刻度,摇匀。取 10.00 mL 于 100 mL 容量瓶中,用水定容至刻度,摇匀。此溶液钾的含量为 100 mg /L。

B.4 试液的制备

称取一定量经混合均匀的试样(浓缩果汁 1.00 ~ 2.00 g;果汁 5.00 ~ 10.00 g;果汁饮料 20.0 ~ 50.0 g;水果饮料和果汁型碳酸饮料 50.0 ~ 100.0 g)于 500 mL 凯氏烧瓶中,加入 2 ~ 3粒玻璃珠、10 ~ 15 mL 硝酸(B.3(1))、5 mL 硫酸(称样量大于 20 g 的试样,须预先加热除去部分水分,待瓶中样液剩余约 20 g 时停止加热,冷却,再加硝酸、硫酸),浸泡 2 h 或静置过夜。先用微火加热,待剧烈反应停止后,加大火力。溶液开始变为棕色时,立即滴加硝酸(B.3(1)),直至溶液透明,颜色不再变深为止。继续加热数分钟至白烟逸出,冷却,小心加入 20 mL 水,再加热至白烟逸出,冷却至室温。将溶液转移到 50 mL 的容量瓶中,用水定容至刻度,摇匀,备用。

取相同量的硝酸,硫酸,按上述步骤做试剂空白消化液,备用。

B.5 分析步骤

1. 工作曲线的绘制

吸取 0.00 mL,1.00 mL,2.00 mL,4.00 mL,6.00 mL,8.00 mL,10.00 mL 钾标准溶液分别置于 50 mL 容量瓶中,加 10 mL 硝酸溶液(B.3(4))、2.0 mL 氯化钠溶液,用水定容至刻度,摇匀,配 0.0 mg/L,2.0 mg/L,4.0 mg/L,8.0 mg/L,12.0 mg/L,16.0 mg/L,20.0 mg/L 钾标准系列溶液。

依次将上述标准系列溶液吸入原子化系统中。用 0.0 mg/L 钾标准溶液调整零点,于波长 766.5 nm 处测定钾标准溶液的吸光度。以吸光度为纵坐标,钾标准系列溶液的浓度为横坐标,绘制工作曲线或计算回归方程。

2. 测定

吸取 5.0 ~ 20.0 mL 试液(B.4)于 50 mL 容量瓶中,加 10 mL 硝酸溶液(B.3(4))、2.0 mL氯化钠溶液,用水定容至刻度,摇匀。将此溶液吸入原子化系统中,用试剂空白溶液(B.5(1))调整零点,于波长为 766.5 nm 处测吸光度,在工曲线上查出(或回归方程计算

出)试液中钾的含量(c_1)

按上述步骤同时测定试剂空白消化液中钾的含量(c_{01})

B.6 结果计算

样品中钾的含量计算

$$x_1 = \frac{c_1 - c_{01}}{\frac{m_1}{50} \times \frac{V_1}{50}} = \frac{(c_1 - c_{01}) \times 2\,500}{m_1 \times V_1} \qquad\qquad (6-18)$$

式中 x_1——试样中钾的含量,mg/kg;

c_1——从工作曲线上查出(或用回归线方程计算出)试液中钾的含量,mg/L

c_{01}——从工作曲线上查出(或用回归线方程计算出)的试剂空白消化液中钾的含量,mg/L;

V_1——测定时吸取试样的体积,mL;

m_1——样品的质量,g

计算结果精确至小数点后第一位,同一样品的两次测定结果之差不得超过平均值的5.0%

C. 总磷的测定

C.1 原理

试样经消化后,在酸性条件下,磷酸盐与钒-钼酸铵反应呈现黄色,在波长为400 nm 处测定溶液的吸光度,与标准系列溶液比较,确定样品中总磷的含量。

C.2 仪器

(1)紫外分光光度计。

(2)凯氏烧瓶:500 mL。

(3)天平:感量10 mg。

(4)分析天平:感量0.1 mg。

C.3 试剂

(1)硝酸。

(2)硫酸。

(3)体积分数为10%的硫酸溶液:量取1体积硫酸,缓慢注入9体积水中。

(4)钒-钼酸溶液:称取20.00 g 钼酸铵,溶解在约400 mL 50 ℃ 热水中,冷却。称取1.0 g偏钒酸铵,溶解在300 mL 50 ℃水中,边搅拌边加入1 mL 硫酸。将钼酸铵溶液缓慢加到偏钒酸铵溶液中,搅拌均匀后转入1 000 mL 容量瓶中,用水定量至刻度。

5.磷标准溶液:称取0.439 4 g 经105 ± 2 ℃烘烤2 h 磷酸二氢钾,精确至0.000 1 g。置于50 mL 烧杯中,加水溶解,转移到1 000 mL 容量瓶中,用水定容至刻度,摇匀。此溶液磷的含量为100 mL/L。

C.4 试液的制备

按本附录中 B.4 步骤操作。

C.5 分析步骤

1.工作曲线的绘制

吸取0.00 mL,1.00 mL,2.00 mL,3.00 mL,4.00 mL,5.00 mL 磷标准溶液,分别置于50 mL容量瓶中,加入10 mL硫酸溶液,摇匀,加10 mL钒-钼溶液,用水定容至刻度,摇匀,

配制成 $0.0\ mg/L$,$2.0\ mg/L$,$4.0\ mg/L$,$6.0\ mg/L$,$8.0\ mg/L$,$10.0\ mg/L$ 磷标准系列溶液。在室温下放置 10 min,用 1 cm 比色皿,以 $0.0\ mg/L$ 磷标准溶液调整零点,在波长为 400 nm 处测定磷标准系列溶液的吸光度。以吸光度为纵坐标,磷的含量为横坐标,绘制工作曲线或计算回归方程。

2. 测定

吸取 $5.0\sim10.0\ mL$ 试液于 50 mL 容量瓶中,加硫酸溶液补足至 10 mL,以下步骤按(C.5(1))操作。以试剂空白溶液调整零点,在波长为 400 nm 处测定吸光度。从工作曲线上查出(或用回归方程计算出)试液中磷的含量(c_2),同时测定试剂空白消化液(C.4)中磷的含量(c_{02})。

C.6 结果计算

试样中总磷的含量计算:

$$x_2 = \frac{c_2 - c_{02}}{\dfrac{m_2}{50} \times \dfrac{V_2}{50}} = \frac{(c_2 - c_{02}) \times 2\,500}{m_2 \times V_2} \tag{6-19}$$

式中　x_2——试样中总磷的含量,mg/kg;

　　　c_2——从工作曲线上查出(或用回归线方程计算出)试液中磷的含量,mg/L;

　　　c_{02}——从工作曲线上查出(或用回归线方程计算出)试剂空白消化液中磷的含量, mg/L;

　　　V_2——测定时吸取试液的体积,mL;

　　　m_2——样品的质量,g。

计算结果精确至小数点最后一位,同一样品的两次测定结果之差不得超过平均值的 5.0%。

D. 氨基态的测定

D.1 原理

氨基酸为两性电解质,在接近中性的水溶液中全部解离为双离子。当甲醛溶液加入后,与中性的氨基酸中的非解离型氨基酸反应,生成单羟甲基和二羟甲基诱导体,此反应完全定量进行。此时放出的氢离子可用标准碱液滴定,根据碱液的消耗量计算出氨基氮的含量。

D.2 仪器

(1)酸度计:直接读数,测量范围为 $0\sim14\ pH$,精度为 $\pm0.1\ pH$。

(2)电磁搅拌器。

(3)玻璃电极和甘汞电极。

D.3 试剂

(1)氢氧化钠标准溶液($0.01\ mol/L$)。

(2)氢氧化钠标准滴定溶液($0.05\ mol/L$):用 $0.1\ mol/L$ 的氢氧化钠溶液当天稀释。

(3)中性甲醛溶液:量取 200 mL 甲醛溶液于 400 mL 烧杯中,置于电磁搅拌上,边搅拌边用 $0.05\ mol/L$ 氢氧化钠溶液调至 $pH = 8.1$。

(4)过氧化氢(30%)。

(5)$pH = 6.8$ 的缓冲溶液。

D.4 试样制备

(1)浓缩果蔬汁:在浓缩果蔬汁中,加入与在浓缩过程中失去的天然水分等量的水,使其成为果汁,并充分混匀,供测试用。

(2)果蔬原汁及果蔬汁饮料:将试样充分混匀,直接测定。

(3)含有碳酸气的果蔬汁饮料:称取 500 g 试样,在沸水浴上加热 15 min,不断搅拌,使二氧化碳气体尽可能排除去。冷却后,用水补充至原质量,充分混匀,供测试用。

(4)果蔬汁固体饮料:称取约 125 g(精确至 0.001)试样,溶解于蒸馏水中,将其全部转移到 250 mL 容量瓶中,用蒸馏水稀释至刻度。充分混匀,供测试用。

D.5 测定步骤

(1)将酸度计接通电源,预热 30 min 后,用 pH = 6.8 的缓冲溶液校正酸度计。

(2)吸取适量试样液(氨基态氮的含量为 1 ~ 5 mg)于烧杯中,加 5 滴 30% 过氧化氢。将烧杯置于电磁搅拌器上,电极插入烧杯内试样中适当位置。如需要加适量蒸馏水。

(3)开动电磁搅拌器,先用 0.1 mol/L 氢氧化钠溶液慢慢中和试样中的有机酸。当 pH 达到 7.5 左右时,再用 0.05 mol/L 氢氧化钠溶液调制 pH = 8.1,并保持 1 min 不变。然后慢慢加入 10 ~ 15 mL 中性甲醛溶液,再用 0.05 mol/L 氢氧化钠标准滴定溶液滴定至 pH = 8.1。记录消耗 0.05 mol/L 氢氧化钠标准滴定溶液的毫升数。

D.6 结果计算

样品中氨基态氮含量计算:

$$x_3 = \frac{c \times V \times K \times 14}{m} \times 100 \qquad (6-20)$$

式中　x_3——每 100 g 或 100 mL 试样中氨基态氮的毫克数,mg/100 g 或 mg/100 mL;

　　　V——加入中性甲醛溶液后,滴定试样消耗 0.05 mol/L 氢氧化钠标准滴定溶液的体积,mL;

　　　c——氢氧化钠标准滴定溶液的浓度,mol/L;

　　　K——稀释倍数;

　　　14——1 mL 1 mol/L 氢氧化钠标准滴定溶液相当于氮的毫克数;

　　　m——试样的质量或体积,g 或 mL。

同一样品以两次测定结果的算术平均值作为结果,精确到小数点后第一位。同一样品的两次测定结果之差,氨基态氮 ≥10 mg/100 g(或 10 mg/100 mL),不得大于 2%;氨基态氮 <10 mg/100 g(或 10 mg/100 mL),不得大于 5%。

E. L-脯氨酸的测定

E.1 原理

L-脯氨酸与水合茚三酮作用,生成黄红色络合物。用乙酸丁酯萃取后的络合物,在波长为 509 nm 处测定吸光度,与标准系列溶液比较,确定样品中 L-脯氨酸的含量。

E.2 仪器

(1)分光光度计。

(2)具塞试管:25 mL。

(3)离心机:转速不低于 4 000 r/min,带 10 mL 具塞离心管。

(4)分析天平:感量 0.1 mg。

(5)天平 10 mg。

E.3 试剂

(1)乙酸丁酯。

（2）甲酸。

（3）无过氧化物乙二醇独甲醚溶液的制备：将数粒锌粒放入乙二醇独甲醚中，在避光暗处放置 2d。

（4）3.0% 茚三酮乙二醇独甲醚溶液：称取 3.0 g 水合茚三酮，溶解 100 mL 无过氧化物的乙二醇独甲醚溶液中，储存在棕色瓶中，置避光处。此溶液易被氧化，应每周制备一次。

（5）L–脯氨酸标准储备溶液：称取 0.050 0 g L–脯氨酸（生化试剂，$C_5H_9NO_2$，$[\alpha]_D^{20} = -83 \sim -85$），精确至 0.000 1 g，置于 50 mL 烧杯中，加水溶解，转移到 100 mL 棕色容量瓶中，用水定容至刻度，储存在 4 ℃冰箱内。此溶液含 L–脯氨酸 500 mg/L。

E.4 试液的制备

称取一定量的混合均匀的试样（浓缩汁 1.00 g；果汁 5.00 g；果汁饮料和果汁型碳酸饮料 10.00 ~ 200.0 g）于 200 mL 容量瓶中，用水定容至刻度，摇匀，备用。

E.5 分析步骤

1. 工作曲线的绘制

①吸取 0.00 mL，0.50 mL，1.00 mL，2.50 mL，4.00 mL，5.00 mL L–脯氨酸储备液于 50 mL 容量瓶中，用水定容至刻度，摇匀，配制成 0.0 mg/L，5.0 mg/L，10.0 mg/L，25.0 mg/L，40.0 mg/L，50.0 mg/L 的 L–脯氨酸标准溶液。

吸取上述标准系列溶液各 1.0 mL，分别置于 6 支 25 mL 具塞试管中，各加 1 mL 甲酸，充分摇匀，加 2 mL 茚三酮乙二醇独甲醚溶液，摇匀。将 6 支试管同时置于 1 000 mL 烧杯的沸水浴中（电炉与烧杯间须垫石棉网，水浴液面须高于试管液面）。等烧杯中的水沸腾后，精确计时 15 min。同时取出 6 支试管，置于 20 ~ 22 ℃水浴中冷却 10 min。

②萃取、测定吸光度

在上述 6 支试管中各加 10.0 mL 乙酸丁酯（E.3.1），盖塞，充分摇匀，使红色络合物萃取到乙酸丁酯液层中。静置数分钟，将试管中的乙酸丁酯溶液分别倒入 10 mL 具塞离心管中，盖塞，以 2 500 r/min 转速离心 5 min。

将上层清液小心倒入 1 cm 比色皿中，以试剂空白溶液调整零点，在波长为 509 nm 处测定各上层清液的吸光度。以吸光度为纵坐标，L–脯氨酸的浓度为横坐标，绘制工作曲线或计算回归方程。

2. 试液的测定

吸取 1.0 mL 试液（E.4）于 25 mL 具塞试管中，以下列步骤按 E.5（1）操作。从工作曲线上查出（或用回归方程计算出）试液中 L–脯氨酸的含量（c_4）。

E.6 结果计算

试样中 L–脯氨酸的含量计算：

$$x_4 = \frac{c_4}{\dfrac{m_4}{200} \times 1.0} = \frac{c_4 \times 200}{m_4} \qquad (6-21)$$

式中 x_4——样品中 L–脯氨酸的含量，mg/kg；

c_4——从工作曲线上查出（或用回归方程计算出）试液的中 L–脯氨酸的含量 mg/L；

m_4——样品的质量，g。

计算结果精确至小数点后一位，同一样品的两次测定结果之差不得超过平均值的 5.0%。

F. D - 异柠檬酸的测定

F.1 原理

在异柠檬酸脱氢酶(ICDH)催化下,试样中的 D - 异柠檬酸盐与烟酰胺 - 腺嘌呤 - 双核苷酸磷酸(NADP)作用,生成 DADPH 的量,相当于 D - 异柠檬酸盐的量。在波长为 340 nm 处测定吸光度,确定试样中总 D - 异柠檬酸的含量。

F.2 仪器

(1)紫外分光光度计:带石英比色皿,光程 1 cm。

(2)酸度计:精度 0.1 pH 单位。

(3)离心机:转速不低于 4 000 r/min,离心管容积大于 80 mL。

(4)微量可调移液管:

①10 ~ 50 μL,允许误差(%):±4.8;

②0 ~ 1 000 μL,允许误差(%):100 μL,±2.0;500 μL,±1;1 000 μL,±1.0。

(5)玻璃棒或塑料棒:自制,直径约 3 mm,一端带钩。

(6)分析天平:感量 0.1 mg。

(7)天平:感量 10 mg,500 mg,1 g。

F.3 试剂

(1)组合试剂盒

1 号瓶:内含咪唑缓冲液(稳定性)30 mL,pH = 7.1;

2 号瓶:内含 β - 烟酰胺 - 腺嘌呤 - 双核苷酸 - 磷酸二钠 45 mg、硫酸锰 10 mg;

3 号瓶:内含异柠檬酸脱氢酶 2 mg,5(U)个活力单位。

(2)NADP 溶液:将 F.3(1)中 1 号瓶内的溶液升温至 20 ~ 25 ℃,倒入 2 号瓶中,使 2 号瓶的物质全部溶解,混合均匀。

(3)异柠檬酸脱氢酶溶液:用 1.8 mL 水溶解 3 号瓶的物质,混合均匀。

(4)4 mol/L 氢氧化钠溶液:称取 16 g 氢氧化钠,加水溶解,定容至 100 mL。

(5)4 mol/L 盐酸溶液:量取 33.4 mL 盐酸,用水定容至 100 mL。

(6)300 g/L 氯化钡溶液:称取 30 g 氯化钡,溶解于热水中,冷却后定容至 100 mL。

(7)71 g/L 硫酸钠溶液:称取 71 g 无水硫酸钠,溶解于水中,定容至 1 000 mL。

(8)缓冲溶液:称取 2.4 g 三羟甲基氨甲烷和 0.035 g 乙二胺四乙酸二钠,用 80 mL 水溶解。先用 4 mol/L 的盐酸调整至少 pH = 7.2 左右,再用 1 mol/L 盐酸溶液调整至少 pH = 7.0(用酸度计测定),用水定容至 100 mL。

(9)氨水。

(10)丙酮。

(11)洗涤溶液:量取 150 mL 水,加入 10 mL 氨水、100 mL 丙酮混匀。

F.4 试液的制备

(1)果汁型碳酸饮料:称取 500 g 样品于 1 000 mL 烧杯中,加热煮沸,在微沸状态下保持 5 min,并不断搅拌。等二氧化碳基本除去后冷却至室温,称量。用水补足至加热前的质量,备用。

(2)浓缩果汁、果汁、果汁饮料、水果饮料:混匀后备用。

F.5 分析步骤

1. 水解

按表6-11规定的取样量称取样液。

表6-11　水解时取样量和比色皿测定时吸取量

试样名称	水解时取样量/g	比色测定时吸取量(V_2)/mL
浓缩果汁	2.00	0.4~0.8
果汁	10.00	0.8~1.2
含40%果汁的果汁饮料	20.00	1.5~2.0
含20%果汁的果汁饮料	25.00	2.0
含10%果汁的果汁饮料	40.0	2.0
含5%果汁的水果饮料	60.0~80.0	2.0
含2.5%果汁的果汁型碳酸饮料	100.0~150.0	2.0

（1）浓缩汁、果汁：将试样称取在50 mL烧杯中，加5 mL氢氧化钠溶液。用玻璃棒搅拌均匀，在室温放置10 min，使之水解。将溶液移入离心管中，用5 mL盐酸溶液和10~20 mL水分数次洗涤烧杯，并入离心管中，使总体积约为30 mL，搅拌均匀。

（2）果汁饮料、水果饮料、果汁型碳酸饮料：将试液称取在离心管中，加5 mL氢氧化钠溶液，用玻璃棒搅拌至均匀，在室温下放置10 min，使之水解，加5 mL盐酸溶液，搅拌均匀。

2.沉淀

（1）称取量小于或等于25 g的试液：在盛有水解物的离心管中依次加入2 mL氨水、3 mL氯化钡溶液、20 mL丙酮，用玻璃棒搅拌至均匀。取出玻璃棒，按顺序摆放在棒加架上。将离心管室温（约20 ℃）放置10 min，以3 000 r/min转速离心分离5~10 min，小心倾去上层溶液，保留离心管底部沉淀物。

（2）称样量大于25 g的试液：按F.5.1和F.5.2(1)的步骤分别制备2~6沉淀物。然后用约50 mL洗涤溶液将2支（或3支、4支、6支、视称样量而定）离心管中的沉淀物合并到1支离心管中，在室温（约20 ℃）放置10 min。以下步骤按F.5.2(1)操作。

3.溶解

将F.5.2中取出的玻璃棒按顺序放回原离心管中，向离心管中加入20 mL硫酸钠溶液。将离心管置于微沸水浴中加热10 min，同时用玻璃棒不断搅拌。趁热用缓冲溶液将离心管中的内容物移至50 mL容量瓶中。冷却至室温（约20 ℃）后用缓冲溶液定容至刻度，摇匀。

4.过滤

将上述溶液用滤纸过滤，弃去最初滤液，保留滤液备用。

5.测定

（1）测定条件

波长：340 nm；温度：20~25 ℃；比色浓度：在0.1~2.0 mL试液中，含D-异柠檬酸3~100 μg。

（2）测定步骤

按表6-12规定的程序和溶液的加入量，用微量可调移液管依次将各种溶液加入比色皿中（微量可调移液管须用吸入液至少冲洗一次，再正式吸取溶液），立即用玻璃棒上下搅拌，使比色皿中的溶液充分混匀。加异柠檬酸脱氢酶溶液后的最终体积为3.05 mL。

表 6 - 12　加入溶液的步骤

加入比色皿中的溶液	空白	试样
NADP 溶液(F.3.(2))/mL	1.00	1.00
重蒸馏水/ mL	2.00	$2.00 - V_2$
试样溶液(F.5.4)(V_2)/ mL	-	V_2
混匀,约 3 min 后分别测定空白吸光度($E_{1空白}$)和试样吸光度($E_{1试样}$)。		
异柠檬酸脱氢酶溶液(F.3.3)/mL	0.05	0.05
混匀,约 10 min 达到反应终点,出现恒定的吸光度,分别记录空白吸光度($E_{2空白}$)和试样吸光度($E_{2试样}$)。如果 10 min 后未达到反应终点,每 2 min 测定一次吸光度,待吸光度恒定增加时,分别记录空白和试样开始恒定增加时的吸光度($E_{2空白}$ 和 $E_{2试样}$)。		

上述步骤完成后计算 $\triangle E$:

$$\triangle E = \triangle E_{试样} - \triangle E_{空白} = (E_{2试样} - E_{1试样}) - (E_{2空白} - E_{1空白}) \qquad (6-22)$$

为得到精确的测定结果,$\triangle E$ 应大于 0.100。如果 $\triangle E$ 小于 0.100,应增加水解时的取样量或增加比色时的吸取量。

(3)异柠檬酸脱氢酶活力的判定方法

①D - 异柠檬酸标准溶液

称取 $\dfrac{0.0153}{P}$ g、含有 2 个结晶水的 D - 异柠檬酸三钠盐($C_6H_5O_7Na_3 . 2H_2O$)基准试剂,精确至 0.000 1 g,置于 50 mL 烧杯中。加水溶解,转移到 100 mL 容量瓶中,用水定容至刻度,摇匀,储存于冰箱中。此溶液含 D - 异柠檬酸为 100 mg/L。

P 为 D - 异柠檬酸基准试剂的纯度(%),0.015 3 为系数,按下列计算得出:

$$\frac{294.1 \times 100 \times 0.1}{192.1 \times 1\,000} \qquad (6-23)$$

式中　294.1——$C_6H_5O_7Na_3 . 2H_2O$ 的相对分子质量;

100——稀释体积,mL;

0.1——D - 异柠檬酸浓度,g/L;

192.1——D - 异柠檬酸的相对分子质量。

②酶活力与标准吸潮的判定见表 6 - 13。

表 6 - 13　异柠檬酸脱氢酶活力的判定方法

标准溶液加入量/mL	酶溶液的加入量/mL	$\triangle E$	判定
0.5	0.05	大于 0.5	正常
0.5	0.05	大于 0.5	酶失活或标样吸潮
0.5	0.10	大于 0.5	酶活力降低
0.5	0.10	大于 0.5	标样吸潮
0.5	0.05	大于 0.5	标样吸潮
0.5	0.05	大于 0.5	酶失活

若酶活力降低,应控制测定试样的 $\triangle E$,使之小于标准的 $\triangle E$,以保证测定样品中总 D - 异柠檬酸反应完全。

F.6 结果计算

试样中总 D – 异柠檬酸的含量计算:

$$x_5 = \frac{3.05 \times 192.1 \times V_5}{m_5 \times 6.3 \times 1 \times V_5'} \times \Delta E \qquad (6-24)$$

式中 x_5——试样中总 D – 异柠檬酸的含量,mg/kg;

3.05——比色皿中溶液的最终体积,mL;

192.1——D – 异柠檬酸的分子质量,g/mol;

V_5——试液的定容体积,mL;

V_5'——比色测定时吸取滤液的体积,mL;

m_5——样品的质量,g;

1——比色皿光程,cm;

6.3——反应产物 NADPH 在 340 nm 的吸光系数,$1 \times mmol^{-1} \times cm^{-1}$。

同一样品的两次结果之差,果汁含量等于或大于 10% 的样品,不得超过平均值的 50%;果汁含量为 2.5% ~ 10.0% 的样品,不得超过平均值的 10.0%。

G. 总黄酮的测定

G.1 原理

橙、柑、橘中的黄烷酮类(橙皮甙、新橙皮甙等)与碱作用,开环生成 2,6 – 二羟基 – 4 环氧基苯丙酮和对甲氧基苯甲醛,在二甘醇环境中遇碱缩合生成黄色橙皮素查耳酮,其生成量相当于橙皮甙的量。在波长 420 nm 处比色测定吸光度,扣除本底后,与标准系列比较定量。

G.2 仪器

(1)紫外分光光度计。

(2)酸度计:精度 0.1pH 单位。

(3)恒温水浴:温控 ±1 ℃。

(4)具塞试管与试管架。

(5)分析天平:感量 0.1 mg。

(6)天平:感量 10 mg。

G.3 试剂

(1)0.1 mol/L 氢氧化钠溶液:称取 4 g 氢氧化钠,加水溶解,定容至 1 000 mL。

(2)4 mol/L 氢氧化钠溶液:称取 16 g 氢氧化钠,加水溶解,定容至 100 mL

(3)200 g/L 柠檬酸溶液:称取 20 g 柠檬酸,加水溶解,定容至 100 mL。

(4)体积分数为 90% 的二甘醇溶液:量取 90 mL 一缩二乙二醇(又名二甘醇),加 10 mL 水,混匀备用。

(5)试剂空白溶液:量取 20 mL 氢氧化钠溶液于 50 mL 烧杯中,用柠檬酸溶液调至 pH = 6,转移到 100 mL 容量瓶中,用水定容至刻度,摇匀。

(6)橙皮甙标准溶液:称取 0.025 0 g 橙皮甙($C_{28}H_{34}O_{15}$,分子量:610.6。橙皮甙含量约为 80%,本法以 80% 计),精确至 0.000 1 g,置于 50 mL 烧杯中,加入 20 mL 氢氧化钠溶液溶解,用柠檬酸溶液调至 pH = 6,转移到 100 mL 容量瓶中,用水定容至刻度,摇匀。溶液中橙皮甙的含量为 200 mg/L。此溶液要当日配制。

G.4 试液的制备

称取一定量混合均匀的试样(浓缩汁 2.00 ~ 5.00 g:果汁 10.0 g;果汁饮料、水果饮料和果汁型碳酸饮料 50.0 g)于 100 mL 烧杯中,加入 10 mL 氢氧化钠溶液,用氢氧化钠溶液调至 pH = 12。静置 30 min 后,再用柠檬酸溶液调至 pH = 6,转移至 100 mL 容量瓶中,加水定容至刻度,用滤纸过滤,收集澄清滤液,备用。

G.5 分析步骤

1. 工作曲线的绘制

分别吸取 0.00 mL,2.00 mL,3.00 mL,4.00 mL,5.00 mL 橙皮苷标准溶液于 6 支具塞试管中,分别依次加入 5.00 mL,4.00 mL,3.00 mL,2.00 mL,1.00 mL,0.00 mL 试剂空白溶液,摇匀。再各加 5.0 mL 二甘醇溶液、0.1 mL 氢氧化钠溶液,摇匀,配制成 0.0 mg/L,20.0 mg/L,40.0 mg/L,60.0 mg/L,80.0 mg/L,100.0 mg/L 总黄酮标准系列溶液。

将上述试管置于 40 ℃ 水浴中保温 10 min。取出,在冷水浴中冷却 5 min,用 1 cm 比色皿以 0.0 mg/L 标准溶液调整零点,在波长为 420 nm 处测定吸光度。以吸光度为纵坐标,相应总黄酮的浓度为横坐标,绘制工作曲线或者计算回归方程。

2. 测定

吸取 1 ~ 5 mL 试液于具塞试管中,用试剂空白试液,补加至 5 mL,加 5 mL 二甘醇溶液,摇匀后加 0.1 mL 氢氧化钠溶液,摇匀,同时吸取一份等量的试液按上述步骤不加氢氧化钠溶液作为空白调零,以下步骤按步骤 1 操作,测定试液吸光度,从工作曲线上查出(或用回归方程计算出)试液总黄酮的含量(c_6)。

G.6 结果计算

样品中总黄酮的含量计算:

$$x_6 = \frac{c_6}{\dfrac{m_6}{100} \times \dfrac{V_6}{10}} = \frac{c_6 \times 1\,000}{m_6 \times V_6} \qquad (6-25)$$

式中　x_6——样品中总黄酮的含量,mg/kg;

　　　c_6——从工作曲线上查出(或用回归方程计算出)试液总黄酮的含量 mg/L;

　　　V_6——测定时测定试液的体积,mL;

　　　m_6——样品的质量,g。

同一样品的两次测定结果之差不得超过平均值的 5.0%。

项目四　肉与肉制品的检验

 项目分析

肉与肉制品是最富有营养的食品之一,不仅含有大量的全价蛋白质、脂肪、糖类、矿物质和维生素,而且味道鲜美、饱腹作用强、吸收率高,因此,肉类食品深受人们的喜爱。

肉制品的申证单元为 5 个:腌腊肉制品;酱卤肉制品;熏烧烤肉制品;熏煮香肠火腿制品;发酵肉制品。腌腊肉制品包括咸肉类、腊肉类、风干肉类、中国腊肠类、中国火腿类、生培根类和生香肠类等;酱卤肉制品包括白煮肉类、酱卤肉类、肉糕类、肉冻类、油炸肉类、肉松类和肉干类等;熏烧烤肉制品包括熏烧烤肉类、肉脯类和熟培根类等;熏煮香肠火腿制品

包括熏煮香肠类和熏煮火腿类等,发酵肉制品包括发酵香肠类和发酵肉类等。

任务6.4.1 鲜肉的检验

一、肉及肉制品的概述

广义上凡是适合人类作为食品的动物机体的所有构成部分都可称为肉,包括胴体、血、头、尾、内脏、蹄等。在食品学和商品学中,肉则指畜禽屠宰后除去毛或皮、血、头、尾、蹄和内脏的畜禽胴体,而头、尾、蹄、内脏等则称为副产品、下水或杂碎。因此,胴体所包含的肌肉、脂肪、骨、软骨、筋膜、神经、脉管和淋巴结等都列入肉的概念。而肉制品中所说的肉,仅指肌肉以及其中的各种软组织,不包括骨和软骨组织。

肉制品是指以鲜、冻畜禽肉为原料,精选料、修整、腌制、调味、成型、熟化(或不熟化)和包装等工艺制成的肉类加工食品。

肉及肉制品在生产、加工、运输、储存、销售等过程中受到微生物的污染及食品酶和其他因素的作用,会发生腐败变质,肉在任何腐败阶段对人都有危害。不论是参与腐败的某些细菌及其毒素,还是腐败形成的有毒分解产物,都能引起人的中毒和疾病。此外,肉的成分分解,营养价值显著降低。因此,必须通过对相关分解产物的测定判断肉与肉制品的新鲜度,从而保证肉的质量及消费者的健康。

二、肉品鲜度的检验

肉品鲜度指的是肉品的新鲜程度,是衡量肉品是否符合食用要求的客观标准。肉品鲜度的检验包括感官检查和理化检验。

(一)感官检查

感官要求见表6-14。

表6-14 猪肉感官指标(GB 2707—2005)

项目	鲜猪肉	次猪肉	变质肉
色泽	肌肉有光泽,红色均匀,脂肪乳白色	肌肉缺乏光泽,脂肪色较暗	肌肉无光泽,脂肪灰绿色
组织状态	纤维清晰,有坚韧性,指压后凹陷立即恢复	指压后凹陷恢复较慢	指压后凹陷不能恢复,留有明显痕迹
黏度	外表湿润,不粘手	外表干燥或粘手,新切面湿润	外表极度干燥或粘手,新切面发黏
气味	具有鲜猪肉固有气味,无异味	稍有氨味或酸味	有臭味
煮沸肉汤	澄清透明,脂肪团聚表面	稍有浑浊,脂肪呈小滴浮于表面	浑浊,有黄色絮状物。脂肪较少,浮于表面,有臭味

注:牛羊兔肉的感官检测与猪肉相似。

表 6 – 15　禽肉感官指标（GB 16869 – 2000）

项目	新鲜肉	次鲜肉	变质肉
色泽	表皮和肌肉切面有光泽，具有禽种固有的色泽	表皮色泽较暗，肌肉切面有光泽	体表无光泽，头颈部常带暗褐色，肉质松软，呈暗红、淡绿或灰色
组织状态	肌肉有弹性，经指压后凹陷部位立即恢复原位	指压后凹陷部位恢复慢，且不能完全恢复	指压后凹陷部位不能恢复，留有明显的痕迹
气味	具有禽种固有的气味，无异味	无其他异味，唯腹腔有轻度不快气味	体表与腹腔内均有不快气味或臭味
煮沸后肉汤	透明澄清，脂肪团聚于液面，具固有香味	稍有浑浊，脂肪呈小滴浮于表面，香味差或无鲜味	浑浊，有白色或黄色絮状物，脂肪极少浮于表面，有腥臭味
黏度	外表微干或微湿润，不粘手	外表干燥或粘手，新切面湿润	外表干燥或粘手，新切面发黏

（二）理化检验

肉鲜度检验,除感官检验项目外,还应进行理化指标的测定,对肉的鲜度判定以量的形式表示出来。实验室常测定的项目有 pH 值的测定、粗氨的测定、H_2S 的测定、球蛋白质沉淀试验和总挥发性盐基氮(TVBN)的测定。

1. 总挥发性盐基氮

挥发性盐基氮(简称 VBN)也称挥发性碱性总氮(简称 TVBN)。所谓 VBN 系指食品水浸液在碱性条件下能与水蒸气一起蒸馏出来的总氮量,即在此条件能形成 NH_3 的含氮物(含氨态氮、胺基态氮等)的总称。肉品腐败过程中,蛋白质分解产生的氨(NH_3)和胺类($R - NH_2$)等碱性含氮的有毒物质如酪胺、组胺、尸胺、腐胺和色胺等,统称为肉毒胺。它们具有一定的毒性,可引起食物中毒。因其具有挥发性,因此称为挥发性盐基氮。肉品中所含挥发性盐基氮的量,随着腐败的进行而增加,与腐败程度之间有明确的对应关系。因此,测定挥发性盐基氮的含量是衡量肉品新鲜度的重要指标之一。此类物质在碱性溶液中具有挥发性,蒸出或释出后,用标准酸溶液滴定可计算其含量。我国《鲜(冻)畜肉卫生标准》(GB 2707—2005)中规定挥发性盐基氮不得超过 15 mg/100 g。

挥发性盐基氮的测定方法主要有:微量扩散法和半微量定氮法。

2. 肉品 pH 值

测定肉品的 pH 值可以作为判断肉品新鲜度的参考指标之一。由于牲畜生前肌肉的 pH 值为 7.1 ~ 7.2,屠宰后由于肌肉中肌糖原酵解,产生了大量乳酸;三磷酸腺苷(ATP)亦分解出磷酸。乳酸和磷酸聚集的结果是肉的 pH 值下降。所以一般来说,新鲜肉的 pH 值一般在 5.8 ~ 6.4 范围之内。肉腐败时,由于蛋白质在细菌、酶的作用下,被分解为氨和胺类化合物等碱性物质,因此肉的 pH 值随之升高。由此可见,肉的 pH 值可以表示肉的新鲜度。

肉中 pH 值虽然可以表示肉的新鲜度,但不能作为判定肉品新鲜度的绝对指标,因为能影响 pH 值的因素很多,如牲畜宰前过度疲劳,虚弱或患病,由于生前能量消耗过大,肌肉中所储存的糖原减少;所以宰后肌肉中的乳酸量也较低,此种肉的 pH 值显得较高,而且采样部位不同,差异又非常显著,故不宜作为生产上检验肉品新鲜度的依据。

目前测定肉中 pH 值的方法有 pH 试纸法、比色法和酸度计法,其中以酸度计法较为准确,操作简便。

表 6 – 16 肉的新鲜度检验部分项目检验的判定标准

检测项目	一级鲜度(新鲜肉)	二级鲜度	变质肉
pH 值	5.8 ~ 6.2	6.3 ~ 6.6	6.7 以上
硫化氢的测定	滤纸条无变化	滤纸条边缘变成淡褐色	滤纸条的下部变为暗褐色或褐色
球蛋白检验	液体呈紫蓝色,并完全透明	液体呈微弱或轻度浑浊有时有少量悬浮物	液体浑浊,有白色沉淀
过氧化物酶测定	肉浸液在 30 ~ 90 s 内呈蓝绿色(以后变成褐色)为阳性反应,说明肉中有过氧化物酶	肉浸液在 2 ~ 3 min 仅呈现淡青棕色或完全无变化,为阴性反应,说明肉中无过氧化物酶	

3. 粗氨

肉类腐败时,蛋白质分解生成氨和铵盐等物质,称为粗氨。肉中的粗氨随着腐败程度的加深而相应增多,因此肉中氨和铵盐含量的多少也是衡量肉品新鲜度的一项指标。

粗氨的测定主要方法是纳氏试剂法。

因为动物机体在正常状态下含有少量氨,并以谷氨酰胺的形式贮积于组织中,所以谷氨酰胺的含量直接影响测定结果;另外,疲劳牲畜的肌肉中氨的含量可能比正常时增大一倍,所以不能把氨测定的阳性结果作为肉类腐败的绝对标志。

4. 硫化氢

在组成肉类的氨基酸中,有一些含硫氢基(—SH)的氨基酸,在肉腐败分解的过程中,它们在细菌产生的脱硫基酶作用下分解放出 H_2S。H_2S 是肉品变质过程中产生腐臭味的因子之一,因而 H_2S 的检验也是判定肉品新鲜度的一项指标。

硫化氢的测定一般采用乙酸铅试纸法。

5. 球蛋白

肉及肉制品在碱性环境中呈可溶状态,在酸性环境中呈不溶状态。新鲜肉呈酸性反应,故肉浸液中无球蛋白存在;而腐败时由于大量有机胺和氨的产生而呈碱性,故肉浸液中溶有球蛋白,且随腐败程度加重其含量也增加。

根据蛋白质在碱性溶液中能和重金属离子结合形成蛋白质盐而沉淀的特性,选用 10% 硫酸铜作试剂。Cu^{2+} 和其中的球蛋白结合形成蛋白质盐而沉淀,即通过硫酸铜沉淀法,由沉淀的有无来判定肉的新鲜度。

6. 过氧化物酶

过氧化物酶是正常动物机体中所含若干酶类的一种,这种酶在有受氧(如过氧化氢)体存在时,有使过氧化氢裂解出氧的特性。因为健康牲畜的新鲜肉中经常存在过氧化物酶,而当肉处于腐败状态,尤其是当牲畜宰前因某种疾病使机体机能发生高度障碍而造成死亡或被迫施行急宰时,肉中过氧化物酶含量减少,甚至全无,因此测试此酶可知肉的新鲜程度及屠畜临宰前的健康情况。

由于某些急性病如疝痛暴死,以及因窒息、触电、受冻及其他原因而猝死的牲畜,其肉中的过氧化物酶无损耗现象,或损耗不大,因此也不是唯一指标。

如果感官检查无变化,过氧化物酶反应呈阴性,而 pH 值又在 6.5 ~ 6.6 之间的,说明肉来自病畜,过劳和衰弱的牲畜,需做进一步的细菌学检查,检查是否有沙门氏菌、炭疽杆菌等。

以上介绍的肉新鲜度检验方法是生产实践中常用的。这些方法在评价肉的鲜度时,各个指标的应用价值也有一定的限制。肉类食品在腐败分解过程中,其代谢分解产物极其复杂。在腐败阶段,由于其自身性状和环境因素不同,分解产物的种类和数量也不尽相同。多年来,许多人在探索食肉腐败变质理化指标方面提出了许多实验方法。普遍认为挥发性盐基氮(TVBN)能比较有规律地反映肉品鲜度变化,并与感官变化一致,是评定肉品新鲜度变化的客观指标,而其他几项指标,只能作为参考指标。

总之,肉品鲜度的判断必须多项指标综合评价,不能单靠某一项指标对食品做出处理意见,以防出现偏差。同时要提高测定的准确度和自动化水平,减少人为的测定误差。肉品的检验,除了新鲜度的检验外,还要做汞的测定。

任务实施

肉新鲜度的检验

肉新鲜度检验,一般采用感官检查和理化检验方法配合进行。感官检查通常在实验室检查之前。

一、感官检查(参照 GB/T 20711 - 2006)

肉在腐败变质时,由于组织成分的分解,首先使肉品的感官性状发生令人难以接受的改变,如强烈的臭味、异常的色泽等。因此,借助人的感觉器官(嗅觉、视觉、触觉、味觉)来鉴定肉的卫生质量在理论上是有根据的,而且简便易行,具有一定的实用意义。感官检查正是利用人的感觉器官(嗅觉、视觉、触觉、味觉)对肉进行检查,主要观察肉品表面和切面的状态,如外观、色泽、黏度、组织状态、弹性、风味的质量好坏及煮沸后肉汤变化等来评定。参照表 6 - 14 和 6 - 15。

二、理化检验

(一)挥发性盐基氮的测定(半微量定氮法)

1. 原理

根据蛋白质在腐败过程中分解产生的氨和胺类物质具有挥发性,在弱碱剂氧化镁的作用下游离并蒸馏出来,被硼酸溶液吸收,可用标准的酸进行滴定,计算含量。

2. 仪器:半微量凯氏定氮装置和微量滴定管

(1)实验室用样品粉碎机或研钵。

(2)分析天平:感量 0.001 g。

(3)凯氏蒸馏装置。

(4)振荡机。

(5)锥形瓶:150 mL,250 mL 具塞。

(6)容量瓶:100 mL,1 000 mL。

(7)滴定管:酸式 10 mL。

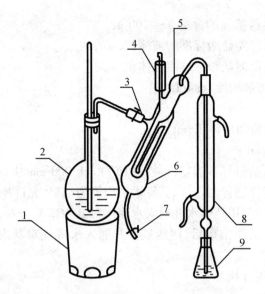

1—电炉;2—水蒸气发生器(2 L平底烧瓶);3—螺旋夹;4—小玻杯及棒状玻塞;
5—反应室;6—反应室外层;7—橡皮管及螺旋夹;8—冷凝管;9—蒸馏液接收瓶

3.试剂:

(1)0.1 mol/L盐酸标准溶液(无水碳酸钠标定):吸取分析纯盐酸8.3 mL,用蒸馏水定容至1 000 mL。

(2)0.01 mol/L盐酸标准溶液:用0.1 mol/L盐酸标准溶液稀释获得。

(3)硼酸溶液:分析纯硼酸2 g溶于100 mL水配成2%溶液。

(4)混合指示剂:甲基红0.1%乙醇溶液,溴甲酚绿0.5%乙醇溶液,两溶液等体积混合,阴凉处保存期三个月以内。

(5)氧化镁溶液(1%):化学纯氧化镁1.0 g,溶于100 mL蒸馏水振摇成混悬液。

4.测定:

(1)称取1~5 g试样(精确到0.001 g)于250 mL具塞锥形瓶中,加蒸馏水100 mL,振荡摇匀30 min后静置,上清液为样液。

(2)取20 mL 2%的硼酸溶液于150 mL锥形瓶中,加混合指示剂2滴,使半微量蒸馏装置的冷凝管末端浸入此溶液。

(3)蒸馏装置的蒸汽发生器的水中应加甲基红指示剂数滴、硫酸数滴,且保持此溶液为橙红色,否则补加硫酸。

(4)准确移取10 mL样液注入蒸馏装置的反应室中,用少量蒸馏水冲洗进样入口,再加入10 mL氧化镁溶液,小心提起玻璃塞使流入反应室,将玻璃塞塞好,且在入口处加水封好,防止漏气,蒸馏10 min,使冷凝管末端离开吸收液面,再蒸馏1 min,用蒸馏水洗冷凝管末端,洗液均流入吸收液。

(5)吸收氨后的吸收液立即用0.01 mol/L盐酸标准液滴定,溶液由蓝绿色变为灰红色为终点,同时进行试剂空白测定。

5.测定结果计算:

$$X_1 = \frac{(V_1 - V_2) \times c_{HCl} \times 14}{m \times \frac{V'}{V}} \times 100 \tag{6-26}$$

式中 X_1——样品挥发性盐基氮的含量,mg/100 g;

V_1——滴定试样时所需盐酸标准溶液体积,mL;

V_2——滴定空白时所需盐酸标准溶液体积,mL;

c_{HCl}——盐酸标准溶液浓度,mol/L;

M——试样重量,g;

V'——试样分解液蒸馏用体积,mL;

V——样液总体积,mL;

14——与 1.00 mL 盐酸标准滴定溶液[$c(HCl) = 1.000$ mol/L]相当的氮的质量,mg。

每个试样取两个平行样进行测定,以其算术平均值为结果,允许相对偏差为 5%。

注:半微量蒸馏器使用前用蒸馏水并通入水蒸汽对其内室充分洗涤 2~3 次,空白试验需稳定后才能开始进行。操作结束后,用稀硫酸并通入水蒸气对其内室残留物洗涤,然后用蒸馏水同样洗涤。

（二）pH 值测定（酸度计法）

1. 原理

测定浸没在肉和肉制品试样中的玻璃电极和参比电极之间的电位差。

2. 仪器

（1）pH 计:精确度为 0.05 pH 单位。

玻璃电极:各种形状的玻璃电极都可以用,玻璃电极的膜应浸在水中保存。

参比电极:如含有饱和氯化钾溶液的甘汞电极或氯化银电极,一般将其浸入饱和氯化钾溶液中保存。

（2）绞肉机:孔径不超过 4 mm。

3. 试剂:95% 乙醇。

（1）乙醚:用水饱和。

（2）蒸馏水或相当纯度的水。

4. 分析步骤

（1）试样取样:按 GB 9695.19 肉与肉制品取样。

方法:从第四、五颈椎相对部位的颈部肌肉采样（因为在屠宰加工过程中,颈部易受污染,且颈部肌肉组织的肉层薄并为多层肌肉,细菌易沿肌层结缔组织间隙向深层深入,较易腐败）,至少取有代表性的试样 200 g,立即测定 pH,或以适当的方法保存试样,要保证其 pH 变化控制在最小限度之内。

（2）试样的制备

均质化试样:试样须两次通过绞肉机,混匀以达到均质化。

如非常干燥的试样,可以在实验室混合器内加等质量的水进行均质。

（3）测定

均质化试样:取一定量足以浸没或埋置电极的试样,将电极插入试样中,采用适合于所用 pH 计的步骤进行测定。同一个试样进行三次测定,读数精确到 0.05 pH 单位。

非均质化试样:取足以供测定几个点的 pH 值的试样。如试样组织坚硬,可在每个测定点上打一个孔,使玻璃电极不致破损。将电极插入试样中,采用适合于所用 pH 计的步骤进行测定,在同一点上重复测定。必要时可在不同点上重复测定,测定点的数目随试样的性质和大小而定。

当分析结果符合允许差的要求时,则取同一点上得到两个测定值的算术平均值作为结果。报告每一个点上的平均 pH 值,精确到 0.1 pH 单位。在同一点上得到两个值之差不得超过 0.15 pH 单位。

（三）粗氨的测定

1. 原理

在碱性溶液中氨和铵离子能与纳氏试剂作用生成黄棕色的碘化二亚汞氨沉淀,可根据沉淀生成的多少来测定样品中氨的大约含量。纳氏试剂是测定氨的专用试剂。

2. 试剂

纳氏试剂:取 10 g KI 溶于 100 mL 热蒸馏水中,再徐徐加入热的饱和升汞溶液,并不停搅拌,直到出现红色沉淀不溶为止。过滤,向滤液加入 80 mL 碱溶液（含 30 g KOH）,然后加入上述饱和升汞溶液 1.5 mL,待溶液冷却后加入蒸馏水 200 mL,装入棕色玻璃瓶中,至于凉爽处保存,用时去上清液。

3. 操作方法及判定标准

（1）操作方法

取 2 支试管放在试管架上,吸取 1 mL 肉浸液注入第一支试管中,吸取 1 mL 蒸馏水注入第二支试管中（对照）。再向两个试管中各加 1～10 滴纳氏试剂,边滴边摇动试管,观察颜色变化及透明情况,见表 6－17。

（2）判定标准

表 6－17　纳式试剂反应结果判定表

试剂滴数	肉中氨与胺化合物的含量（mg 或%）	颜色变化和沉淀出现	评定符号	肉的品质
10	6 以下	颜色及透明度无变化	—	完全新鲜肉
10	10～20	呈现透明的黄色	+ -	说明肉已开始腐败,但有时没有感官的腐败现象,此种肉应迅速利用
10	21～30	呈黄色,浑浊	+	同上
6～10	30～45	滴加 6 滴呈明显淡黄色浑浊,滴加 10 滴出现少量沉淀	+ +	有条件的可利用,但此种肉必须处理后方能食用
1～5	45 以上	析出大量的黄色或橙色的沉淀物	+ + +	此种肉禁止食用

（四）硫化氢的测定

1. 原理

肉中硫化氢的测定采用乙酸铅试纸法。根据乙酸铅与硫化氢发生显色反应,生成黑色的硫化铅的性质来鉴定 H_2S 的存在,从而判定肉品的质量。

2. 仪器及试剂

滤纸、碱性醋酸铅及具塞三角瓶等。

3. 分析步骤

（1）取 50～100 mL 的具塞三角瓶,将剪碎的肉样品分别装瓶,使其达烧瓶容量的三分之一,肉粒大小以绿豆到黄豆大小为佳。

(2)取一滤纸条,先在碱性醋酸铅溶液中浸湿,待稍干后放入装有检肉的三角瓶中,并盖上瓶塞,要求纸条紧接肉块表面而又未与肉块接触到为好。

(3)在室温下静置 15 min 后,观察瓶内滤纸条的变化。

4. 判定标准

(1)新鲜肉:滤纸条无变化。

(2)次鲜肉:滤纸条边缘变成淡褐色。

(3)腐败肉:滤纸条的下部变为暗褐色或黑褐色。

(五)球蛋白检验(硫酸铜沉淀法)

1. 原理

根据蛋白质在碱性溶液中能和重金属离子结合形成蛋白质盐而沉淀的特性,采用 $CuSO_4$ 溶液作为试剂,使 Cu^{2+} 与被检肉浸液中球蛋白结合,形成沉淀来判定肉浸液中是否含有球蛋白,并以此来检验肉的新鲜度。

2. 仪器及试剂材料

(1)硫酸铜溶液(10%):取硫酸铜 10 g 溶于 100 mL 蒸馏水中,即制成 10% $CuSO_4$ 溶液。

(2)移液管。

3. 分析步骤

(1)取小试管 2 支,一支注入肉浸液 2 mL,另一支注入蒸馏水 2 mL 作为对照。

(2)用移液管吸取 10% $CuSO_4$ 溶液,向上述两试管中各滴入 5 滴,充分振荡后观察。

4. 判定标准

(1)新鲜肉:液体呈紫蓝色,并完全透明。

(2)次鲜肉:液体呈微弱或轻度浑浊,有时有少量悬浮物。

(3)变质肉:液体浑浊,有白色沉淀。

(六)过氧化物酶反应试验

1. 原理

根据过氧化物酶能从过氧化氢中裂解出氧的特性,在肉浸液中,加入过氧化氢和某些容易被氧化的指示剂,肉浸液中的过氧化物酶使过氧化氢裂解出氧,使指示剂氧化而改变颜色。一般多用联苯胺作指示剂。联苯胺被氧化为二酰亚胺代对苯醌,二酰亚胺代对苯醌和未氧化的联苯胺,可形成淡蓝绿色的化合物,经过一定时间后变成褐色,所以判定时间要掌握在 3 min 之内。

2. 仪器及试剂

1% 过氧化氢液、0.2% 联苯胺、酒精溶液等。

3. 分析步骤

(1)取小试管 2 支,一支加入肉浸液 2 mL,另一支加入蒸馏水 2 mL 作为对照。

(2)用移液管吸取联苯胺酒精溶液,向每个试管中各滴入 5 滴,充分振荡。

(3)用移液管吸取 1% 新配的 H_2O_2 溶液,向上述各管分别滴加 2 滴,稍加振荡,立即仔细观察,记录在 3 min 内颜色变化的速度与程度。

4. 判定标准

(1)健康牲畜的新鲜肉:肉浸液在 30～90 s 内呈蓝绿色(以后变成褐色)为阳性反应,说明肉中有过氧化物酶。

（2）次鲜肉和变质肉：肉浸液在 2～3 min 仅呈现淡青棕色或完全无变化，为阴性反应，说明肉中无过氧化物酶。

（3）如果感官检查无变化，过氧化物酶反应呈阴性，而 pH 值又在 6.5～6.6 之间的，说明肉来自病畜，过劳和衰弱的牲畜。需做进一步的细菌学检查，检查是否有沙门氏菌、炭疽杆菌等。

任务 6.4.2　熏煮火腿的检验

知识平台

一、熏煮火腿的定义

熏煮火腿是以畜、禽肉为主要原料，经精选、切块、盐水注射（或盐水浸渍）腌制后，加入辅料，再经滚揉、充填（或不填充）、蒸煮、烟熏（或不烟熏）、冷却、包装等工艺制作的火腿类熟肉制品。

二、熏煮火腿的检验项目

熏煮火腿受原料质量、添加剂、热加工温度和时间、产品包装和储运以及微生物的污染等影响，会发生许多质量安全问题，其中以食品添加剂超量和微生物污染为主。因此，熏煮火腿必须进行相关项目的检验。

熏煮火腿的发证检验、监督检验、出厂检验分别按照表 6 – 18 所列出的相应项目进行。企业出厂检验项目有"√"标记的，为常规检验项目；有"＊"标记的，企业应当每年检验两次。

表 6 – 18　烟熏火腿质量检验项目

序号	检验项目	发证	监督	出厂	检验标准	备注
1	感官	√	√	√	GB/T 20711	
2	铅	√	√	＊	QB/T 5009.12	
3	无机砷	√	√	＊	QB/T 5009.11	
4	镉	√	√	＊	QB/T 5009.15	
5	总汞	√	√	＊	QB/T 5009.17	
6	菌落总数	√	√	√	QB/T 4789.2	
7	大肠菌群	√	√	√	QB/T 4789.3	
8	致病菌	√	√	＊	QB/T 4789.4 QB/T 4789.5 QB/T 4789.10	
9	亚硝酸盐	√	√	＊	GB/T 5009.33	
10	食品添加剂（山梨酸、苯甲酸、胭脂红）	√	√	＊	GB/T 5009.29 GB/T 9695.6	
11	苯并（a）芘	√	√	＊	GB/T 5009.27	经熏烤的产品应检验此项目

表 6 – 18(续)

序号	检验项目	发证	监督	出厂	检验标准	备注
12	蛋白质	√	√	*	GB/T 5009.5	
13	脂肪	√	√	*	GB/T 9695.7	
14	淀粉	√	√	*	GB/T 9695.14	
15	水分	√	√	*	GB/T 9695.15	
16	氯化物	√	√	*	GB/T 9695.8	
17	净含量			√		定量包装产品检验此项目
18	标签	√	√		GB 7718	

注:标签除符合 GB 7718 的规定及要求外还应符合相应产品标准中的标签要求。

三、质量指标

感官要求见表 6 – 19,理化指标应符合表 6 – 20 的规定。

表 6 – 19　感官要求

项目	要求
色泽	切片呈自然粉红色或玫瑰红色,有光泽
质地	组织致密,有弹性,切片完整,切面无密集气孔且没有直径大于 3 mm 的气孔,无汁液渗出,无异物
风味	咸淡适中,滋味鲜美,具固有风味,无异味

表 6 – 20　理化指标

项目	指标		
	特级	优级	普通级
水分/ %		75	
食盐(以 NaCl 计)/ %		3.5	
蛋白质/ %	18	15	12
脂肪/ %		10	
淀粉/ %	2	4	6
亚硝酸盐(以 $NaNO_2$)/ (mg/kg)		70	

任 务 实 施

熏煮火腿的检验

一、感官检验(参照 GB/T 20711—2006)

根据产品的感官要求,用眼、鼻、口、手等感觉器官对产品的外观、色泽、组织状态和风味的质量好坏进行评定。

二、理化检验

（一）食盐的测定（参照 GB/T 5009.44—2003）

1. 原理

试样中食盐采用炭化浸出法或灰化浸出法。浸出液以铬酸钾为指示液,用硝酸银标准滴定溶液滴定,根据硝酸银消耗量计算含量。

2. 仪器

（1）滴定管:25 mL。

（2）容量瓶:100 mL。

（3）瓷坩埚。

3. 试剂

（1）硝酸银标准滴定溶液（$c(AgNO_3) = 0.100$ mol/L）

（2）铬酸钾溶液（50 g/L）。

4. 分析步骤

（1）试样处理

①炭化浸出法:称取 1.00～2.00 g 绞碎均匀的试样,置于瓷坩埚,用小火炭化完全,炭化成分用玻璃棒轻轻研碎,然后加 25～30 mL 水,用小火煮沸冷却后,过滤于 100 mL 容量瓶中,并用热水少量分次洗涤残渣及滤器,洗液并入容量瓶中,冷至室温,加水至刻度,混匀备用。

②灰化浸出法:称取 1.00～2.00 g 绞碎均匀的试样,置于瓷坩埚,先以小火炭化后,再移入高温炉中于 500～550 ℃灰化,冷后取出,残渣用 50 mL 热水分数次浸渍溶解,每次浸渍后过滤于 250 mL 容量瓶中,冷至室温,加水至刻度,混匀备用。

（2）滴定

吸取 25.0 mL 滤液于 100 mL 锥形瓶中,加 1 mL 铬酸钾溶液（50 g/L）,搅匀,用硝酸银标准溶液（0.100 mol/L）滴定至初显橘红色即为终点,同时做试剂空白试验。

5. 结果计算

试样中食盐的含量（以氯化钠计）计算:

$$X = \frac{(V_1 - V_2) \times c \times 0.058\,5}{m \times \left(\dfrac{V_3}{V_4}\right)} \times 100 \qquad (6-27)$$

式中　X——试样中食盐的含量（以氯化钠计）,g/100 g;

　　　V_1——试样消耗硝酸银标准溶液的体积,mL;

　　　V_2——试剂空白消耗硝酸银标准溶液的体积,mL;

　　　V_3——滴定时吸取的试样滤液的体积,mL

　　　V_4——试样处理时定容的体积,mL;

　　　c——硝酸银标准滴定溶液的实际浓度,mL;

　　　0.058 5——与 1.00 mL 硝酸银标准滴定溶液（$c(AgNO_3) = 0.100$ mol/L）相当的氯化钠的质量,g;

　　　m——试样质量,g。

计算结果表示到小数点后一位。在重复性条件下获得的两次独立测定结果的绝对差值不得超过算术平均值的 5%。

（二）水分的测定（参照 GB 5009.3—2010）

按 GB 5009.3—2010 的方法操作，见模块四的项目一。

（三）蛋白质的测定

按 GB 5009.5—2010 的方法测定，见模块四的项目二。

（四）脂肪的测定

按 GB／T 5009.6—2003 的方法测定，见模块四的项目一。

（五）淀粉的测定

按 GB 5009.9—2008 的方法测定，见模块四的项目二。

（六）亚硝酸钠的测定

按 GB 5009.33—2010 的方法测定，见模块五的项目二

附　　录

附录一　糖液观测锤度温度改正表(20 ℃)

温度 /℃	观测锤度														
	11	12	13	14	15	16	17	18	19	20	21	22	23	24	25
温度低于 20 ℃时应减之数															
10	0.44	0.45	0.46	0.47	0.48	0.49	0.50	0.50	0.51	0.52	053	0.54	0.55	0.56	0.57
11	0.41	0.42	0.42	0.43	0.44	0.45	0.46	0.48	0.47	0.48	0.49	0.49	0.50	0.50	0.51
12	0.37	0.38	0.38	0.39	0.40	0.41	0.41	0.42	0.42	0.43	0.44	0.44	0.45	0.45	0.46
13	0.33	0.33	0.34	0.34	0.35	0.36	0.36	0.37	0.37	0.38	0.39	0.39	0.40	0.40	0.41
14	0.29	0.30	0.30	0.31	0.31	0.32	0.32	0.33	0.33	0.34	0.34	0.35	0.35	0.36	0.36
15	0.24	0.25	0.25	0.26	0.26	0.26	0.27	0.27	0.28	0.28	0.28	0.29	0.29	0.30	0.30
16	0.20	0.21	0.21	0.22	0.22	0.22	0.22	0.23	0.23	0.23	0.23	0.24	0.24	0.25	0.25
17	0.15	0.16	0.16	0.16	0.16	0.16	0.16	0.17	0.17	0.18	0.18	0.18	0.19	0.19	0.19
18	0.10	0.10	0.11	0.11	0.11	0.11	0.11	0.12	0.12	0.12	0.12	0.12	0.13	0.13	0.13
19	0.05	0.05	0.06	0.06	0.06	0.06	0.06	0.06	0.06	0.06	0.06	0.06	0.06	0.06	0.06
温度高于 20 ℃时应减之数															
21	0.06	0.06	0.06	0.06	0.06	0.06	0.06	0.06	0.06	0.06	0.06	0.06	0.07	0.07	0.07
22	0.11	0.11	0.12	0.12	0.12	0.12	0.12	0.12	0.12	0.12	0.12	0.12	0.13	0.13	0.13
23	0.17	0.17	0.17	0.17	0.17	0.17	0.18	0.18	0.19	0.19	0.19	0.19	0.20	0.20	0.20
24	0.23	0.23	0.24	0.24	0.24	0.24	0.25	0.25	0.26	0.26	0.26	0.26	0.27	0.27	0.27
25	0.30	0.30	0.31	0.31	0.31	0.31	0.31	0.32	0.32	0.32	0.32	0.33	0.33	0.34	0.34
26	0.36	0.36	0.37	0.37	0.37	0.38	0.38	0.39	0.39	0.40	0.40	0.40	0.40	0.40	0.40
27	0.42	0.43	0.43	0.44	0.44	0.44	0.45	0.45	0.46	0.46	0.46	0.47	0.47	0.48	0.47
28	0.49	0.50	0.50	0.51	0.51	0.52	0.52	0.53	0.53	0.54	0.54	0.55	0.55	0.56	0.56
29	0.57	0.57	0.58	0.58	0.59	0.59	0.60	0.60	0.61	0.61	0.61	0.62	0.62	0.63	0.63
30	0.64	0.64	0.65	0.65	0.66	0.66	0.67	0.67	0.68	0.68	0.68	0.69	0.69	0.70	0.70

附录二　碳酸气吸收系数表

温度/℃	压力/MPa																
	0.00	0.01	0.02	0.03	0.04	0.05	0.06	0.07	0.08	0.09	0.10	0.11	0.12	0.13	0.14	0.15	0.16
0	1.71	1.88	2.05	2.22	2.39	2.56	2.73	2.90	3.07	3.23	3.40	3.57	3.74	3.91	4.08	4.25	4.42
1	1.65	1.81	1.97	2.13	2.30	2.46	2.62	2.78	2.95	3.11	3.27	3.43	3.60	3.76	3.92	4.08	4.25
2	1.58	1.74	1.90	2.05	2.21	2.37	2.52	2.68	2.83	2.99	3.15	3.30	3.46	3.62	3.77	3.93	4.09
3	1.53	1.68	1.83	1.98	2.13	2.28	2.43	2.58	2.73	2.88	3.03	3.18	3.34	3.49	3.64	3.79	3.94
4	1.47	1.62	1.76	1.91	2.05	2.20	2.35	2.49	2.64	2.78	2.93	3.07	3.22	3.36	3.51	3.65	3.80
5	1.42	1.56	1.71	1.85	1.99	2.13	2.27	2.41	2.55	2.69	2.83	2.97	3.11	3.25	3.39	3.53	3.67
6	1.38	1.51	1.65	1.78	1.92	2.06	2.19	2.33	2.46	2.60	2.74	2.87	3.01	3.14	3.28	3.42	3.55
7	1.33	1.46	1.59	1.73	1.86	1.99	2.12	2.25	2.38	2.51	2.64	2.78	2.91	3.04	3.17	3.30	3.43
8	1.28	1.41	1.54	1.66	1.79	1.91	2.04	2.17	2.29	2.42	2.55	2.67	2.80	2.93	3.05	3.18	3.31
9	1.24	1.36	1.48	1.60	1.73	1.85	1.97	2.09	2.21	2.34	2.46	2.58	2.70	2.82	2.95	3.07	3.19
10	1.19	1.31	1.43	1.55	1.67	1.78	1.90	2.02	2.14	2.25	2.37	2.49	2.61	2.73	2.84	2.96	3.08
11	1.15	1.27	1.38	1.50	1.61	1.72	1.84	1.95	2.07	2.18	2.29	2.41	2.52	2.63	2.75	2.86	2.98
12	1.12	1.23	1.34	1.45	1.56	1.67	1.78	1.89	2.00	2.11	2.22	2.33	2.44	2.55	2.66	2.77	2.88
13	1.08	1.19	1.30	1.40	1.51	1.62	1.72	1.83	1.94	2.05	2.15	2.26	2.37	2.47	2.58	2.69	2.79
14	1.05	1.15	1.26	1.36	1.46	1.57	1.67	1.78	1.88	1.98	2.09	2.19	2.29	2.40	2.50	2.60	2.71
15	1.02	1.12	1.22	1.32	1.42	1.52	1.62	1.72	1.82	1.92	2.02	2.13	2.23	2.33	2.43	2.53	2.63
16	0.98	1.08	1.18	1.28	1.37	1.47	1.57	1.67	1.76	1.86	1.96	2.05	2.15	2.25	2.35	2.44	2.54
17	0.95	1.05	1.14	1.24	1.33	1.43	1.52	1.62	1.71	1.81	1.90	1.99	2.09	2.18	2.28	2.37	2.47
18	0.93	1.02	1.11	1.20	1.29	1.39	1.48	1.57	1.66	1.75	1.84	1.94	2.03	2.12	2.21	2.30	2.39
19	0.90	0.99	1.08	1.17	1.26	1.35	1.44	1.53	1.61	1.70	1.79	1.88	1.97	2.06	2.15	2.24	2.33
20	0.88	0.96	1.05	1.14	1.22	1.31	1.40	1.48	1.57	1.66	1.74	1.83	1.92	2.00	2.09	2.18	2.26
21	0.85	0.94	1.02	1.11	1.19	1.28	1.36	1.44	1.53	1.61	1.70	1.78	1.87	1.95	2.03	2.12	2.20
22	0.83	0.91	0.99	1.07	1.16	1.24	1.32	1.40	1.48	1.57	1.65	1.73	1.81	1.89	1.97	2.06	2.14
23	0.80	0.88	0.96	1.04	1.12	1.20	1.28	1.36	1.44	1.52	1.60	1.68	1.76	1.84	1.91	1.99	2.07
24	0.78	0.88	0.94	1.01	1.09	1.17	1.24	1.32	1.40	1.47	1.55	1.63	1.71	1.78	1.86	1.94	2.01
25	0.76	0.83	0.91	0.93	1.06	1.13	1.21	1.28	1.36	1.43	1.51	1.58	1.66	1.73	1.81	1.88	1.96

温度/℃	压力/MPa																
	0.17	0.18	0.19	0.20	0.21	0.22	0.23	0.24	0.25	0.26	0.27	0.28	0.29	0.30	0.31	0.32	0.33
0	4.59	4.76	4.93	5.09	5.26	5.43	5.60	5.77	5.94	6.11	6.28	6.45	6.62	6.79	6.95	7.12	7.20
1	4.41	4.57	4.73	4.90	5.06	5.22	5.38	5.54	5.71	5.87	6.03	6.19	6.36	6.52	6.68	6.84	7.01
2	4.24	4.40	4.55	4.71	4.87	5.02	5.18	5.34	5.49	5.65	5.81	5.96	6.12	6.27	6.43	6.59	6.74
3	4.09	4.24	4.39	4.54	4.69	4.84	4.99	5.14	5.29	5.45	5.60	5.75	5.90	6.05	6.20	6.35	6.50
4	3.94	4.09	4.24	4.38	4.53	4.67	4.82	4.96	5.11	5.25	5.40	5.54	5.69	5.83	5.98	6.13	6.27
5	3.81	3.95	4.09	4.23	4.38	4.52	4.66	4.80	4.94	5.08	5.22	5.33	5.50	5.64	5.78	5.92	6.06
6	3.69	3.82	3.95	4.10	4.23	4.37	4.50	4.64	4.77	4.91	5.06	5.18	5.32	5.45	5.59	5.73	5.86
7	3.56	3.70	3.83	3.96	4.09	4.22	4.35	4.48	4.62	4.75	4.88	5.01	5.14	5.27	5.40	5.53	5.67
8	3.43	3.56	3.69	3.81	3.91	4.07	4.19	4.32	4.45	4.57	4.70	4.82	4.95	5.08	5.20	5.33	5.48
9	3.31	3.43	3.56	3.68	3.80	3.92	4.05	4.17	4.29	4.41	4.53	4.66	4.78	4.90	5.02	5.14	5.27
10	3.20	3.32	3.43	3.55	3.67	3.79	3.90	4.02	4.14	4.26	4.38	4.49	4.61	4.73	4.85	4.97	5.08

附录二续表

温度/℃	压力/MPa																
	0.17	0.18	0.19	0.20	0.21	0.22	0.23	0.24	0.25	0.26	0.27	0.28	0.29	0.30	0.31	0.32	0.33
11	3.09	3.20	3.32	3.43	3.55	3.66	3.77	3.89	4.00	4.12	4.23	4.34	4.46	4.57	4.68	4.80	4.91
12	2.99	3.10	3.21	3.32	3.43	3.54	3.65	3.76	3.87	3.98	4.09	4.20	4.31	4.42	4.53	4.64	4.76
13	2.90	3.01	3.11	3.22	3.33	3.43	3.54	3.65	3.76	3.86	3.97	4.08	4.18	4.29	4.40	4.50	4.61
14	2.81	2.92	3.02	3.12	3.23	3.33	3.43	3.54	3.64	3.74	3.85	3.95	4.06	4.16	4.26	4.37	4.47
15	2.73	2.83	2.93	3.03	3.13	3.23	3.33	3.43	3.53	3.63	3.78	3.84	3.94	4.04	4.14	4.24	4.34
16	2.64	2.73	2.83	2.93	3.03	3.12	3.22	3.32	3.42	3.51	3.61	3.71	3.80	3.90	4.00	4.10	4.19
17	2.56	2.65	2.75	2.84	2.94	3.03	3.13	3.22	3.31	3.41	3.50	3.60	3.69	3.79	3.88	3.98	4.07
18	2.49	2.58	2.67	2.76	2.85	2.94	3.03	3.13	3.22	3.31	3.40	3.49	3.58	3.68	3.77	3.86	3.95
19	2.42	2.50	2.59	2.68	2.77	2.86	2.95	3.04	3.13	3.22	3.31	3.39	3.48	3.57	3.66	3.75	3.84
20	2.35	2.44	2.52	2.61	2.70	2.78	2.87	2.96	3.04	3.13	3.22	3.30	3.39	3.48	3.56	3.65	3.74
21	2.29	2.37	2.46	2.54	2.62	2.71	2.79	2.88	2.96	3.05	3.13	3.21	3.30	3.38	3.47	3.55	3.64
22	2.22	2.30	2.38	2.47	2.55	2.63	2.71	2.79	2.87	2.96	3.04	3.12	3.20	3.28	3.37	3.45	3.53
23	2.15	2.23	2.31	2.39	2.47	2.55	2.63	2.71	2.79	2.87	2.95	3.03	3.11	3.18	3.26	3.34	3.42
24	2.09	2.17	2.25	2.32	2.40	2.48	2.55	2.63	2.71	2.79	2.86	2.94	3.02	3.09	3.17	3.25	3.32
25	2.03	2.11	2.18	2.26	2.33	2.41	2.48	2.55	2.63	2.71	2.78	2.86	2.93	3.01	3.08	3.16	3.23

温度/℃	压力/MPa																
	0.34	0.35	0.36	0.37	0.38	0.39	0.40	0.41	0.42	0.43	0.44	0.45	0.46	0.47	0.48	0.49	0.50
0	7.45	7.63	7.80	7.97	8.14	8.31	8.48	8.64	8.81	8.98	9.15	9.32	9.49	9.66	9.83	10.00	10.17
1	7.17	7.33	7.49	7.66	7.82	7.98	8.14	8.31	8.47	8.63	8.79	8.96	9.12	9.28	9.44	9.61	9.77
2	6.90	7.06	7.21	7.37	7.52	7.68	7.84	7.99	8.15	8.31	8.46	8.62	8.78	8.93	9.09	9.24	9.40
3	6.65	6.80	6.95	7.10	7.25	7.40	7.56	7.71	7.86	8.01	8.16	8.31	8.46	8.61	8.76	8.91	9.06
4	6.42	6.56	6.71	6.85	7.00	7.14	7.29	7.43	7.58	7.72	7.87	8.02	8.16	8.31	8.45	8.60	8.74
5	6.20	6.34	6.48	6.62	6.76	6.91	7.06	7.19	7.33	7.47	7.61	7.75	7.89	8.03	8.17	8.31	8.45
6	6.00	6.13	6.27	6.41	6.54	6.68	6.81	6.96	7.09	7.22	7.36	7.49	7.63	7.76	7.90	8.04	8.17
7	5.80	5.93	6.06	6.19	6.32	6.45	6.59	6.72	6.85	6.98	7.11	7.24	7.37	7.51	7.64	7.77	7.90
8	5.58	5.71	5.84	5.96	6.09	6.22	6.34	6.45	6.60	6.72	6.85	6.98	7.10	7.23	7.36	7.48	7.61
9	5.39	5.51	5.63	5.75	5.88	6.00	6.12	6.24	6.36	6.49	6.61	6.73	6.85	6.98	7.10	7.22	7.34
10	5.20	5.32	5.44	5.55	5.67	5.79	5.91	6.03	6.14	6.26	6.38	6.50	6.61	6.73	6.85	6.97	7.09
11	5.03	5.14	5.26	5.37	5.48	5.60	5.71	5.82	5.94	6.05	6.17	6.28	6.39	6.51	6.62	6.73	6.85
12	4.87	4.98	5.09	5.20	5.31	5.42	5.53	5.64	5.75	5.86	5.97	6.08	6.19	6.30	6.41	6.52	6.63
13	4.72	4.82	4.93	5.04	5.14	5.25	5.36	5.47	5.57	5.68	5.79	5.89	6.00	6.11	6.21	6.32	6.43
14	4.57	4.68	4.78	4.88	4.99	5.09	5.20	5.30	5.40	5.50	5.61	5.71	5.82	5.92	6.02	6.13	6.23
15	4.44	4.54	4.64	4.74	4.84	4.94	5.04	5.14	5.24	5.34	5.44	5.54	5.65	5.75	5.85	5.95	6.05
16	4.29	4.39	4.48	4.58	4.68	4.78	4.87	4.97	5.07	5.17	5.26	5.36	5.46	5.55	5.65	5.75	5.85
17	4.16	4.26	4.35	4.45	4.54	4.64	4.73	4.82	4.92	5.01	5.11	5.20	5.30	5.39	5.49	5.58	5.67
18	4.04	4.18	4.23	4.32	4.41	4.50	4.59	4.68	4.77	4.87	4.96	5.06	5.14	5.23	5.32	5.42	5.51
19	3.98	4.02	4.11	4.20	4.28	4.37	4.46	4.55	4.64	4.73	4.82	4.91	5.00	5.09	5.18	5.26	5.35
20	3.82	3.91	4.00	4.08	4.17	4.26	4.34	4.43	4.52	4.60	4.69	4.78	4.86	4.95	5.04	5.12	5.21
21	3.72	3.80	3.89	3.97	4.06	4.14	4.23	4.31	4.39	4.48	4.56	4.65	4.73	4.82	4.90	4.98	5.07
22	3.61	3.69	3.77	3.86	3.94	4.02	4.10	4.18	4.27	4.35	4.43	4.51	4.59	4.67	4.76	4.84	4.92
23	3.50	3.58	3.66	3.74	3.82	3.90	3.98	4.06	4.14	4.22	4.30	4.37	4.45	4.53	4.61	4.69	4.77
24	3.40	3.48	3.56	3.63	3.71	3.79	3.86	3.94	4.02	4.10	4.17	4.25	4.33	4.40	4.48	4.58	4.64
25	3.31	3.38	3.46	3.53	3.61	3.68	3.76	3.83	3.91	3.98	4.06	4.13	4.20	4.28	4.35	4.43	4.50

附录三 相当于氧化亚铜质量的葡萄糖、果糖、乳糖、转化糖质量表

单位:mg

氧化亚铜	葡萄糖	果糖	乳糖	转化糖	氧化亚铜	葡萄糖	果糖	乳糖	转化糖
11.3	4.6	5.1	7.7	5.2	78.8	34.0	37.4	53.6	35.8
12.4	5.1	5.6	8.5	5.7	79.9	34.5	37.9	54.4	36.3
13.5	5.6	6.1	9.3	6.2	81.1	35.0	38.5	55.2	36.8
14.6	6.0	6.7	10.0	6.7	82.2	35.5	39.0	55.9	37.4
15.8	6.5	7.2	10.8	7.2	83.3	36.0	39.6	56.7	37.9
16.9	7.0	7.7	11.5	7.7	84.4	36.5	40.1	57.5	38.4
18.0	7.5	8.3	12.3	8.2	85.6	37.0	40.7	58.2	38.9
19.1	8.0	8.8	13.1	8.7	86.7	37.5	41.2	59.0	39.4
20.3	8.5	9.3	13.8	9.2	87.8	38.0	41.7	59.8	40.0
21.4	8.9	9.9	14.6	9.7	88.9	38.5	42.3	60.5	40.5
22.5	9.4	10.4	15.4	10.2	90.1	39.0	42.8	61.3	41.0
23.6	9.9	10.9	16.1	10.7	91.2	39.5	43.4	62.1	41.5
24.8	10.4	11.5	16.9	11.2	92.3	40.0	43.9	62.8	42.0
25.9	10.9	12.0	17.7	11.7	93.4	40.5	44.5	63.6	42.6
27.0	11.4	12.5	18.4	12.3	94.6	41.0	45.0	64.4	43.1
28.1	11.9	13.1	19.2	12.8	95.7	41.5	45.6	65.1	43.6
29.3	12.3	13.6	19.9	13.3	96.8	42.0	46.1	65.9	44.1
30.4	12.8	14.2	20.7	13.8	97.9	42.5	46.7	66.7	44.7
31.5	13.3	14.7	21.5	14.3	99.1	43.0	47.2	67.4	45.2
32.6	13.8	15.2	22.2	14.8	100.2	43.5	47.8	68.2	45.7
33.8	14.3	15.8	23.0	15.3	101.3	44.0	48.3	69.0	46.2
34.9	14.8	16.3	23.8	15.8	102.5	44.5	48.9	69.7	46.7
36.0	15.3	16.8	24.5	16.3	103.6	45.0	49.4	70.5	47.3
37.2	15.7	17.4	25.3	16.8	104.7	45.5	50.0	71.3	47.8
38.3	16.2	17.9	26.1	17.3	105.8	46.0	50.5	72.1	48.3
39.4	16.7	18.4	26.8	17.8	107.0	46.5	51.1	72.8	48.8
40.5	17.2	19.0	27.6	18.3	108.1	47.0	51.6	73.6	49.4
41.7	17.7	19.5	28.4	18.9	109.2	47.5	52.2	74.4	49.9
42.8	18.2	20.1	29.1	19.4	110.3	48.0	52.7	75.1	50.4
43.9	18.7	20.6	29.9	19.9	111.5	48.5	53.3	75.9	50.9
45.0	19.2	21.1	30.6	20.4	112.6	49.0	53.8	76.7	51.5
46.2	19.7	21.7	31.4	20.9	113.7	49.5	54.4	77.4	52.0
47.3	20.1	22.2	32.2	21.4	114.8	50.0	54.9	78.2	52.5
48.4	20.6	22.8	32.9	21.9	116.0	50.6	55.5	79.0	53.0
49.5	21.1	23.3	33.7	22.4	117.1	51.1	56.0	79.7	53.6
50.7	21.6	23.8	34.5	22.9	118.2	51.6	56.6	80.5	54.1
51.8	22.1	24.4	35.2	23.5	119.3	52.1	57.1	81.3	54.6
52.9	22.6	24.9	36.0	24.0	120.5	52.6	57.7	82.1	55.2
54.0	23.1	25.4	36.8	24.5	121.6	53.1	58.2	82.8	55.7
55.2	23.6	26.0	37.5	25.0	122.7	53.6	58.8	83.6	56.2

附录三续表　　　　　　　　　　　　　　　单位:mg

氧化亚铜	葡萄糖	果糖	乳糖	转化糖	氧化亚铜	葡萄糖	果糖	乳糖	转化糖
56.3	24.1	26.5	38.3	25.5	123.8	54.1	59.3	84.4	56.7
57.4	24.6	27.1	39.1	26.0	125.0	54.6	59.9	85.1	57.3
58.5	25.1	27.6	39.8	26.5	126.1	55.1	60.4	85.9	57.8
59.7	25.6	28.2	40.6	27.0	127.2	55.6	61.0	86.7	58.3
60.8	26.1	28.7	41.4	27.6	128.3	56.1	61.6	87.4	58.9
61.9	26.5	29.2	42.1	28.1	129.5	56.7	62.1	88.2	59.4
63.0	27.0	29.8	42.9	28.6	130.6	57.2	62.7	89.0	59.9
64.2	27.5	30.3	43.7	29.1	131.7	57.7	63.2	89.8	60.4
65.3	28.0	30.9	44.4	29.6	132.8	58.2	63.8	90.5	61.0
66.4	28.5	31.4	45.2	30.1	134.0	58.7	64.3	91.3	61.5
67.6	29.0	31.9	46.0	30.6	135.1	59.2	64.9	92.1	62.0
68.7	29.5	32.5	46.7	31.1	136.2	59.7	65.4	92.8	62.6
69.8	30.0	33.0	47.5	31.7	137.4	60.2	66.0	93.6	63.1
70.9	30.5	33.6	48.3	32.2	138.5	60.7	66.5	94.4	63.6
72.1	31.0	34.1	49.0	32.7	139.6	61.3	67.1	95.2	64.2
73.2	31.5	34.7	49.8	33.2	140.7	61.8	67.7	95.9	64.7
74.3	32.0	35.2	50.6	33.7	141.9	62.3	68.2	96.7	65.2
75.4	32.5	35.8	51.3	34.3	143.0	62.8	68.8	97.5	65.8
76.6	33.0	36.3	52.1	34.8	144.1	63.3	69.3	98.2	66.3
77.7	33.5	36.8	52.9	35.3	145.2	63.8	69.9	99.0	66.8
146.4	64.3	70.4	99.8	67.4	213.9	95.7	104.3	146.2	99.9
147.5	64.9	71.0	100.6	67.9	215.0	96.3	104.8	147.0	100.4
148.6	65.4	71.6	101.3	68.4	216.2	96.8	105.4	147.7	101.0
149.7	65.9	72.1	102.1	69.0	217.3	97.3	106.0	148.5	101.5
150.9	66.4	72.7	102.9	69.5	218.4	97.9	106.6	149.3	102.1
152.0	66.9	73.2	103.6	70.0	219.5	98.4	107.1	150.1	102.6
153.1	67.4	73.8	104.4	70.6	220.7	98.9	107.7	150.8	103.2
154.2	68.0	74.3	105.2	71.1	221.8	99.5	108.3	151.6	103.7
155.4	68.5	74.9	106.0	71.6	222.9	100.0	108.8	152.4	104.3
156.5	69.0	75.5	106.7	72.2	224.0	100.5	109.4	153.2	104.8
157.6	69.5	76.0	107.5	72.7	225.2	101.1	110.0	153.9	105.4
158.7	70.0	76.6	108.3	73.2	226.3	101.6	110.6	154.7	106.0
159.9	70.5	77.1	109.0	73.8	227.4	102.2	111.1	155.5	106.5
161.0	71.1	77.7	109.8	74.3	228.5	102.7	111.7	156.3	107.1
162.1	71.6	78.3	110.6	74.9	229.7	103.2	112.3	157.0	107.6
163.2	72.1	78.8	111.4	75.4	230.8	103.8	112.9	157.8	108.2
164.4	72.6	79.4	112.1	75.9	231.9	104.3	113.4	158.0	108.7
165.5	73.1	80.0	112.9	76.5	233.1	104.8	114.0	159.4	109.3
166.6	73.7	80.5	113.7	77.0	234.2	105.4	114.6	160.2	109.8
167.8	74.2	81.1	114.4	77.6	235.3	105.9	115.2	160.9	110.4
168.9	74.7	81.6	115.2	78.1	236.4	106.5	115.7	161.7	110.9
170.0	75.2	82.2	116.0	78.6	237.6	107.0	116.3	162.5	111.5
171.1	75.7	82.8	116.8	79.2	238.7	107.5	116.9	163.3	112.1
172.3	76.3	83.3	117.5	79.7	239.8	108.1	117.5	164.0	112.6

附录三续表

单位:mg

氧化亚铜	葡萄糖	果糖	乳糖	转化糖	氧化亚铜	葡萄糖	果糖	乳糖	转化糖
173.4	76.8	83.9	118.3	80.3	240.9	108.6	118.0	164.8	113.2
174.5	77.3	84.4	119.1	80.8	242.1	109.2	118.6	165.6	113.7
175.6	77.8	85.0	119.9	81.3	243.1	109.7	119.2	166.4	114.3
176.8	78.3	85.6	120.6	81.9	244.3	110.2	119.8	167.1	114.9
177.9	78.9	86.1	121.4	82.4	245.4	110.8	120.3	167.9	115.4
179.0	79.4	86.7	122.2	83.0	246.6	111.3	120.9	168.7	116.0
180.1	79.9	87.3	122.9	83.5	247.7	111.9	121.5	169.5	116.5
181.3	80.4	87.8	123.7	84.0	248.8	112.4	122.1	170.3	117.1
182.4	81.0	88.4	124.5	84.6	249.9	112.9	122.6	171.0	117.6
183.5	81.5	89.0	125.3	85.1	251.1	113.5	123.2	171.8	118.2
184.5	82.0	89.5	126.0	85.7	252.2	114.0	123.8	172.6	118.8
185.8	82.5	90.1	126.8	86.2	253.3	114.6	124.4	173.4	119.3
186.9	83.1	90.6	127.6	86.8	254.4	115.1	125.0	174.2	119.9
188.0	83.6	91.2	128.4	87.3	255.6	115.7	125.5	174.9	120.4
189.1	84.1	91.8	129.1	87.8	256.7	116.2	126.1	175.7	121.0
190.3	84.6	92.3	129.9	88.4	257.8	116.7	126.7	176.5	121.6
191.4	85.2	92.9	130.7	88.9	258.9	117.3	127.3	177.3	122.1
192.5	85.7	93.5	131l.5	89.5	260.1	117.8	127.9	178.1	122.7
193.6	86.2	94.0	132.2	90.0	261.2	118.4	128.4	178.8	123.3
194.8	86.7	94.6	133.0	90.6	262.3	118.9	129.0	179.6	123.8
195.9	87.3	95.2	133.8	91.1	263.4	119.5	129.6	180.4	124.4
197.0	87.8	95.7	134.6	91.7	264.6	120.0	130.2	181.2	124.9
198.1	88.3	96.3	135.3	92.2	265.7	120.6	130.8	181.9	125.5
199.3	88.9	96.9	136.1	92.8	266.8	121.1	131.3	182.7	126.1
200.4	89.4	97.4	136.9	93.3	268.0	121.7	131.9	183.5	126.6
201.5	89.9	98.0	137.7	93.8	269.1	122.2	132.5	184.3	127.2
202.7	90.4	98.6	138.4	94.4	270.2	122.7	133.1	185.1	127.8
203.8	91.0	99.2	139.2	94.9	271.3	123.3	133.7	185.8	128.3
204.9	91.5	99.7	140.0	95.5	272.5	123.8	134.3	186.6	128.9
206.0	92.0	100.3	140.8	96.0	273.6	124.4	134.8	187.4	129.5
207.2	92.6	100.9	141.5	96.6	274.7	124.9	135.4	188.2	130.0
208.3	93.1	101.4	142.3	97.1	275.8	125.5	136.0	189.0	130.6
209.4	93.6	102.0	143.1	97.7	277.0	126.0	136.6	189.7	131.2
210.5	94.2	102.6	143.9	98.2	278.1	126.6	137.2	190.5	131.7
211.7	94.7	103.1	144.6	98.8	279.2	127.1	137.7	191.3	132.3
212.8	95.2	103.7	145.4	99.3	280.3	127.7	138.3	192.1	132.9
281.5	128.2	138.9	192.9	133.4	349.0	161.9	174.4	239.8	168.0
282.6	128.8	139.5	193.6	134.0	350.1	162.5	175.0	240.6	168.6
283.7	129.3	140.1	194.4	134.6	351.3	163.0	175.6	241.4	169.2
284.8	129.9	140.7	195.2	135.1	352.4	163.6	176.2	242.2	169.8
286.0	130.4	141.3	196.0	135.7	353.5	164.2	176.8	243.0	170.4
287.1	131.0	141.8	196.8	136.3	354.6	164.7	177.4	243.7	171.0
288.2	131.6	142.4	197.5	136.8	355.8	165.3	178.0	244.5	171.6
289.3	132.1	143.0	198.3	137.4	356.9	165.9	178.6	245.3	172.2

附录三续表

单位:mg

氧化亚铜	葡萄糖	果糖	乳糖	转化糖	氧化亚铜	葡萄糖	果糖	乳糖	转化糖
290.5	132.7	143.6	199.1	138.0	358.0	166.5	179.2	246.1	172.8
291.6	133.2	144.2	199.9	138.6	359.1	167.0	179.8	246.9	173.3
292.7	133.8	144.8	200.7	139.1	360.3	167.6	180.4	247.7	173.9
293.8	134.3	145.4	201.4	139.7	361.4	168.2	181.0	248.5	174.5
295.0	134.9	145.9	202.2	140.3	362.5	168.8	181.6	249.2	175.1
296.1	135.4	146.5	203.0	140.8	363.6	169.3	182.2	250.0	175.7
297.2	136.0	147.1	203.8	141.4	364.8	169.9	182.8	250.8	176.3
298.3	136.5	147.7	204.6	142.0	365.9	170.5	183.4	251.6	176.9
299.5	137.1	148.3	205.3	142.6	367.0	171.1	184.0	252.4	177.5
300.6	137.7	148.9	206.1	143.1	368.2	171.6	184.6	253.2	178.1
301.7	138.2	149.5	206.9	143.7	369.3	172.2	185.2	253.9	178.7
302.9	138.8	150.1	207.7	144.3	370.4	172.8	185.8	254.7	179.2
304.0	139.3	150.6	208.5	144.8	371.5	173.4	186.4	255.5	179.8
305.1	139.9	151.2	209.2	145.4	372.7	173.9	187.0	256.3	180.4
306.2	140.4	151.8	210.0	146.0	373.8	174.5	187.6	257.1	181.0
307.4	141.0	152.4	210.8	146.6	374.9	175.1	188.2	257.9	181.6
308.5	141.6	153.0	211.6	147.1	376.0	175.7	188.8	258.7	182.2
309.6	142.1	153.6	212.4	147.7	377.2	176.3	189.4	259.4	182.8
310.7	142.7	154.2	213.2	148.3	378.3	176.8	190.1	260.2	183.4
311.9	143.2	154.8	214.0	148.9	379.4	177.4	190.7	261.0	184.0
313.0	143.8	155.4	214.7	149.4	380.5	178.0	191.3	261.8	184.6
314.1	144.4	156.0	215.5	150.0	381.7	178.6	191.9	262.6	185.2
315.2	144.9	156.5	216.3	150.6	382.8	179.2	192.5	263..4	185.8
316.4	145.5	157.1	217.1	151.2	383.9	179.7	193.1	264.2	186.4
317.5	146.0	157.7	217.9	151.8	385.0	180.3	193.7	265.0	187.0
318.6	146.6	158.3	218.7	152.3	386.2	180.9	194.3	265.8	187.6
319.7	147.2	158.9	219.4	152.9	387.3	181.5	194.9	266.6	188.2
320.9	147.7	159.5	220.2	153.5	388.4	182.1	195.5	267.4	188.8
322.0	148.3	160.1	221.0	154.1	389.5	182.7	196.1	268.1	189.4
323.1	148.8	160.7	221.8	154.6	390.7	183.2	196.7	268.9	190.0
324.2	149.4	161.3	222.6	155.2	391.8	183.8	197.3	269.7	190.6
325.4	150.0	161.9	223.3	155.8	392.9	184.4	197.9	270.5	191.2
326.5	150.5	162.5	224.1	156.4	394.0	185.0	198.5	271.3	191.8
327.6	151.1	163.1	224.9	157.0	395.2	185.6	199.2	272.1	192.4
328.7	151.7	163.7	225.7	157.5	396.3	186.2	199.8	272.9	193.0
329.9	152.2	164.3	226.5	158.1	397.4	186.8	200.4	273.7	193.6
331.0	152.8	164.9	227.3	158.7	398.5	187.3	201.0	274.4	194.2
332.1	153.4	165.4	228.0	159.3	399.7	187.9	201.6	275.2	194.8
333.3	153.9	166.0	228.8	159.9	400.8	188.5	202.2	276.0	195.4
334.4	154.5	166.6	229.6	160.5	401.9	189.1	202.8	276.8	196.0
335.5	155.1	167.2	230.4	161.0	403.1	189.7	203.4	277.6	196.6
336.6	155.6	167.8	231.2	161.6	404.2	190.3	204.0	278.4	197.2
337.8	156.2	168.4	232.0	162.2	405.3	190.9	204.7	279.2	197.8
338.9	156.8	169.0	232.7	162.8	406.4	191.5	205.3	280.0	198.4

附录三续表　　　　　　　　　　单位:mg

氧化亚铜	葡萄糖	果糖	乳糖	转化糖	氧化亚铜	葡萄糖	果糖	乳糖	转化糖
340.0	157.3	169.6	233.5	163.4	407.6	192.0	205.9	280.8	199.0
341.1	157.9	170.2	234.3	164.0	408.7	192.6	206.5	281.6	199.6
342.3	158.5	170.8	235.1	164.5	409.8	193.2	207.1	282.4	200.2
343.4	159.0	171.4	235.9	165.1	410.9	193.8	207.7	283.2	200.8
344.5	159.6	172.0	236.7	165.7	412.1	194.4	208.3	284.0	201.4
345.6	160.2	172.6	237.4	166.3	413.2	195.0	209.0	284.8	202.0
346.8	160.7	173.2	238.2	166.9	414.3	195.6	209.6	285.6	202.6
347.9	161.3	173.8	239.0	167.5	415.4	196.2	210.2	286.3	203.2
416.6	196.8	210.8	287.1	203.8	453.7	216.5	231.3	313.4	224.1
417.7	197.4	211.4	287.9	204.4	454.8	217.1	232.0	314.2	224.7
418.8	198.0	212.0	288.7	205.0	456.0	217.8	232.6	315.0	225.4
419.9	198.5	212.6	289.5	205.7	457.1	218.4	233.2	315.9	226.0
421.1	199.1	213.3	290.3	206.3	458.2	219.0	233.9	316.7	226.6
422.2	199.7	213.9	291.1	206.9	459.3	219.6	234.5	317.5	227.2
423.3	200.3	214.5	291.9	207.5	460.5	220.1	235.1	318.3	227.9
424.4	200.9	215.1	292.7	208.1	461.6	220.8	235.8	319.1	228.5
425.6	201.5	215.7	293.5	208.7	462.7	221.4	236.4	319.9	229.1
426.7	202.1	216.3	294.3	209.3	463.8	222.0	237.1	320.7	229.7
427.8	202.7	217.0	295.0	209.9	465.0	222.6	237.7	321.6	230.4
428.9	203.3	217.6	295.8	210.5	466.1	223.3	238.4	322.4	231.0
430.1	203.9	218.2	296.6	211.1	467.2	223.9	239.0	323.2	231.7
431.2	204.5	218.8	297.4	211.8	468.4	224.5	239.7	324.0	232.3
432.3	205.1	219.5	298.2	212.4	469.5	225.1	240.3	324.9	232.9
433.5	205.1	220.1	299.0	213.0	470.6	225.7	241.0	325.7	233.6
434.6	206.3	220.7	299.8	213.6	471.7	226.3	241.6	326.5	234.2
435.7	206.9	221.3	300.6	214.2	472.9	227.0	242.2	327.4	234.8
436.8	207.5	221.9	301.4.	214.8	474.0	227.6	242.9	328.2	235.5
438.0	208.1	222.6	302.2	215.4	475.1	228.2	243.6	329.1	236.1
439.1	208.7	232.2	303.0	216.0	476.2	228.8	244.3	329.9	236.8
440.2	209.3	223.8	303.8	216.7	477.4	229.5	244.9	330.1	237.5
441.3	209.9	224.4	304.6	217.3	478.5	230.1	245.6	331.7	238.1
442.5	210.5	225.1	305.4	217.9	479.6	230.7	246.3	332.6	238.8
443.6	211.1	225.7	306.2	218.5	480.7	231.4	247.0	333.5	239.5
444.7	211.7	226.3	307.0	219.1	481.9	232.0	247.8	334.4	240.2
445.8	212.3	226.9	307.8	219.9	483.0	232.7	248.5	335.3	240.8
447.o	212.9	227.6	308.6	220.4	484.1	233.3	249.2	336.3	241.5
448.1	213.5	228.2	309.4	221.0	485.2	234.0	250.0	337.3	242.3
449.2	214.1	228.8	310.2	221.6	486.4	234.7	250.8	338.3	243.0
450.3	214.7	229.4	311.0	222.2	487.5	235.3	251.6	339.4	243.8
451.5	215.3	230.1	311.8	222.9	488.6	236.1	252.7	340.7	244.7
452.6	215.9	230.7	312.6	223.5	489.7	236.9	253.7	342.0	245.8

附录四　20 ℃时折光率与可溶性固形物换算表

折光率	可溶性固形物/%	折光率	可溶性固形物/%	折光率	可溶性固形物/%	折光率	可溶性固形物/%	折光率	可溶性固形物/%	折光率	可溶性固形物/%
1.333 0	0.0	1.354 9	14.5	1.379 3	29.0	1.406 6	43.5	1.437 3	58.0	1.471 3	72.5
1.333 7	0.5	1.355 7	15.0	1.380 2	29.5	1.407 6	44.0	1.438 5	58.5	1.473 7	73.0
1.334 4	1.0	1.356 5	15.5	1.381 1	30.0	1.408 6	44.5	1.439 6	59.0	1.472 5	73.5
1.335 1	1.5	1.357 3	16.0	1.382 0	30.5	1.409 6	45.0	1.440 7	59.5	1.474 9	74.0
1.335 9	2.0	1.358 2	16.5	1.382 9	31.0	1.410 7	45.5	1.441 8	60.0	1.476 2	74.5
1.336 7	2.5	1.359 0	17.0	1.383 8	31.5	1.411 7	46.0	1.442 9	60.5	1.477 4	75.0
1.337 3	3.0	1.359 8	17.5	1.384 7	32.0	1.412 7	46.5	1.444 1	61.0	1.478 7	75.5
1.338 1	3.5	1.360 6	18.0	1.385 6	32.5	1.413 7	47.0	1.445 3	61.5	1.479 9	76.0
1.338 8	4.0	1.361 4	18.5	1.386 5	33.0	1.414 7	47.5	1.446 4	62.0	1.481 2	76.5
1.339 5	4.5	1.362 2	19.0	1.387 4	33.5	1.415 8	48.0	1.447 5	62.5	1.482 5	77.0
1.340 3	5.0	1.363 1	19.5	1.388 3	34.0	1.416 9	48.5	1.448 6	63.0	1.483 8	77.5
1.341 1	5.5	1.363 9	20.0	1.389 3	34.5	1.417 9	49.0	1.449 7	63.5	1.485 0	78.0
1.341 8	6.0	1.364 7	20.5	1.390 2	35.0	1.418 9	49.5	1.45.9	64.0	1.486 3	78.5
1.342 5	6.5	1.365 5	21.0	1.391 1	35.5	1.420 0	50.0	1.452 1	64.5	1.487 6	79.0
1.343 3	7.0	1.366 3	21.5	1.392 0	36.0	1.421 1	50.5	1.453 2	65.0	1.488 8	79.5
1.344 1	7.5	1.367 2	22.0	1.392 9	36.5	1.422 1	51.0	1.454 4	65.5	1.490 1	80.0
1.344 8	8.0	1.368 1	22.5	1.393 9	37.0	1.423 1	51.5	1.455 5	66.0	1.491 4	80.5
1.345 6	8.5	1.368 9	23.0	1.394 9	37.5	1.424 2	52.0	1.457 0	66.5	1.492 7	81.0
1.346 4	9.0	1.369 8	23.5	1.395 8	38.0	1.425 3	52.5	1.458 1	67.0	1.494 1	81.5
1.347 1	9.5	1.370 6	24.0	1.396 8	38.5	1.426 4	53.0	1.459 3	67.5	1.495 4	82.0
1.347 9	10.0	1.371 5	24.5	1.397 8	39.0	1.427 5	53.5	1.460 5	68.0	1.496 7	82.5
1.348 7	10.5	1.372 3	25.0	1.398 7	39.5	1.428 5	54.0	1.461 6	68.5	1.498 0	83.0
1.349 4	11.0	1.373 1	25.5	1.399 7	40.0	1.429 6	54.5	1.462 8	69.0	1.499 3	83.5
1.350 2	11.5	1.374 0	26.0	1.400 7	40.5	1.430 7	55.0	1.463 9	69.5	1.500 7	84.0
1.351 0	12.0	1.374 9	26.5	1.401 6	41.0	1.431 8	55.5	1.465 1	70.0	1.502 0	84.5
1.351 8	12.5	1.375 8	27.0	1.402 6	41.5	1.432 9	56.0	1.466 3	70.5	1.503 3	85.0
1.352 6	13.0	1.376 7	27.5	1.403 6	42.0	1.434 0	56.5	1.467 6	71.0		
1.353 3	13.5	1.377 5	28.0	1.404 6	42.5	1.435 1	57.0	1.468 8	71.5		
1.354 1	14.0	1.378 1	28.5	1.405 6	43.0	1.436 2	57.5	1.470 0	72.0		

附录五 20 ℃时可溶性固形物含量对温度的校正表

温度 /℃	固形物含量/%														
	0	5	10	15	20	25	30	35	40	45	50	55	60	65	70
应减去之校正值															
10	0.44	0.45	0.46	0.47	0.48	0.49	0.50	0.50	0.51	0.52	053	0.54	0.55	0.56	0.57
11	0.41	0.42	0.42	0.43	0.44	0.45	0.46	0.48	0.47	0.48	0.49	0.49	0.50	0.50	0.51
12	0.37	0.38	0.38	0.39	0.40	0.41	0.41	0.42	0.42	0.43	0.44	0.44	0.45	0.45	0.46
13	0.33	0.33	0.34	0.34	0.35	0.36	0.36	0.37	0.37	0.38	0.39	0.39	0.40	0.40	0.41
14	0.29	0.30	0.30	0.31	0.31	0.32	0.32	0.33	0.33	0.34	0.34	0.35	0.35	0.36	0.36
15	0.24	0.25	0.25	0.26	0.26	0.26	0.27	0.27	0.28	0.28	0.28	0.29	0.29	0.30	0.30
16	0.20	0.21	0.21	0.22	0.22	0.22	0.23	0.23	0.23	0.23	0.24	0.24	0.25	0.25	0.25
17	0.15	0.16	0.16	0.16	0.16	0.16	0.16	0.17	0.17	0.18	0.18	0.18	0.19	0.19	0.19
18	0.10	0.10	0.11	0.11	0.11	0.11	0.11	0.12	0.12	0.12	0.12	0.12	0.13	0.13	0.13
19	0.05	0.05	0.06	0.06	0.06	0.06	0.06	0.06	0.06	0.06	0.06	0.06	0.06	0.06	0.06
应加入之校正值															
21	0.06	0.07	0.07	0.07	0.07	0.08	0.08	0.08	0.08	0.08	0.08	0.08	0.08	0.08	0.08
22	0.13	0.13	0.14	0.14	0.15	0.15	0.15	0.15	0.15	0.16	0.16	0.16	0.16	0.16	0.16
23	0.19	0.20	0.21	0.22	0.22	0.23	0.23	0.23	0.23	0.24	0.24	0.24	0.24	0.24	0.24
24	0.26	0.27	0.28	0.29	0.30	0.30	0.31	0.31	0.31	0.31	0.32	0.32	0.32	0.32	0.32
25	0.33	0.35	0.36	0.37	0.38	0.38	0.39	0.40	0.40	0.40	0.40	0.40	0.40	0.40	0.40
26	0.40	0.42	0.43	0.44	0.45	0.46	0.47	0.48	0.48	0.48	0.48	0.48	0.48	0.48	0.48
27	0.48	0.50	0.52	0.53	0.54	0.55	0.55	0.56	0.56	0.56	0.56	0.56	0.56	0.56	0.56
28	0.56	0.57	0.60	0.61	0.62	0.63	0.63	0.63	0.64	0.64	0.64	0.64	0.64	0.64	0.64
29	0.64	0.66	0.68	0.69	0.71	0.72	0.72	0.73	0.73	0.73	0.73	0.73	0.73	0.73	0.73
30	0.72	0.74	0.77	0.78	0.79	0.80	0.80	0.81	0.81	0.81	0.81	0.81	0.81	0.81	0.81

附录六　化学试剂标准滴定溶液和制备

一、氢氧化钠标准滴定溶液

1. 配制

称取 110 g 氢氧化钠,溶于 100 mL 无二氧化碳的水中,摇匀,注入聚乙容器中,密封放置溶液清亮,按下表的规定,用塑料管量取上层清液,用无二氧化碳的水稀释至 1 000 mL,摇匀。

氢氧化钠标准滴定溶液的体积[$c(NaOH)$]/(mol/L)	氢氧化钠溶液的体积 V/mL
1	54
0.5	27
0.1	5.4

2. 标定

按下表的规定称取于 105～110 ℃电烘箱中干燥至恒温的工作基准试剂邻苯二甲酸氢钾。加无二氧化碳的水溶解。加两滴酚酞指示液(10/L),用配好的氢氧化钠溶液滴定至溶液呈现粉红色,并保持 30 s。同时做空白试验。

氢氧化钠标准滴定溶液的浓度[$c(NaOH)$]/(mol/ L)	工作基准试剂邻苯二甲酸氢钾的质量 m/g	无二氧化碳的水的体积 V/mL
1	7.5	80
0.5	3.6	80
0.1	0.75	50

氢氧化钠标准滴定液的浓度[$c(NaOH)$],数值以摩尔每升(mol/L),按(F.6.1)式计算:

$$c(NaOH) = \frac{m \times 1\,000}{(V_1 - V_2) \times M} \tag{F.6.1}$$

式中　m——邻苯二甲酸氢钾质量的准确数值,g;

　　　V_1——氢氧化钠溶液体积的数值,mL;

　　　V_2——空白试实验氢氧化钠溶液体积的数值,mL;

　　　M——邻苯二甲酸氢钾的摩尔质量,g/mol[$M(KHC_8H_4O_4) = 204.22$]。

二、盐酸标准滴定溶液

1. 配制

按下表的规定量取盐酸,注入 1 000 mL 水中,摇匀。

盐酸标准滴定溶液的体积[$c(HCl)$]/(mol/ L)	盐酸溶液的体积 V/mL
1	90
0.5	45
0.1	9

2. 标定

按下表的规定量取于 270～300 ℃高温炉灼烧至恒重的工作基准试剂无水碳酸钠。溶于 50 mL 水中,加 10 滴溴甲酚绿 - 甲基红指示液,用配制好的盐酸溶液滴定至溶液由绿色变为暗红色,煮沸 2 min,冷却后继续滴定至溶液再呈暗红色。同时做空白试验。

盐酸标准滴定溶液的浓度[$c(HCl)$]/(mol/ L)	工作基准试剂无水碳酸钠的质量 m/g
1	1.9
0.5	0.95
0.1	0.2

盐酸标准滴定溶液的浓度[$c(HCl)$],数值以摩尔每升(mol/L)表示,按(F.6.2)式计算:

$$c(HCl) = \frac{m \times 1\,000}{(V_1 - V_2) \times M} \tag{F.6.2}$$

式中 m——无水碳酸钠钾的质量,g;

V_1——滴定消耗盐酸溶液体积,mL;

V_2——空白试验消耗盐酸溶液的体积,mL;

M——无水碳酸钠的摩尔质量,g / mol[$M(\frac{1}{2}Na_2CO_3) = 52.994$]

三、硫酸标准滴定溶液

1. 配制

按下表的规定量取硫酸,缓缓注入 1 000 mL 水中,冷却,摇匀。

硫酸标准滴定溶液的体积[$c(H_2SO_4)$]/(mol/ L)	盐酸溶液的体积 V/mL
1	90
0.5	45
0.1	9

2. 标定

按下表的规定称取 270～300 ℃高温炉中灼烧至恒温的工作基准试剂无水碳酸钠,溶于 50 mL 水中,加 10 滴溴甲酚绿 - 甲基红指示液,用配制好的硫酸溶液滴定至溶液由绿色变为暗红色,煮沸 2 min 冷却后继续滴定至溶液再呈暗红色。同时做空白试验。

硫酸标准的滴定溶液的浓度[$c(\frac{1}{2}H_2SO_4)$],数值以摩尔每升(mol/L)表示,按(F.6.3)式算:

$$c(\frac{1}{2}H_2SO_4) = \frac{m \times 1\,000}{(V_1 - V_2) \times M} \tag{F.6.3}$$

式中　m——无水碳酸钠钾质量的准确数值,g

　　　V_1——硫酸溶液体积的数值,mL

　　　V_2——空白试验硫酸溶液体积的数值,mL

　　　M——无水碳酸钠的摩尔质量,g/mol$[M(\frac{1}{2}Na_2CO_3)=52.994]$

四、重铬酸钾标准滴定溶液

$$c(\frac{1}{6}K_2Cr_2O_7)=0.1\ mol/L$$

1. 方法一

(1)配制　称取 5 g 重铬酸钾,溶于 1 000 mL 水中,摇匀。

(2)标定　量取 35.00~40.00 mL 配制好的重铬酸钾溶液,置于碘量瓶中,加 2 g 碘化钾及 20 mL 硫酸溶液(20%),摇匀,于暗处放置 10 min。加 150 mL 水(15~20 ℃),用硫代硫酸钠标准滴定溶液$[c(Na_2S_2O_3)=0.1\ mol/L]$滴定,近终点时 2 mL 淀粉指示液(10 g/L),继续滴定至溶液由蓝色变为亮绿色。同时做空白试验。

重铬酸钾标准滴定溶液的浓度$[c(\frac{1}{6}K_2Cr_2O_7)]$,数值以摩尔每升(mol/L)表示,按式(F.6.4)计算

$$c(\frac{1}{6}K_2Cr_2O_7)=\frac{(V_1-V_2)\times c_1}{V} \tag{F.6.4}$$

式中　V_1——标定消耗硫代硫酸钠标准滴定溶液的体积,mL;

　　　V_2——空白试验消耗硫代硫酸钠标准滴定溶液的体积,mL;

　　　c_1——硫代硫酸钠标准滴定溶液的浓度,mol/L;

　　　V——重铬酸钾溶液的体积,mL。

2. 方法二

称取 4.90±0.20 g 已在 120±2 ℃的电烘箱中干燥至恒温的工作基准试剂重铬酸钾,溶于水,移入 1 000 mL 容量瓶中,稀释至刻度。

重铬酸钾标准滴定溶液的浓度$[(\frac{1}{6}K_2Cr_2O_7)]$,数值以摩尔每升(mol/L)表示,按式(F.6.5)计算:

$$c(\frac{1}{6}K_2Cr_2O_7)=\frac{m\times 1\ 000}{V\times M} \tag{F.6.5}$$

式中　m——重铬酸钾的质量,g;

　　　V——重铬酸钾溶液体积的准确值,mL;

　　　M——重铬酸钾的摩尔质量,g/mol$[M(\frac{1}{6}K_2Cr_2O_7)=49.031]$。

五、硫代硫酸钠标准滴定溶液

$$c(Na_2S_2O_3)=0.1\ mol/L$$

1. 配制

称取 26 g 硫代硫酸钠($Na_2S_2O_3\cdot 5H_2O$)(或 16 g 无水硫代硫酸钠),加 0.2 g 无水碳酸钠,溶于 1 000 mL 水中,缓缓煮沸 10 min。放置两周后过滤。

2. 标定

称取 0.18 g 于 120 ± 2 ℃ 干燥至恒温的工作基准试剂重铬酸钾, 置于碘量瓶中, 溶于 25 mL 水中, 加 2 g 碘化钾及 20 mL 硫酸溶液 (20%), 摇匀, 于暗处放置 10 min。加 150 mL 水 (15~20 ℃), 用配制好的硫代硫酸钠溶液滴定, 近终点时加 2 mL 淀粉指示液 (10 g/L), 继续滴定至溶液由蓝色变为亮绿色。同时做空白实验。

硫代硫酸钠标准滴定溶液的浓度 $[c(Na_2S_2O_3)]$, 数值以摩尔每升 (mol/L) 表示, 按式 (F.6.6) 计算:

$$c(Na_2S_2O_3) = \frac{m \times 1\,000}{(V_1 - V_2) \times M} \qquad (F.6.6)$$

式中　m——重铬酸钾的质量, g;

　　　V_1——硫代硫酸钠溶液消耗的体积, mL;

　　　V_2——空白试验硫代硫酸钠溶液体积的准确数值, mL;

　　　M——重铬酸钾摩尔质量, g/mol $[M(\frac{1}{6}K_2Cr_2O_7) = 49.031]$。

六、高锰酸钾标准滴定溶液

$$c(\frac{1}{5}KMnO_4) = 0.1 \text{ mol/L}$$

1. 配制

称取 3.3 g 高锰酸钾, 溶于 1 050 mL 水中, 缓缓煮沸 15 min, 冷却, 于暗处放置两周, 用已处理过的 4 号玻璃滤埚过滤, 储存于棕色瓶中。

玻璃滤埚的处理是指玻璃滤埚在同样浓度的高锰酸钾溶液中缓缓煮沸 5 min。

2. 标定

称取 0.25 g 于 105~110 ℃ 电烘箱中干燥至恒温的工作基准试剂草酸钠, 溶于 100 mL 硫酸溶液 (8 + 92) 中, 用配制好的高锰酸钾溶液滴定, 近终点时加热至约 65 ℃, 继续滴定至溶液呈现粉红色, 并保持 30 s, 同时做空白试验。

高锰酸钾标准滴定溶液的浓度 $[c(\frac{1}{5}KMnO_4)]$, 数值以摩尔每升 (mol/L) 表示, 按式 (F.6.7) 计算:

$$c(\frac{1}{5}KMnO_4) = \frac{m \times 1\,000}{(V_1 - V_2) \times M} \qquad (F.6.7)$$

式中　m——草酸钠的质量, g;

　　　V_1——滴定消耗高锰酸钾溶液的体积, mL;

　　　V_2——空白试验用去高锰酸钾溶液的体积, mL;

　　　M——草酸钠摩尔质量, g/mol $[M(\frac{1}{2}Na_2C_2O_4) = 66.999]$。

七、乙二胺四乙酸 (EDTA) 标准滴定溶液

1. 配制

按下表规定量称取乙二胺四乙酸二钠, 加 1 000 mL 水, 加热溶解, 冷却, 摇匀。

乙二胺四乙酸二钠标准滴定 溶液的浓度[c(EDTA)]/(mol/ L)	乙二胺四乙酸二钠的质量 m/g
0.1	40
0.05	20
0.02	8

3. 标定

(1)乙二胺四乙酸二钠滴定溶液[c(EDTA) = 0.1 mol/L]、[c(EDTA) = 0.05 mol/L]

按下表规定量称取于 800 ± 50 ℃的高温炉灼烧至恒重的工作基准试剂氧化锌,用少量水湿润,加 2 mL 盐酸溶液(20%)溶解,加 100 mL 水,用氨水溶液(10%)调节溶液 pH 至 7 ~ 8,加 10 mL 氨 - 氯化铵缓冲溶液甲(pH≈10)及 5 滴铬黑 T(5 g/L),用配制好的乙二胺四乙酸二钠溶液滴定至溶液由紫色变为纯蓝色。同时做空白试验。

乙二胺四乙酸二钠标准滴定 溶液的浓度[c(EDTA)]/(mol/ L)	工作基准试剂氧化锌质量 m/g
0.1	0.3
0.05	0.15

乙二胺四乙酸二钠溶液滴定至溶液浓度[c(EDTA)],数值以摩尔每升(mol/L)表示,按式(F.6.8)计算:

$$c(\text{EDTA}) = \frac{m \times 1\,000}{(V_1 - V_2) \times M} \tag{F.6.8}$$

式中　m——氧化锌的质量,g;

　　　V_1——乙二胺四乙酸二钠溶液消耗的体积,mL

　　　V_2——空白试验消耗乙二胺四乙酸二钠溶液的体积,mL;

　　　M——氧化锌摩尔质量,g/mol[M(ZnO) = 81.39]。

(2) 乙二胺四乙酸二钠标准滴定溶液[c(EDTA) = 0.02 mol/L]

称取 0.42 g 于 800 ± 50 ℃的高温炉中灼烧至恒重的工作基准试剂氧化锌,用少量少湿润,加 3 mL 盐酸溶液(20%)溶解,移入 250 mL 容量瓶中,稀释至刻度,摇匀。吸取 35.00 ~ 40.00 mL,加 70 mL 水,用氨水溶液(10%)调节溶液 pH 至 7 ~ 8,加 10 mL 氨 - 氯化铵缓冲溶液甲(pH≈10)及 5 滴铬黑 T(5 g/L),用配制好的乙二胺四乙酸二钠溶液滴定至溶液由紫色变为纯蓝色。同时做空白试验。

乙二胺四乙酸二钠标准滴定溶液的浓度[c(EDTA)],数值以摩尔每升(mol/L)表示,按式(F.6.9)计算:

$$c(\text{EDTA}) = \frac{m \times \dfrac{V}{250} \times 1\,000}{(V_2 - V_3) \times M} \tag{F.6.9}$$

式中　m——氧化锌的质量,g;

　　　V_1——氧化锌溶液的体积,mL;

　　　V_2——乙二胺四乙酸二钠溶液消耗的体积,mL;

　　　V_3——空白试验消耗乙二胺四乙酸二钠溶液的体积,mL;

　　　M——氧化锌摩尔质量的数值,g/mol[M(ZnO) = 81.39]。

附录七　国家职业标准对食品检验工的工作要求

职业功能	工作内容	初级工要求		中级工要求		高级工要求	
		相关知识	技能要求	相关知识	技能要求	相关知识	技能要求
一、检验的前期准备及仪器的维护	样品制备	产品标准中抽样的有关知识	能按要求正确抽样称（取）样，制备样品				
	常用玻璃器皿及仪器的使用	1.食品检验常用工具、玻璃器皿的种类、名称、规格、用途及维护保养知识 2.常用品检验辅助设备的种类、名称、用途及维护保养知识	能使用烧杯、天平等，并能排除一般故障	食品检验一般常用仪器设备的性能、工作原理、结构及使用知识	1.能正确使用容量瓶、滴定管 2.能安装调试一般的常用仪器设备，并能解决一般故障	玻璃皿器的使用常识	能使用各种食品检验用的玻璃器皿
	溶液配制	1.食品检验常用药品、试剂的初步知识 2.分析天平的使用知识	能配制百分浓度的溶液	1.滴定管的使用知识 2.溶液中物质量的浓度的概念	能配制物质量的量的浓度的溶液	标准溶液的配制方法	能进行标准溶液的配制
二、检验（按所承担的食品检验的类别，选择表中所列其中的一项）	粮油及制品检查	1.比重瓶的使用常识及注意事项 2.折射仪的使用常识及注意事项 3.重量法的知识	能对粮油及制品中的油脂密度、油脂折射率、水分、灰分、矿物油进行测定	1.容量法的知识 2.可见光分光光度仪的使用知识	能对粮油及制品中的酸度、过氧化值、粗纤维、粗蛋白、羰基价、淀粉、碘价、皂化价、不皂化物、熔点进行测定	原子吸收分光光度计的使用常识	能对粮油及制品中的磷化物、氰化物、汞、铅、砷、镍、磷、过氧化苯甲酸进行测定

附录七续表

职业功能	工作内容	初级工要求		中级工要求		高级工要求	
		相关知识	技能要求	相关知识	技能要求	相关知识	技能要求
二、检验(按所承担的食品检验的类别,选择表中所列其中的一项)	糕点糖果检验	1. 真空干燥箱的使用常识及注意事项 2. 重量法的知识常识及注意事项	能对糕点中的水分、比容、酸度、碱度进行测定	1. 容量法的知识 2. 可见光分光光度仪的使用知识	能对糕点糖果中的脂肪、蛋白质、总糖、蔗糖、酸价、过氧化值、合成色素测定	原子吸收分光光度计的使用常识	能对糕点糖果中的铅、砷、铜、锌、丙酸钙进行测定
	乳及乳制品检验	1. 真空干燥箱的使用常识及注意事项 2. 离心机的使用常识及注意事项 3. 重量法的知识	能对乳制品中的净含量、水分、灰分、酸度、进行测定	1. 容量法的知识 2. 可见光分光光度仪的使用知识	能对乳及乳制品中的脂肪、蛋白质、乳糖、蔗糖、亚硝酸盐、硝酸盐、膳食纤维、非脂乳固体进行测定	原子吸收分光光度计的使用常识	能对乳及乳制品中的铅、铁、锰、铜、锌、锡、汞、钾、钠、钙、镁、磷进行测定
	白酒、果酒、黄酒检验	1. 酒精计的使用常识及注意事项 2. PH计的使用常识及注意事项 3. 重量法的知识	能对白酒、果酒、黄酒中的净含量、酒精度、PH值、固形物进行测定	1. 容量法的知识 2. 可见光分光光度仪的使用知识	1. 能对果酒中的总酸、还原糖、氨基酸态氮、总酸、挥发酸、二氧化硫、干浸出物进行测定 2. 能对白酒中的总酸、总酯进行测定 3. 能对黄酒中的总酸、还原糖、氨基酸态氮、二氧化硫进行测定	原子吸收分光光度计的使常识	1. 能对白酒中的氰化物进行测定 2. 能对白酒、果酒、黄酒中的锣、铁、锰进行测定 3. 能对黄酒中的氧化钙进行测定

附录七续表

职业功能	工作内容	初级工要求		中级工要求		高级工要求	
		相关知识	技能要求	相关知识	技能要求	相关知识	技能要求
二、检验(按所承担的食品检验的类别,选择表中所列其中的一项)	啤酒检验	1. pH 计的使用常识及注意事项 2. 浊度仪的使用常识及注意事项	能对啤酒净含量、总酸、泡沫、二氧化碳进行测定	1. 容量法的知识 2. 可见光分光光度仪的使用知识	能对啤酒中的酒精度、原麦汁浓度、双乙酸、总酸、二氧化硫进行测定	原子吸收分光光度计的使用常识	1. 能对啤酒中的重金属进行测定 2. 能对啤酒中的苦味质进行测定
	饮料检验	1. pH 值计的使用常识及注意事项 2. 重量法的知识	能对饮料的净含量、pH 值、水机总固形物、灰分、可溶性固形物、二氧化碳进行测定	1. 容量法的知识 2. 可见光分光光度仪的使用方法	能对饮料中的总酸、蛋白质、脂肪、总糖、人工合成色素进行测定	原子吸收分光光度计的使用常识	能对饮料中的铅、铜、砷、锡、钾、钠、钙、镁、锌、维生素 C、果汁含量。茶多酚、咖啡因进行测定
	罐头食品检验	1. pH 计的使用常识及注意事项 2. 重量法的知识	能对罐头食品的净含量、总干物质、pH 值、果胶质固形物、可溶性固形物进行测定	1. 容量法的知识 2. 可见光分光光度仪的使用知识	能对罐头食品中的脂肪、蛋白质、总糖、亚硝酸盐、组胺、复合磷酸盐、氯化钠进行测定	原子吸收分光光度计的使用常识	能对罐头食品中的铅、砷、锡、铜、汞进行测定
	肉蛋及制品检验	1. pH 计的使用常识及注意事项 2. 重量法的知识	能对肉蛋及制品的净含量、pH 值、水分灰分进行测定	1. 容量法的知识 2. 可见光分光光度仪的使用知识	能对肉蛋及制品中的挥发性盐基氮、脂肪、酸价、过氧化值、亚硝酸盐、人工合成色素、胆固醇、淀粉、三甲胺氮、组胺、复合磷酸盐、氯化钠进行测定	原子吸收分光光度计的使用常识	能对肉蛋及制品中的铅、汞、锌、铜、钙进行测定

附录七续表

职业功能	工作内容	初级工要求		中级工要求		高级工要求	
		相关知识	技能要求	相关知识	技能要求	相关知识	技能要求
二、检验（按所承担的食品检验的类别，选择表中所列其中的一项）	调味品、酱腌制品检验		能对调味品、酱油腌制品的净含量、水分、灰分pH值、无盐固形物、水不溶物、水溶性杂质进行测定	1.容量法的知识 2.可见光分光光度仪的使用知识	能对调味品、酱油腌制品中的氨基氮、食盐、亚硝酸盐、总酸、亚铁氰化钾、醋酸、不挥发酸、谷氨酸钠、硫酸盐、进行测定	原子吸收分光光度计的使用常识	能对调味品、酱油腌制品中的铅、砷、锌进行测定
	茶叶检验	重量法的知识	能对茶叶的净含量、水分、水浸出物、灰分和水不溶性灰分进行测定	1.容量法的知识	能对茶叶中的水不溶性灰分、碱度、粗纤维、氟含量进行测定	原子吸收分光光度计的使用常识	能对茶叶中的茶多酚、咖啡碱、游离氨基酸总量、铅、铜进行测定
三、检验结果分析	检验报告编制	数据处理一般知识	能正确记录原始的数据；能正确使用计算工具爆出检验结果	误差一般知识和数据处理常用方法	能正确计算与处理实验数据	误差和数据处理的基本知识	编制检验报告

参 考 文 献

[1] 黎源倩. 食品理化检验[M]. 北京：人民卫生出版社，2006.

[2] 黄高明. 食品检验工(中级)[M]. 北京：机械工业出版社，2006.

[3] 中华人民共和国国家标准 食品卫生检验方法 理化部分(一)[M]. 北京：中国标准出版社，2004.

[4] 中华人民共和国国家标准 食品卫生检验方法 理化部分(二)[M]. 北京：中国标准出版社，2004.

[5] 刘长春. 食品检验工(高级)[M]. 北京：机械工业出版社，2006.

[6] 丹赤. 食品理化检验技术[M]. 大连：大连理工大学出版社，2010.

[7] 朱克永. 食品检测技术[M]. 北京：科学出版社，2010.

[8] 康臻. 食品分析与检验[M]. 北京：中国轻工业出版社，2008.

[9] 郝涤非，杨霞. 食品生物化学[M]. 大连：大连理工大学出版社，2011.

[10] 王燕. 食品检验技术(理化部分)[M]. 北京：中国轻工业出版社，2008.

[11] 李东凤. 食品分析综合实训[M]. 北京：化学工业出版社，2008.

[12] 程云燕，李双石. 食品分析与检验[M]. 北京：化学工业出版社，2007.

[13] 王一凡. 食品检验综合技能实训[M]. 北京：化学工业出版社，2009.

[14] 李凤玉，梁文珍. 食品分析与检验[M]. 北京：中国农业大学出版社，2008.

[15] 尹凯丹，张奇志. 食品理化分析[M]. 北京：化学工业出版社，2008.

[16] 张银良. 食品检验教程[M]. 北京：化学工业出版社，2006.

[17] 周光理. 食品分析与检验技术[M]. 北京：化学工业出版社，2006.

[18] 黄一石，乔子荣. 定量化学分析[M]. 北京：化学工业出版社，2004.

[19] 孙平. 食品分析[M]. 北京：化学工业出版社，2005.

[20] 黄文. 食品添加剂检验[M]. 北京：中国计量出版社，2008.

[21] 陈晓平，黄广民. 食品理化检验[M]. 北京：中国计量出版社，2008.

[22] 赵杰文，孙永海. 现代食品检测技术(第二版)[M]. 北京：中国轻工业出版社，2008.

[23] 张水华. 食品分析实验[M]. 北京：化学工业出版社，2006.

[24] 梁淑忠，王炳强. 药物分析[M]. 北京：化学工业出版社，2004.

[25] 于信令，林云芬. 食品添加剂检验方法[M]. 北京：中国轻工业出版社，2000.

[26] 白英满，张金诚. 掺伪粮油食品的鉴别检验[M]. 北京：中国标准出版社，1991.

[27] 联合国粮农组织编写. 食品检验的取样[M]. 北京：中国轻工业出版社，2000.